国家出版基金项目
NATIONAL PUBLICATION FOUNDATION

涡轮机械与推进系统出版项目

"两机"专项：航空发动机技术出版工程

航空发动机涡轮试验

吴法勇 马宏伟 等 编著

科学出版社

北 京

内 容 简 介

　　航空发动机涡轮试验工作是发动机研制过程中的一项重要工作,其工作质量的好坏直接影响着发动机的关键性能参数。涡轮试验技术涉及的方方面面较为庞杂,为了能够给涡轮试验相关的从业人员相应的指导和参考,本书从试验原理和方法、试验件、试验设备、试验流程和测试方法等方面比较全面地介绍了涡轮试验的相关内容。本书所介绍的方法和技术是目前航空发动机主要科研院所使用的方法,并没有完全覆盖所有的涡轮试验技术,请广大读者在实践中,注意有所扬弃。

　　本书适合航空发动机相关专业的科研工作者、教师、学生参考阅读。

图书在版编目(CIP)数据

航空发动机涡轮试验 / 吴法勇等编著. —北京:
科学出版社,2022.12
"两机"专项:航空发动机技术出版工程　国家出版基金项目　涡轮机械与推进系统出版项目
ISBN 978-7-03-074386-2

Ⅰ. ①航…　Ⅱ. ①吴…　Ⅲ. ①航空发动机—涡轮喷气发动机—试验　Ⅳ. ①V235.11

中国版本图书馆 CIP 数据核字(2022)第 246466 号

责任编辑:徐杨峰 / 责任校对:谭宏宇
责任印制:黄晓鸣 / 封面设计:殷　靓

科 学 出 版 社 出版
北京东黄城根北街 16 号
邮政编码:100717
http://www.sciencep.com

南京展望文化发展有限公司排版
广东虎彩云印刷有限公司印刷
科学出版社发行　各地新华书店经销

*

2022 年 12 月第　一　版　　开本:B5(720×1000)
2024 年 6 月第六次印刷　　印张:17 1/2
字数:343 000
定价:140.00 元
(如有印装质量问题,我社负责调换)

涡轮机械与推进系统出版项目
顾问委员会

"两机"专项：航空发动机技术出版工程

编写委员会

主任委员

尹泽勇

副主任委员

李应红　刘廷毅

委　员

（以姓名笔画为序）

丁水汀　王太明　王占学　王健平　尤延铖
尹泽勇　帅　永　宁　勇　朱俊强　向传国
刘　建　刘廷毅　杜朝辉　李应红　李建榕
杨　晖　杨鲁峰　吴文生　吴施志　吴联合
吴锦武　何国强　宋迎东　张　健　张玉金
张利明　陈保东　陈雪峰　叔　伟　周　明
郑　耀　夏峥嵘　徐超群　郭　昕　凌文辉
陶　智　崔海涛　曾海军　戴圣龙

秘书组

组　长　朱大明
成　员　晏武英　沙绍智

涡轮机械与推进系统出版项目

序

涡轮机械与推进系统涉及航空发动机、航天推进系统、燃气轮机等高端装备。其中每一种装备技术的突破都令国人激动、振奋,但是技术上的鸿沟使得国人一直为之魂牵梦绕。对于所有从事该领域的工作者,如何跨越技术鸿沟,这是历史赋予的使命和挑战。

动力系统作为航空、航天、舰船和能源工业的"心脏",是一个国家科技、工业和国防实力的重要标志。我国也从最初的跟随仿制,向着独立设计制造发展。其中有些技术已与国外先进水平相当,但由于受到基础研究和条件等种种限制,在某些领域与世界先进水平仍有一定的差距。为此,国家决策实施"航空发动机及燃气轮机"重大专项。在此背景下,出版一套反映国际先进水平、体现国内最新研究成果的丛书,既切合国家发展战略,又有益于我国涡轮机械与推进系统基础研究和学术水平的提升。"涡轮机械与推进系统出版项目"主要涉及航空发动机、航天推进系统、燃气轮机以及相应的基础研究。图书种类分为专著、译著、教材和工具书等,内容包括领域内专家目前所应用的理论方法和取得的技术成果,也包括来自一线设计人员的实践成果。

"涡轮机械与推进系统出版项目"分为四个方向:航空发动机技术、航天推进技术、燃气轮机技术和基础研究。出版项目分别由科学出版社和浙江大学出版社出版。

出版项目凝结了国内外该领域科研与教学人员的智慧和成果,具有较强的系统性、实用性、前沿性,既可作为实际工作的指导用书,也可作为相关专业人员的参考用书。希望出版项目能够促进该领域的人才培养和技术发展,特别是为航空发动机及燃气轮机的研究提供借鉴。

张彦仲

2019 年 3 月

"两机"专项：航空发动机技术出版工程
序

航空发动机誉称工业皇冠之明珠，实乃科技强国之重器。

几十年来，我国航空发动机技术、产品及产业经历了从无到有、从小到大的艰难发展历程，取得了显著成绩。在世界新一轮科技革命和产业变革同我国转变发展方式的历史交汇期，国家决策实施"航空发动机和燃气轮机"重大科技专项（即"两机"专项），产学研用各界无不为之振奋。

迄今，"两机"专项实施已逾三年。科学出版社申请国家出版基金，安排"'两机'专项：航空发动机技术出版工程"，确为明智之举。

本出版工程旨在总结"两机"专项以及之前工作中工程、科研、教学的优秀成果，侧重于满足航空发动机工程技术人员的需求，尤其是从学生到工程师过渡阶段的需求，借此为扩大我国航空发动机卓越工程师队伍略尽绵力。本出版工程包括设计、试验、基础与综合、材料、制造、运营共六个系列，前三个系列已从2018年起开始前期工作，后三个系列拟于2020年启动，希望与"两机"专项工作同步。

对于本出版工程，各级领导十分关注，专家委员会不时指导，编委会成员尽心尽力，出版社诸君敬业把关，各位作者更是日无暇晷、研教著述。同道中人共同努力，方使本出版工程得以顺利开展，有望如期完成。

希望本出版工程对我国航空发动机自主创新发展有所裨益。受能力及时间所限，当有疏误，恭请斧正。

2019 年 5 月

前　言

　　25 年前,我从大学毕业来到沈阳发动机设计研究所,被分配到叶片机试验室工作。叶片机试验室主要从事压气机和涡轮的气动性能试验。刚开始工作,就感觉学校里学习的发动机知识不够用了,基本概念虽然掌握,但是工程应用方面的知识一片空白,幸亏室里安排了有经验的师傅,指导我这个新人逐渐掌握试验相关的知识和技能。2000 年前研发工作并不紧张,结合着师傅的指导和实际工作的实践,我用了两、三年的时间才初步掌握叶片机气动性能试验基本知识和试验相关的设备、测试、数据处理等方面的工作。由于试验工作涉及的内容较多,培养一名试验员需要较长的时间,那时候室里有一个说法,"培养一名合格的试验员需要五年时间"。

　　时至今日,发动机研发的状态已经发生了翻天覆地的变化,培养一名合格试验员的难度提升了不少。一方面从事叶片机性能试验工作需要了解、掌握的内容更多了,从试验件设计、试验设备改造、试验风险控制到数据处理、气动性能分析,都要有一定的了解;另一方面科研节奏的加快,要求从新手到试验员的周期更短了,很多时候试验室希望只用一年甚至半年的时间,就培养出一名合格的试验员。

　　航空发动机试验领域专业性很强,从事这一专业的人数也不多,师傅带徒弟的人才培养方式大行其道。但是这种方式越来越不适应我国航空发动机事业的发展。"两机"专项:航空发动机技术出版工程试验系列的相关书籍,其目的就是给从事试验领域工作的技术人员提供相应技术指导,使得有志于从事试验工作的技术人员能够尽快上手。于我而言,接到编撰本书的任务,是非常高兴的,转眼间我也到了当年我师傅的年纪,虽然我现在没有机会带徒弟了,但是我非常乐意贡献自己的微薄之力,为现在年轻的试验员们提供一定的帮助。

　　我们汇集了我们国家主要的航空发动机研究所的资深试验人员和高校知名教授共同参与本书的编撰,力图较为全面地介绍与涡轮气动试验相关的知识。本书所介绍的内容均为各研究所、高校多年经验的总结,在此向各位专家致谢! 同时,由于编者的水平有限,难免有一些错误和纰漏,也希望各位读者能够指出我们的不足,以期共同进步!

吴法勇

2022 年 7 月

目　录

涡轮机械与推进系统出版项目·序
"两机"专项：航空发动机技术出版工程·序
前言

第1章　绪　　论

第2章　试验原理及方法

第3章　试　验　件

第4章 试验设备

第5章　试　验　流　程

第6章　测　量　方　法

第7章 试验安全控制

第8章 试验结果分析与评定

第9章 先进试验测试技术的应用及展望

附件 A　国外典型设备简介

附件 B　涡轮性能试验标准

第 1 章

绪　　论

1.1　涡轮试验的必要性

　　试验是科学探索的重要工具,在航空发动机研究领域中,试验是必不可少的,航空发动机试验有两种用途,一种用于获得客观规律,另一种用于验证结果。虽然航空发动机的相关基础理论基本完备,但还是有很多规律需要通过试验的方式进行探索。对于航空发动机这样的复杂产品,在设计过程中难以完全确定产品的实际效能,需要用试验进行验证。据统计,国外研制一种新型航空发动机,一般需要 10 万小时的附件/部件试验,1 万小时的整机试验和 5 千小时的飞行试验。所以试验之于航空发动机研究来说,仍然是一种必需而又非常重要的研究途径。

　　航空发动机强国无一例外地重视试验工作。首先各国都很重视试验基地和测试设备的建设,美国在资金和技术上拥有绝对的优势,从图 1.1 的高空模拟试验设备数量就可见一斑。其次各国也非常重视试验测试技术的发展,例如,1995 年美国成立的促进美国发动机测试技术发展的联合体——推进仪表工作组(Propulsion

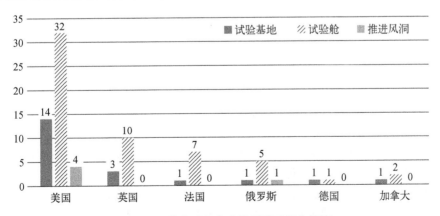

图 1.1　国外发动机高空模拟试验设备情况

Instrumentation Working Group,PIWG)以解决航空发动机测试关键仪表和测试传感器问题。其目的是识别关键的燃气涡轮发动机试验所用的试验台设备、传感器和测试技术与要求,支持商业创新活动,合作开发第 4 代无干涉应力测量系统(non-interference stress measurement system,NSMS)和解决发动机研究中所涉及的关键性测试仪表和传感器问题。在美国国家航空航天局(National Aeronautics and Space Administration,NASA)领导的超高效发动机技术(Ultra Efficient Engine Technology,UEET)计划中包含了 9 大技术领域,其中验证试验技术和测量仪表、控制和健康监测技术 2 大领域都与试验测试技术相关。

涡轮部件是航空发动机设计中设计难度最大的部件。这是由于涡轮部件的作用是从高温、高压燃气中提取功率,而实现这一目的需要解决很多技术难题,例如如何在较宽的工作条件下保持高效率,如何在高于金属长期使用温度的环境下保持叶片的长期、稳定工作,如何使用尽量少的冷气来冷却高温、高转速工作环境下的轮盘,使其能够长寿命地使用,等等。这些问题需要联合气动、传热、结构、强度、材料等多个专业共同设计、优化,才能得到满足要求的设计结果。

单从流体力学专业来说,燃气在涡轮中的流动是复杂的非定常、有黏、三维流动,要实现高效率的功率提取,就需要精细的流动损失控制包括叶型损失、二次流损失、叶尖泄露损失等。目前对于流动状态和各种流动损失的准确计算仍然不令人满意,这是由于涡轮性能计算模型中仍然存在一定数量的条件简化和来源于试验的半经验公式。这样对于涡轮性能的评估还是需要试验的结果作最终的判定依据。

对于多专业联合设计的结果,更是需要试验的方法来确认联合设计的结果,举例而言,涡轮叶片冷气量大小对于叶型损失的影响,相对于计算而言,通过试验来确认影响的大小更有说服力。同时联合设计中专业间边界条件的确定,试验的结论仍然比计算结果更可信。

近几年来,仿真技术突飞猛进,仿真技术能够以更短的时间、更低的成本完成设计验证工作,有越来越多的试验验证方法逐渐地被仿真验证所替代。但是现阶段以及未来的几年间,涡轮部件领域,用计算仿真方法详细表征设计效果仍然不理想,不得不依靠成本更高、周期更长的试验方法来验证设计。试验技术在现阶段仍然是涡轮部件研发过程中不可或缺的关键技术之一。同时在涡轮部件相关的理论研究和技术开发的过程中,试验作为最终检验手段,也是理论突破和技术提升的重要组成部分。由此可见,无论是产品还是技术的研发工作中,试验都占据着重要的地位。

总而言之,试验之于涡轮部件研发而言有三方面的作用:一是客观规律的探索;二是设计技术的验证;三是设计结果的确认。

在航空发动机的研发过程中,涡轮部件需要开展的试验验证的类型很多,主要有涡轮气动性能试验、强度寿命试验、冷却效果试验等。本书只涉及涡轮气动性能方面的试验,同时本书中的大部分内容都是航空发动机产品研发过程中总结提炼出来的,如果应用于非产品研发领域,需要根据应用背景进行适应性分析。

1.2 涡轮试验内容和种类

在涡轮设计过程中需要开展大量的涡轮试验,且在不同设计阶段对涡轮试验的要求有所区别。基于不同的试验目的,结合试验台建设成本和试验成本,研究确立了不同种类的涡轮试验。目前,开展的涡轮试验种类繁多,包括全温全压试验、性能模拟试验、叶栅试验、暂冲式试验等。

涡轮试验可按照基于试验件及基于风洞试验条件进行分类,具体如图1.2所示。

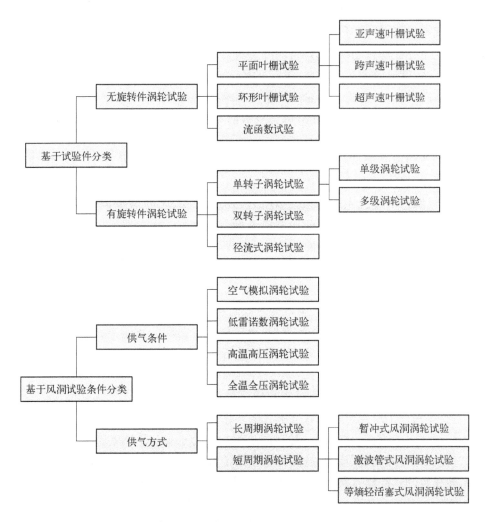

图 1.2 涡轮试验基于风洞试验条件分类

1.2.1　基于试验件分类

1. 无旋转件涡轮试验

无旋转件涡轮试验针对单排叶栅/叶片,以测量叶栅/叶片部分流动特征为主要目的。相比于有旋转件涡轮试验,无旋转件涡轮试验特点明显,试验台结构简单,准备周期短,是涡轮设计阶段重要的低成本试验方式。无旋转件涡轮试验主要包括平面叶栅试验、环形叶栅试验和流函数试验。

1) 平面叶栅试验

平面叶栅由多个几何形状相同并按照一定角度和相隔一定距离排列起来的直叶片组成。平面叶栅试验可以方便、经济、快速地研究叶栅在不同进气攻角、来流马赫数下的气动性能和流场特征。通过测量平面叶栅流场中基本参数,可以获得平面叶栅出口参数分布、尾迹参数和激波信息等基本流动现象。基于平面叶栅试验的低成本特点,能够开展大量平面叶栅试验研究并建立平面叶栅试验数据库。以此深入研究叶栅流动规律,为新的叶型设计积累资料,以便设计出满足气动、冷却、结构和强度要求的涡轮叶型,对提高涡轮总体性能来说具有重大的意义。但受二维流动的限制,无法验证涡轮内复杂的三维特性。

平面叶栅试验根据叶栅进出口马赫数的不同可分为亚声速叶栅试验、跨声速叶栅试验和超声速叶栅试验。

（1）亚声速叶栅试验:亚声速涡轮叶栅进出口马赫数都小于1,基于低载荷、高效率特点,目前亚声速涡轮仍被广泛应用。亚声速涡轮叶栅试验对气源压力要求较低,气源依次经过稳压段和收缩段之后进入试验段,在收缩段气流得到加速,风洞壁面附面层会减薄,使试验段进口流场更加均匀。为减弱风洞壁面附面层对叶栅测量的干扰,叶栅试验件的叶片数一般不少于7,且测量传感器布置在靠近试验件中间叶片附近区域。亚声速叶栅试验台可以通过调整试验段角度和气源压力实现叶栅变攻角和变来流马赫数工况测量,试验测量数据主要包括叶栅表面压力分布、流道缘板表面压力分布、出口气流方向和出口气流总压。叶栅表面压力和缘板表面压力通过布置静压孔进行测量,出口气流方向和总压通过相位可移动的三孔/五孔探针进行测量。通过对试验数据进行处理和分析,获得叶栅流动特征和性能参数。

（2）跨声速叶栅试验:跨声速叶栅试验与亚声速叶栅试验具有很大的相似性,主要差别在于跨声速叶栅通道中有激波存在。在跨声速涡轮叶栅试验中,进行激波与附面层的相互干扰研究,对跨声速涡轮尤为重要。平面叶栅试验台为纹影测试提供了较好的测试环境,从而可以清楚了解叶栅波系结构和激波位置。此外,若试验在暂冲式叶栅风洞上进行,则还可以进一步了解激波波系产生和发展的动态过程。

（3）超声速叶栅试验:超声速叶栅试验段进口为超声速气流,因此对风洞气源压力要求很高,且为防止超声速气流结冰,需要布置加温装置。超声速叶栅试验时叶栅通道内激波比较复杂,试验台同样采用纹影测试方法来获取激波结构和位置。超声速叶栅试验可以进行详细的气动性能测试,获得诸如叶型损失、落后角、进出口气流马赫数及叶片表面压力分布等在不同攻角状态下的试验数据。受气源条件和试验件尺寸限制,超声速叶栅试验中流动具有一定的三维特性。

2)环形/扇形叶栅试验

环形叶栅试验一般在环形叶栅试验器或流量函数试验器上进行,也可以在涡轮级性能试验器上进行,即去掉涡轮转子,只保留导向器,并对排气系统和测量系统进行改装。环形叶栅试验可以模拟叶栅三维流动,因此试验可以得到三维流动结构、局部损失、总体损失、流通能力及二次流动等方面的大量数据。由于其具有三维流动特性,因此环形叶栅试验可以开展弯掠扭叶片、不同端壁形状及端壁二次流的研究。

环形叶栅试验具有能源消耗大、加工周期长和测试困难等不利因素,因此,在保证一定周期性的情况下,大多采用扇形叶栅进行试验。一般在扇形叶栅试验件出口设置移位测量截面,由五孔针进行出口总压、静压及气流方向的详细流场测量,以评估叶栅性能。

3)流函数试验

流函数试验即涡轮导向器流量函数试验。在发动机整机调试前,对涡轮导向器进行流量函数试验,以确定发动机在不同工作状态下,流过涡轮导向器的燃气流量,选配出合适流通面积的导向器,从而在整机试车中,解决涡轮与压气机的匹配问题,在降低油耗和涡轮后温度方面起到重要作用。流量函数试验器的流量参数测量精度很高,因此它不仅可用于涡轮导向器环形叶栅试验,更适合于批量生产涡轮导向器排气面积与流量的合格性检验,从而缩短设计周期,验证设计结果。流量函数试验涉及发动机总体气动性能、发动机部件相互匹配性,可为发动机的性能调试和涡轮工作点的调整提供试验数据,可用于分析二次流发生发展的机理,进而改进叶栅,抑制边界层的增厚与分离,从而控制漩涡的生成、发展,减小叶栅二次流损失。

2. 有旋转件涡轮试验

无旋转件试验虽然具有成本低和周期短的优点,但是无法完整模拟涡轮部件内部的流动,因此有旋转件涡轮试验是验证涡轮性能的重要手段。有旋转件涡轮试验主要包括单转子涡轮试验、双转子涡轮试验和径流式涡轮试验。

1)单转子涡轮试验

单转子涡轮试验测量涡轮的流量特性、功率特性、效率特性、涡轮出口马赫数和绝对气流角等。这些特性可用于发动机总体进行高度速度特性计算,并可以供分析涡轮非设计状态的性能及其变化特点。除了常规涡轮级总性能试验外,还包括变冷气流量比性能试验、变转子叶尖间隙性能试验、变几何性能试验、变出口雷诺数性能试验等。单转子试验按被试涡轮级数可分为单级涡轮试验和多级涡轮试验。

（1）单级涡轮试验：单级涡轮试验是最基础的涡轮性能试验，试验件包含一个导向器和一个涡轮转子。

（2）多级涡轮试验：多级涡轮试验以多级低压涡轮试验为主，多级低压涡轮为大涵道比发动机的重要部件之一，其性能的优劣直接影响发动机的整体性能。

2）双转子涡轮试验

早期的轴流式喷气发动机大多是单轴，又称单转子发动机。压气机和涡轮固定在同一个主轴上，高温高压的燃气推动涡轮高速旋转，同时带动压气机旋转并压缩空气。单转子发动机结构简单、经济性好，但压缩效率有限、耗油率高。为提高效率，降低油耗，把压气机分为低压压气机和高压压气机。同时，把涡轮也分成了两部分：即高压涡轮和低压涡轮。目前，美国、俄罗斯、法国的主流军用和民用发动机大都是双转子的。

在单转子涡轮试验中难以模拟低压涡轮进口（高压涡轮出口）流场条件，因此难以获得较为准确的低压涡轮特性。双转子涡轮试验则可对双转子涡轮的性能、流场以及高低压涡轮的工作匹配进行研究与验证。

3）径流式涡轮试验

径流式涡轮中的燃气通常由外围流向中心，其特点是级功率大，工作可靠性好，对于小流量的涡轮还具有较高的效率，在小型、微型燃气轮机中获得了广泛应用。径流涡轮试验器布局不同于轴流涡轮的轴向进气轴向排气，而是采用径向进气轴向排气的结构，一般而言，径流式涡轮的径向进气可通过进气蜗壳来实现。

1.2.2　基于风洞试验条件分类

1. 供气条件

全温全压试验能够最大程度上模拟涡轮真实工作状态，但其能耗太高，无法长时间使用，绝大部分试验都在非全温全压条件下完成。根据相似原理和涡轮特性，模拟试验对进气条件及相关参数进行换算，以获得能够模拟涡轮真实工作状态的试验状态。根据供气参数的差别，可分为空气模拟涡轮试验、低雷诺数涡轮试验、高温高压涡轮试验和全温全压涡轮试验。

1）空气模拟涡轮试验

大部分涡轮的真实工质为燃气，但是涡轮试验采用相同属性燃气作为工质需要耗费大量能源，且试验设备复杂，试验准备周期长，试验性价比太低。空气模拟试验采用空气代替燃气工质，并进行相应换算，以模拟燃气工质的状态。空气模拟试验模拟涡轮进出口落压比，为防止空气中水汽在膨胀后结冰，需要对进入空气进行适当加热,加热后进口温度也远低于发动机燃烧室的出口温度。空气模拟试验一般进行涡轮级气动性能方面的研究。

2) 低雷诺数涡轮试验

随着高空无人机的兴起,低雷诺数对涡轮性能的影响越发引起大家的重视。无人机在高空飞行时,低雷诺数导致涡轮叶片吸力面中下游出现局部流动分离,引起低压涡轮效率出现较大幅度下降。低雷诺数试验除了保证涡轮常规相似工作条件外,还需要试验雷诺数与真实工况接近。除了获得性能参数外,捕捉涡轮叶片吸力面分离是低雷诺试验的重点研究内容,一般在涡轮叶片吸力面不同位置的附面层区域内布置探针,测量附面层内的速度分布。

3) 高温高压涡轮试验

大部分涡轮工作在高温、高压和高转速条件下,如果在真实条件下试验耗费极大,因此结合试验条件,选取尽可能接近涡轮真实工作状态的试验条件成为一种折中的方案。基于相似理论,以高温高压试验条件模拟涡轮真实工作状态,测量涡轮的流量特性、功率特性、效率特性、涡轮出口马赫数和绝对气流角。加热器和高压气源是开展高温高压试验的关键,同时也消耗着巨大的能量。在涡轮部件前后周向按一定规律布置一定数量的总压探针和总温传感器,以监测涡轮的工作状态,结合测得的流量和功率数据,获得涡轮部件完整的性能参数。

4) 全温全压涡轮试验

其进口条件全面模拟发动机涡轮进口的压力和温度分布。这种试验台模拟的试验条件最符合真实流动情况,是对涡轮部件全面进行气动、传热、结构试验考核的重要试验装置,但其投资和运行费用很大。

2. 供气方式

目前,涡轮试验一般都在长周期、连续式风洞试验台上进行,但是这种涡轮试验费用非常昂贵。近年来,随着微电子技术和计算机技术的迅猛发展,逐渐发展起来了一种新型的涡轮试验技术,即短周期涡轮试验技术。短周期涡轮试验整个过程的时间在秒级,涡轮稳定工作的时间则更短,在百毫秒级。根据风洞的供气方式的差别,涡轮试验可分为长周期涡轮试验和短周期涡轮试验。

1) 长周期涡轮试验

长周期涡轮试验是目前涡轮试验主要采用的方式,由连续式风洞提供气源。连续式风洞由压缩机或航空发动机驱动,提供风洞运行所必需的压力比。连续式风洞具有持续运行时间长、试验段流场气流稳定、能够精确重复某一给定试验段内气流状态参数、能够得到可靠非定常试验数据的优点。长周期涡轮试验的缺点是试验设备系统复杂、建设周期长和试验费用昂贵。

2) 短周期涡轮试验

与长周期相比,短周期涡轮试验具有容易达到涡轮实际运行工况的特点,能够方便、独立地改变雷诺数、马赫数、温度比,运行操作简单,试验费用低廉,投资少,见效快等一系列优点。它适合涡轮热环境试验,所以越来越受到航空发动机研究者的青睐。在发展高性能航空发动机需求的带动下,短周期涡轮试验技术正在努力克服自身的薄弱环节,力争达到长周期涡轮试验技术所能达到的性能测试精度。其发展目标是争取部分替代长周期涡轮试验,由单纯机理性试验平台向部件性能研发平台扩展。同时,作为重要的基础研究平台,短周期涡轮试验台在机理研究领域也有所拓宽,开始被应用于新设计理念的验证、CFD 设计分析软件的校验等新的领域。其应用范围也从传热、气动扩展到有关涡轮的新概念研究(如对转涡轮、热斑效应、时序效应)以及高周疲劳、动应力等有关结构方面的试验研究。

国外从 20 世纪 70 年代起纷纷发展基于短周期试验技巧的风洞和试验技术,用于涡轮传热和气动试验研究。由于高频响仪器和数据采集技术的迅速进步,实现了与涡轮内部过程物理相关的几百次每毫秒数量级时间尺度的测量,使短周期涡轮试验能在小于 1 s 的试验周期,提供几万次高精度特征流动测试。不但显著提高了测量分辨率和可调节性,而且大大减少了试验硬件的投资和运行费用。短周期涡轮试验技术在发展涡轮发动机热端技术已占有不可替代的重要地位。英、美等技术发达国家,都十分重视和依靠短周期试验设备,并强调所有的涡轮动态试验都要在短周期试验台上完成。以短周期试验台上全尺寸涡轮试验为标志的试验手段是发达国家研制高性能发动机的共同特征。其中以英国牛津大学、美国麻省理工学院和 CALSPAN 公司最为突出。他们发展的短周期试验设备,不仅有二维叶栅试验风洞,也有用于全尺寸发动机涡轮部件的瞬态设备。

根据试验气源发生装置不同,目前短周期试验台主要为 3 种:暂冲式、激波管式和等熵轻活塞式。

a)暂冲式风洞涡轮试验

这种试验台所占空间紧凑,投资少,有效试验时间在 1 s 量级范围内,能够根据需要改变马赫数、雷诺数及温比等关键参数,完成涡轮叶表压力、总效率、压降等气动性能和叶表热流率测量。美国麻省理工学院燃气涡轮实验室的暂冲式风洞是涡轮非定常流动及换热试验研究的短周期试验设备,试验段截面尺寸为 1.5 m×1.6 m(宽×高),试验马赫数范围为 0.3~2.5。

b)激波管式风洞涡轮试验

激波管式风洞最初应用于航天领域,以模拟高马赫数、高总焓外部流动环境,是流动和换热试验研究中常用的短周期试验设备。激波管式风洞后来在航空涡轮试验研究中也获得了应用,其工作时间为几十毫秒的量级。这种试验台造价更低、结构更简单、操作更方便、使用成本也更低。该类试验台能方便、独立地改变雷诺数、马赫数、湍流度、温比,试验条件范围宽广。由于运行时间短,模型壁面基本保持常值,从测量原理角度更适合于热流率等传热问题研究。但这种风洞对测试技术要求很高,更难得到高精度的总体性能结果。

c) 等熵轻活塞式风洞涡轮试验

这种设备的工作原理与打气筒类似,高压储气罐中的气体通过喉道进入气筒,推动活塞前进,活塞前气体受到压缩,达到预定压力时,气筒端部快开阀打开,气体通过试验段,最后进入真空罐。该设备可以通过调整气筒入口和叶栅喉道面积使进入气筒和流经试验段的气体流量相等,从而在活塞达到气筒末端前,试验段气体保持稳态。该方式不需加热便可满足一般温比要求,试验时间为 150 ms ~ 1 s,并可完成大部分类型试验项目。总性能测量技术及快开阀专利技术是该试验装置的关键。目前,世界上有代表性的等熵轻活塞式风洞主要分布于英国的牛津大学、QinetiQ 研究中心、DERA Pyestock 以及比利时的冯·卡门研究所。

短周期涡轮试验台的主要设计思想包括:在一定的折合转速和流量下,必须能够模拟流场的物理特性和传热特性,包括温比、黏性影响(Re)、旋转效应(Rossby 数)和可压缩效应(λ 和 Ma);必须能对整级(导叶和转子)乃至双级进行测试;涡轮应尽量大,以简化试验设备;测量时间应足够长,以满足气动和传热测量的要求;设备易实现,其运行费用必须在科研经费能够承受的范围内。

第 2 章
试验原理及方法

试验验证是理论研究和产品设计工作的重要技术手段。根据理论计算和设计经验所设计的涡轮,通常都必须在涡轮试验器上进行气动性能试验。目前国内开展的涡轮试验一般采用模拟态试验,即在涡轮试验件状态(涡轮原件或按涡轮原件尺寸放大或缩小的模型)比原型状态(包括温度、压力等)参数低的情况下进行试验。

气动模拟试验的理论基础为相似原理,即试验涡轮与原型涡轮的流路几何参数和气动参数必须满足以下三个相似条件:几何相似、运动相似、动力相似。

几何相似

对应点的几何尺寸成比例;需要注意的是,放大或缩小过程中径向间隙等一些小尺寸很难保证严格的几何相似,且在进行缩小或放大过程中应注意对 Re 的影响。

运动相似

对应点的速度方向相同、大小成比例,也即对应点的速度三角形相似。

动力相似

雷诺数、马赫数、弗劳德数相等。

雷诺数:

$$Re = \frac{\rho v l}{\mu} = \frac{\rho' v' l'}{\mu'} \tag{2.1}$$

马赫数:

$$Ma = \frac{v}{a} = \frac{v'}{a'} \tag{2.2}$$

弗劳德数:

$$Fr = \frac{v^2}{gl} = \frac{v'^2}{g'l'} \tag{2.3}$$

通常情况下对于气体可不计重力的影响,相似准则只考虑雷诺数和马赫数。当雷诺数 $Re \geq 2 \times 10^5$ 时,黏性力的作用远小于惯性力的作用,即流动进入自动模化区,雷诺数作为相似准则之一已经弱化。因此,只要保证马赫数相等就保证了动力相似。

以下分别就涡轮叶栅试验(包括平面叶栅试验、环形/扇形叶栅试验)以及涡轮级性能试验,从试验原理、试验方法、测试布局方法、测试精度要求等几个方面进行阐述。

2.1　叶栅吹风试验

通过获取基元涡轮叶栅的气动性能的涡轮叶栅试验为涡轮叶型的设计和参数的选取提供参考依据。本节只介绍涡轮叶栅试验,简称叶栅吹风试验。叶栅吹风试验可分为平面叶栅试验和环形/扇形叶栅试验两大类。平面叶栅试验是研究叶轮机械叶片流动过程的基础试验,在叶轮机械发展的初始阶段起过很大的作用,而环形叶栅试验可以部分模拟实际无限叶栅的三维影响效应,对研究实际叶片中的复杂三维流动和端壁效应有重要作用。

2.1.1　试验原理

基元叶栅是涡轮叶片的基本工作单元,叶栅风洞是专门为模拟基元叶栅流动而建立的一种特殊风洞设备。与翼型风洞试验原理类似,叶栅风洞试验是根据相对性原理、在满足马赫数和雷诺数相似准则的前提下,将人工制造的均匀气流流过与涡轮基元叶栅几何相似的叶栅试验件,并通过测量仪器得到涡轮叶栅的性能参数。叶栅吹风试验能够高效、快速地得到不同几何特征的叶栅试验件在不同来流条件下的气动性能,是获得叶型性能的最直接和最常用手段。涡轮叶栅试验结果可为涡轮基元级的设计及认识涡轮中的基本流动提供依据。本节主要介绍叶栅试验的作用、叶栅风洞设备、叶栅试验测量系统、叶栅试验主要测试技术。

1. 叶栅试验的作用

基本的叶栅吹风试验是通过叶栅风洞提供基元叶栅所需的来流条件,同步录取叶栅总压损失系数、出口气流角、进/出口静压比、出口马赫数及叶片表面等熵马赫数分布、冷气喷射等气动性能和流场参数,研究叶型型面、叶片间距、叶片安装角、进口气流角、出口马赫数、冷气喷射量等参数对涡轮叶栅气动性能的影响,为涡轮的设计与参数的选取提供参考。

2. 叶栅试验设备

叶栅风洞根据运动的相对性和相似性原理进行各种气动力试验的设备,是专门用于基元叶栅性能基础研究的试验设备,是轴流式叶轮机械研究的基础试验设备。

叶栅风洞是用来组织气流、安装叶栅试验件并在所要求的工况下进行试验测量的设备,其主要构成包括气源、稳压段、收敛段、试验段、端壁附面层抽吸装置、冷气喷射装置、测量系统和调控系统。

1）涡轮叶栅风洞的分类

按照供气方式分类,涡轮叶栅风洞可分为连续式供气风洞和暂冲式供气风洞两类。连续式风洞供气试验时间长,气流较为稳定,有利于满足试验中测试的需求,但由于压头不高,流量有限,多用于亚声速风洞;暂冲式叶栅风洞可在短时间内提供较高的进口压力和较大的流量,适用于超跨声速风洞,但气流状态保持的时间有限,有效的测试时间一般不超过一分钟。

按照试验段的流道特点分类,可将涡轮叶栅风洞分为模拟二维流动特征的平面叶栅风洞和考虑三维效应的环形/扇形叶栅风洞。

按照出口马赫数,涡轮叶栅风洞分为低速风洞、高亚声速风洞、跨声风洞以及超声风洞。涡轮叶栅的来流马赫数通常为亚声速,可以在亚声速叶栅风洞开展涡轮叶栅的吹风试验。但为了提高其出口马赫数,通常可在风洞出口加入引气装置以使涡轮叶栅出口的等熵马赫数达到超声。

按照是否考虑三维效应,可以将涡轮叶栅风洞分为平面叶栅风洞和环形/扇形叶栅风洞。对于平面叶栅风洞,为了保证叶片中部的二维性,涡轮平面叶栅试验件的展弦比一般不小于1.5。环形/扇形叶栅风洞是一种试验段为环形或扇形流道的叶栅试验模拟器,多用于涡轮导向器静子叶片的吹风试验,更接近于真实的工作环境。

2）涡轮叶栅风洞的构成

a）涡轮平面叶栅风洞

涡轮平面叶栅风洞如图 2.1 所示。风洞由上游处的气源压气机供气,经过稳压段的稳定和均匀后,气流在收缩段内加速后流入试验段。被测平面叶栅试验件由数个相同叶片按照设计的稠度和安装角度排布后固定于试验段的可转动圆盘上。通过旋转圆盘能够改变叶片与气流的相对位置以实现攻角的连续调节,可移动上、下侧壁用于适应不同叶片数、不同稠度、不同进气角下的叶栅试验件。为了减少流量损耗一般将可移动上、下侧壁分别和叶栅的最上和最下叶片相接以封闭

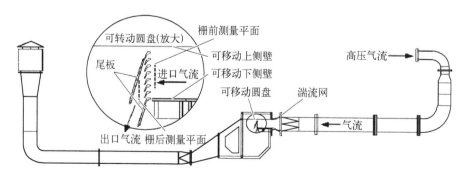

图 2.1   涡轮平面叶栅风洞示意图

试验段的进口流道。

　　为了保证中间的被测叶栅通道及其相邻通道之间具有较好的周期性,试验叶栅的叶片数一般不少于 7,对于亚声速涡轮平面叶栅试验,附面层对流场的干扰较小,因此流场周期性容易保证,无需辅助调控措施;对于跨声速涡轮平面叶栅试验,叶栅出口的激波反射现象对流场周期性有明显影响,一般需要在叶栅出口安装开槽尾板来调节流场周期性。一般在位于叶栅上游约 0.5 倍弦长的平面上布置一排壁面静压孔以监测栅前流场的均匀性,根据被测通道的栅前壁面静压值和稳压段总压值确定叶栅来流马赫数。在叶栅下游约 1 倍弦长的平面上通过步进五孔探针得到多个叶栅通道的气流总压、静压以及速度大小和方向的分布,测点布置可根据实际情况进行局部加密测量。

　　b) 环形/扇形叶栅风洞

　　在风洞结构上,环形/扇形叶栅风洞与平面叶栅风洞除了试验段外,并无不同,但通常环形/扇形涡轮叶栅风洞对风洞的能力提出了更高的要求。

　　3. 测量系统

　　风洞测量截面定义如图 2.2 所示,叶栅试验测量系统由测量仪器、测压管路、压力扫描阀、信号放大器、测控计算机等构成,如图 2.3 所示。大气环境压力和温度由大气压计和温度计测量得到,进口总温和总压分别由温度计和总压探针测得。

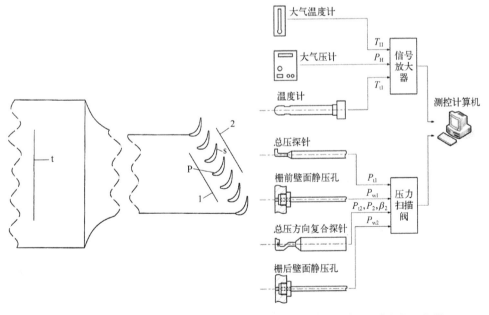

图 2.2　测量截面定义　　　　　　　　图 2.3　试验测量参数及仪器

　　t. 稳压箱总参数测量;1. 进口测量;2. 出口测量;P. 吸力面静压测量;s. 压力面静压测量

进口和出口壁面静压由栅距方向布置的多个壁面静压孔得到。测量仪器获得的压力信息由测压细管连接至多通道压力扫描阀后传输至测控计算机,大气环境以及温度参数一般通过信号放大器后传输至测控计算机,测控计算机通过测控软件实现对所有压力和温度信息的采集、显示、存储,为了便于实时观测,测控程序界面一般直接显示出重要流场参数以及叶栅尾迹和叶片表面压力分布等信息。每个试验参数的测量位置和测点数目如表 2.1 所示。

表 2.1　试验参数的测量位置及测点数目

测量参数	符号	测量仪器	测量位置	测点数目
大气温度	T_H	大气温度计	测试间	1
大气压力	P_H	大气压计	测试间	1
进口总温	T_{t1}	K 型热电偶	稳定段	≥2
进口总压	P_{t1}	总压探针	稳定段	≥4
进口壁面静压	P_{b1}	壁面测压孔	前缘额线上游 0.5 倍弦长处	≥18
进口气流角	β_1	带刻度的转动圆盘	试验段	
叶盆表面压力分布	P_p	表面测压孔	测压通道压力侧叶片	≥10
叶背表面压力分布	P_s	表面测压孔	测压通道吸力侧叶片	≥10
出口壁面静压	P_2	安装在壁面测压孔的压力传感器	后缘额线下游 0.5 倍弦长处,在风洞两侧壁开测压孔	≥18
出口总压	P_{t2}	总压方向复合探针	后缘额线下游 1 倍弦长处,探针沿被测栅距通道进行逐点测量	≥20
出口静压	P_{s2}			
出口气流角	β_2			

4. 叶栅试验的主要测试方法和技术

近些年来,叶栅风洞试验测试技术表现出以下发展趋势:提升现有技术的精度、频响等参数,并拓展测试技术的应用环境;一些定性的测试技术要向定量化发展;测量范围逐渐从空间单点向某个平面以及整个三维流场发展;接触式测量方法逐渐被非接触测量技术所取代。

常规叶栅试验仅仅获得叶栅的二维气动性能结果。而实际叶栅流道中的气流是三维流动,流动空间狭小,流动现象复杂,当进口马赫数较高时,流场表现出强烈的非定常性,在叶栅和端壁附近区域甚至出现流动分离现象。

传统流场测量通常采用植入传感器或阵列传感器的方式,进行流场速度分布测量研究,存在安装困难、测量范围有限、损害流面连续性等问题;另外,引入传感器后都会对流场造成或多或少的干扰,从而影响试验测量结果的精度。因此为了获得叶栅通道中更精细的流场信息,捕捉更丰富的流场现象,需要在常规的气动性能试验基础上结合应用粒子图像测速(particle image velocimetry,PIV)、光学压敏涂料(pressure sensitive paint,PSP)、高频传感器、油流等多种流场显示与测试技术,对流场特性进行综合地测量和诊断。

1) 常规流动显示技术

研究人员在叶栅风洞内部复杂流动测量技术的研究过程中,逐步发展了总压和总温探针、纹影法、油流法、热线风速仪、高频动态压力探针和叶栅端壁动态压力测量等一系列测试技术,在叶栅风洞试验中获取较高精度的测量数据和图像方面取得了长足的进步。这里只做简单介绍。

a) 纹影法

利用光线通过不同流体折射程度的差别来测量流动中的密度分布,主要用来观测和获取各种激波现象,这种方法常用于超跨声速的叶栅吹风试验叶栅风洞中,如图 2.4 所示。

图 2.4　超声叶栅激波纹影照片

b) 油流法

表面油流显示技术是一种经济、方便的定性测量技术。它能够快速、直观地捕捉到气流流过叶片表面以及叶栅端壁的流动形态,借助油流图谱能够更好地认识叶栅中存在的复杂三维流动现象及作用机理,已广泛应用于涡轮叶栅试验中。

表面油流显示技术所使用的涂层是一种由油剂与粒度非常细小的粉末颜料混合组成的。为了使示踪粒子与油剂混合得更均匀以使示踪粒子与模型表面有更好的浸合力,有时会在油流中再添加极少量其他油剂,例如油酸。

在叶栅风洞进行油流试验时,通常将带有细微示踪粒子的油剂薄薄地涂在叶片表面上,其油膜厚度小于边界层厚度。因此,当在风洞中进行吹风时,油膜在叶片表面上应满足无滑移条件,在油膜上边界与气流相接,在界面上油流和气流的速度以及剪应力相等,通过油流在叶片表面留下的形成的痕迹则可清晰展示流动状态,并结合油流谱分析、旋涡分离流及拓扑学等相关理论来进行判断,如图 2.5 所示。

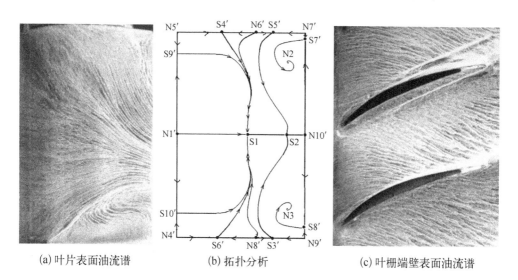

(a)叶片表面油流谱　　　　　(b)拓扑分析　　　　　(c)叶栅端壁表面油流谱

图 2.5　叶栅风洞油流显示及拓扑分析图片

2)基于图像处理的测量技术

非接触 PIV 技术和 PSP 技术对于研究涡流、湍流等复杂流动现象具有重要意义,在航空航天、叶轮机械和汽车制造等领域具有极广的应用前景,不仅可定性显示速度、压力的全域分布,而且通过标定,可以得到速度压力的定量大小。

a)叶栅流场测量的粒子图像测速(PIV)技术

PIV 技术突破了空间单点测量技术的局限性,具有非定常分辨率高、获取信息量大、测量速度快、不干扰被测流场和可连续测量等非常实用的优点,在叶栅风洞试验中获得了很好的应用。PIV 技术的基本原理是:在流场中散播示踪粒子,以粒子速度代表其所在流场内相应位置处流体的运动速度,然后应用强光(激光片光)照射流场中的一个测试平面,用成像的方法(如 CCD 或者胶片)记录下两次或者多次曝光的粒子位置,用图像分析技术(如杨氏条纹法、自相关、互相关)得到各点粒子的位移,由位移和曝光的时间间隔便可得到流场中各点的流速矢量,进而计算出其他运动量(包括流场速度矢量图、速度分量图、流线图、涡量图等)。

PIV 系统主要由四个部分构成,包括光源、摄像头、同步控制系统、图像采集和矢量计算系统。各个部件间连接关系如图 2.6 所示。

b)叶栅流场测量的光学压敏涂料(PSP)技术

光学压敏涂料 PSP 测量技术利用某种高分子化合物在特定波长光的照射下发

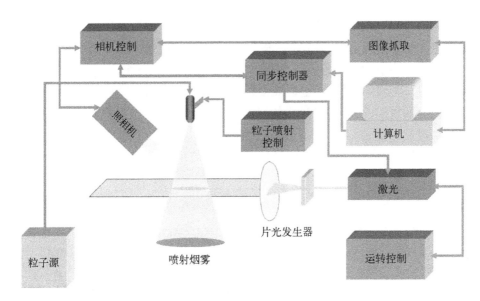

图 2.6 PIV 部件间连接关系图

生量子能量阶跃的"光致发光"效应和返回基态的"氧猝灭"现象,通过建立发光强度和流场压力的对应关系,从而实现固体表面压力场的无接触式定量测量,其具有操作便利、成本较低、对流场无干扰和检测范围广等优点,在低速、跨声速、超声速和激波风洞以及旋转机械测量中得到了广泛应用。

图 2.7 按照亨利定律,在 PSP 聚合物内的氧浓度正比于所接触到的空气的氧分压。对于空气,其压力正比于氧分压,所以,空气压力越高,PSP 层中氧分子越多,发光分子被猝灭的也越多。因此,发光强度是随空气压力的升高而递减的函数。发光强度和氧浓度之间的关系可用 Stern-Volmer 关系来描述。对实验空气动力学而言,发光强度 I 和空气压力 P 之间的 Stern-Volmer 关系式可以写为

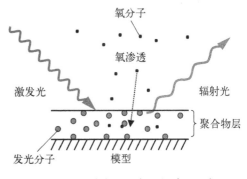

图 2.7 光致发光现象和氧猝灭现象

$$\frac{I_{\text{ref}}}{I} = A(T) + B(T)\frac{P}{P_{\text{ref}}} + C(T)\left(\frac{P}{P_{\text{ref}}}\right)^2 + \cdots \tag{2.4}$$

2.1.2 测量结果分析及评判

1. 叶栅试验流场周期性

叶栅试验的流场周期性通过至少三个连续叶栅通道的进口均匀性和出口周期

性进行评估,检测位置为叶栅进口和出口测量平面。进口均匀性指三个通道的进口壁面静压分布呈现扁平的均匀分布,各壁面静压测点对应的等熵马赫数之间的差异不超过1%;进口均匀性不好,不仅会影响叶栅进口流场的周期性,而且会影响被测叶栅进口参数的准确性,出口周期性指三个通道的出口马赫数和出气角分布表现出较好的周期性,各通道对应位置的马赫数和气流角差异保持在1%和0.5°以内。亚声速叶栅出口一般通过步进五孔探针得到多个通道的尾迹分布(图2.8);超声速叶栅出口需要借助纹影仪观看出口波系是否一致。

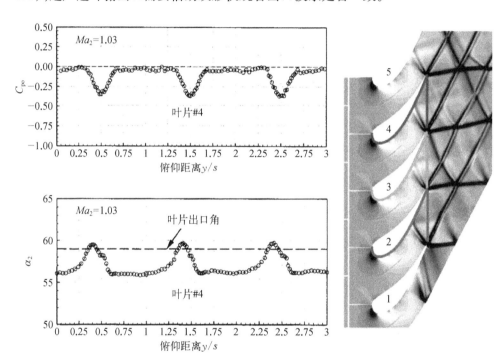

图 2.8   叶栅出口尾迹分布

2. 叶栅试验数据处理

涡轮平面叶栅试验中主要状态参数如下。

进口总压:

$$P_{t1} = \sum_{i=1}^{n} P_{t1}(i)/n \tag{2.5}$$

进口总温:

$$T_{t1} = \sum_{i=1}^{n} T_{t1}(i)/n \tag{2.6}$$

进口马赫数:

$$Ma_1 = \sqrt{5 \times \left[(P_{t1}/P_1)^{\frac{k-1}{k}} - 1 \right]} \qquad (2.7)$$

进口气流雷诺数：

$$Re_1 = \frac{\rho_1 b W_1}{\mu_1} \qquad (2.8)$$

吸力面等熵马赫数：

$$Ma_s(i) = \sqrt{5 \times \left[(P_{t1}/P_s)^{\frac{k-1}{k}} - 1 \right]} \qquad (2.9)$$

压力面等熵马赫数：

$$Ma_p(i) = \sqrt{5 \times \left[(P_{t1}/P_p)^{\frac{k-1}{k}} - 1 \right]} \qquad (2.10)$$

涡轮平面叶栅试验中主要性能参数如下。
攻角：

$$i = \beta_{k1} - \beta_1 \qquad (2.11)$$

落后角：

$$\delta = \beta_2 - \beta_{k2} \qquad (2.12)$$

气流转折角：

$$\Delta\beta = 180° - (\beta_1 + \beta_2) \qquad (2.13)$$

叶栅负荷系数：

$$C_u = 1.095\,45 \times \left(\frac{Ma_1 \cos\beta_1}{\sqrt{1 + 0.2 Ma_1^2}} + \frac{Ma_2 \cos\beta_2}{\sqrt{1 + 0.2 Ma_2^2}} \right) \qquad (2.14)$$

总压损失系数：

$$\zeta = 1 - \frac{P_{t2}}{P_{t1}} \qquad (2.15)$$

能量损失系数：

$$\xi = 1 - \frac{1 - (P_2/P_{t2})^{\frac{k-1}{k}}}{1 - (P_2/P_{t1})^{\frac{k-1}{k}}} \qquad (2.16)$$

3. 叶栅试验结果分析
涡轮平面叶栅试验主要性能曲线(图 2.9)包括：

（1）叶片表面等熵马赫数分布或压力系数分布；

（2）出口气流角在一个栅距的分布；

（3）总压恢复系数在一个栅距的分布；

（4）不同出口马赫数时的总压损失系数；

（5）不同出口马赫数时的能量损失系数；

（6）不同出口马赫数时的出口气流角；

（7）不同出口马赫数时的气流转折角；

（8）不同出口马赫数时的进口马赫数；

（9）不同进口气流角时的总压损失系数；

（10）不同进口气流角时的出口气流角。

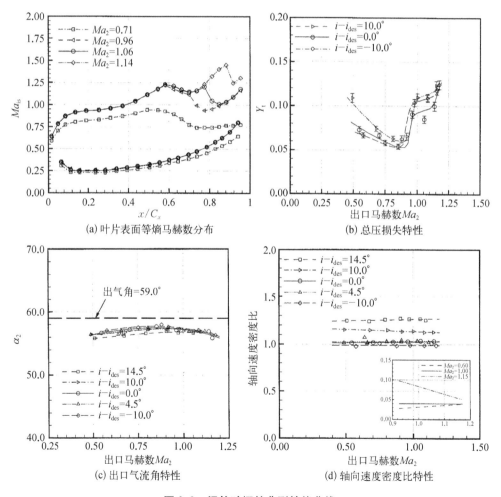

图 2.9　涡轮叶栅的典型性能曲线

涡轮平面叶栅试验结果应做如下分析。

（1）通过对叶片表面马赫数分布曲线的分析,研究叶片槽道内的亚声速和超声速流动现象。分析叶片的加速情况,槽道激波位置及大致强度,此时可以结合纹影照片和录像进行分析。

（2）通过出口气流参数在三个或三个以上栅距的分布情况、叶栅出口马赫数分布、叶片槽道内流动的纹影照片和录像可以分析叶栅试验流场周期性情况。

（3）通过叶栅损失系数、出口气流角、叶栅负荷系数等随进口气流角、出口马赫数的分布曲线可以分析叶栅在不同攻角和工作马赫数下的性能,分析叶栅的设计点和非设计点气动性能。

2.1.3　相似理论与准则

为了设计出性能优良的涡轮部件,研究人员必须要了解涡轮内部的流动结构。但是,对高速涡轮开展试验存在以下难点:尺寸小不方便测量、代价大和风险高,进行高速原型试验比较艰难。因此,借助相似理论,发展低速模拟技术成为了航空发动机设计、调试、修正和定型的重要手段,低速模拟技术也是叶轮机械相似理论的具体应用,即通过低速试验来模拟高速流动,具有低成本、低风险的优点,该技术的重要意义在于不仅能够将低速试验中积累的气动资料应用于高速流动、了解高速流动机理和总结规律,还能在低速试验中发现设计缺陷进行修正,再定量折算到高速原型中,减小损失提升性能。值得注意的是低速试验模拟高速流动依赖于高低速流场间的气动相似性,Wisler 等也指出"更多的关注点应当放在相似准则的研究上"。因此流场的相似变换是高速原型与低速模型之间,叶栅、叶型与数据转换的关键。

一般而言,物理现象的相似意味着几何相似、运动相似和动力相似。如果在涡轮流场中只考虑黏性与可压缩性的影响,那么使模型涡轮与原型涡轮的相似准则雷诺数 Re 与马赫数 Ma 相等,即可保证作用在模型涡轮与原型涡轮的气动力相等。但在涡轮叶栅的低速模拟中,其特征之一是低速模型与高速原型的进口马赫数相差较大,这一运动不相似使得为保证整个流场的相似,原有的几何相似和动力相似必然要被破坏,从而建立一种新的约束关系来重新满足相似第二定理。对于绕孤立薄翼的亚声速流动,相似变换关系由 Prandtl-Glauert 法则给出。冯·卡门根据线性化小扰动方程推导了在无限边界条件下绕薄翼跨声速流动的相似准则,根据类似的方法,钱学森给出了高超声速流动的相似准则。平面叶栅流场与孤立翼型边界条件并不相同,为此,Woolard 等将 Prandtl-Glauert 法则应用于叶栅的亚声速流动中。低速涡轮试验器的设计期望是其能研究低雷诺数下涡轮的非定常工作特性、叶片封严形式和效果、流道型面,以及低压涡轮的降稠度技术、燃气入侵、气膜冷却等。因此,在涡轮部件中应用低速模拟技术的主要目的是能够反映涡轮部件的气动设计理念和设计方法,使其能作为针对涡轮的各项其他研究的试验载体,降低试验成本和风险。

由于涡轮流场的高度复杂性,描述涡轮叶栅绕流的流体动力学方程在不同的简化假设下具有不同的形式,建立流场相似准则的难度随着考虑因素的增加而增大。本章主要在:① 亚声速小扰动二维平面叶栅相似;② 亚声速近似小扰动二维平面叶栅相似;③ 亚声速小扰动准三维叶栅相似;④ 跨声速小扰动二维平面叶栅相似;⑤ 全扰动二维平面叶栅相似这五种情形下,用解析的方法求出叶栅相似变换准则。

1. 亚声速小扰动二维平面叶栅相似原理

应用线性小扰动方程,以 C_p 作为典型的无量纲气动参数,可以得到不同马赫数下,两组叶栅的变换关系。线性小扰动方程为

$$(1 - Ma_0^2)\varphi_{xx} + \varphi_{yy} = 0 \tag{2.17}$$

其中,Ma_0 为矢量平均马赫数。设

$$x = x', \quad y = y'\Omega, \quad \varphi = s\varphi' \tag{2.18}$$

其中,$\Omega = \sqrt{1 - Ma_0^2}$;$k$ 为待定常数;上标"$'$"表示可压流场参数。对应扰动速度的变换关系为

$$\begin{cases} u = su' \\ v = (s/\Omega)v' \end{cases} \tag{2.19}$$

在线性小扰动假设下,$C_p = -2u/v_\infty$,故为了使压力系数 C_p 相等,只需取 $s = v_\infty/v'_\infty$,代入式(2.19)可得

$$u = (v_\infty/v'_\infty)u', \quad v = (v_\infty/v'_\infty)(v'/\Omega) \tag{2.20}$$

如图 2.10 所示的涡轮叶栅,可用下列关系分别表示两组叶栅的叶面坐标:

$$\begin{cases} Y_m = g(x) + mh, & g(x) = g[x - mh\cot(\beta - \alpha_0)] \\ Y'_m = f(x') + mh', & f(x') = f[x' - mh'\cot(\beta - \alpha'_0)] \end{cases} \tag{2.21}$$

其中,$-C/2 \leq x - mh\cot(\beta - \alpha_0) \leq C/2$,$-C/2 \leq x' - mh'\cot(\beta' - \alpha'_0) \leq C/2$,$m = 0,\ \pm1,\ \cdots$ 为叶片序号。需要注意的是:$g(x)$ 和 $f(x')$ 分别是两组叶栅中叶型曲面的函数,表示这单只叶型的几何形态。

由叶片表面相切条件得

$$\begin{cases} \dfrac{\mathrm{d}Y_m}{\mathrm{d}x} \equiv \dfrac{\mathrm{d}g(x,\ y)}{\mathrm{d}x} = (v/v_\infty)_{y=mh} \\ \dfrac{\mathrm{d}Y'_m}{\mathrm{d}x'} \equiv \dfrac{\mathrm{d}f(x',\ y')}{\mathrm{d}x'} = (v'/v'_\infty)_{y'=mh'} \end{cases} \tag{2.22}$$

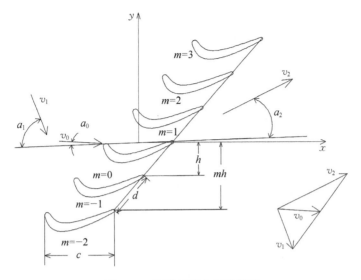

图 2.10　涡轮叶栅几何示意图

由方程(2.22)可得

$$dg/dx = (1/\Omega)(df/dx') \tag{2.23}$$

因为 dg/dx 和 df/dx' 分别表示了原型叶片和仿射变换叶片的表面倾角,所以攻角的关系如下:

$$\tan \alpha_0 = (1/\Omega)(\tan \alpha_0') \tag{2.24}$$

同时还给出了两组叶栅中叶型的厚度与弯度之间的关系。

根据图 2.10,安装角 β 和稠度 σ 的关系如下:

$$\begin{cases} \beta = \cot^{-1}\left[(1/\Omega)\cot(\beta' - \alpha_0')\right] + \alpha_0 \\ \sigma = \sigma'/\left[\sin(\beta' - \alpha_0')\sqrt{\Omega^2 + \cot^2(\beta' - \alpha_0')}\right] \end{cases} \tag{2.25}$$

于是根据上述变换可得 $C_p'(\beta', \alpha_0', \sigma', Ma_0) = C_p(\beta, \alpha_0, \sigma)$。上式表明,参数为 β'、α_0'、σ'、Ma_0 的叶栅绕流在满足式(2.22)~式(2.25)所确定的以 β、α_0、σ 为叶栅流动参数的不可压流场中,两组叶栅的叶面压力系数分布相等。

对于两个不同进口马赫数的亚声速叶栅流场,则叶栅的变换关系为

$$df_1/dx_1 = (\Omega_1/\Omega_2)(df_2/dx_2') \tag{2.26}$$

$$\tan\alpha_0' = (\Omega_1/\Omega_2)(\tan\alpha_0'') \tag{2.27}$$

$$\beta'' = \cot^{-1}\left[(\Omega_2/\Omega_1)\cot(\beta' - \alpha_0')\right] + \alpha_0'' \tag{2.28}$$

$$\sigma'' = \sigma'/\left[\sin(\beta' - \alpha_0')\sqrt{(\Omega_1/\Omega_2)^2 + \cot^2(\beta' - \alpha_0')}\right] \tag{2.29}$$

为满足 Kutta 条件,上面各式中的 α、Ma_0 均应视为矢量平均参数。式(2.26)~式(2.29)便是亚声速小扰动二维叶栅高低速流场的相似准则。由于方程和物面的边界条件在推导中以得到明确保证,因此上述推得的相似变换关系不仅能够保证两组叶栅叶型和物面边界条件的相似,也保证周期性条件和进出口边界条件的相似性。

2. 亚声速近似小扰动二维平面叶栅相似原理

由于涡轮叶片较厚,产生的扰动略大,而冯·卡门、Woolard 和朱年国等根据小扰动方程提出的相似准则均要求叶片非常薄、产生的扰动为一无穷小量,而涡轮叶片与该条件不相符,因此上述研究结果不能直接应用于涡轮叶栅。因此本节从有限小扰动假设出发,推导亚声速条件下涡轮叶栅流场的相似准则,并应用相似变换得到低速叶栅。

虽然涡轮叶片较厚导致引起的扰动略大,但仍可视为一小量,本节将其称为"有限小扰动",假定有限小扰动的幂次仍是高阶小量,则有限小扰动假设如下。

小扰动假设: $l = U_x/V_0 = U_y/V_0 \ll 1$, $l^n \ll 1$。

有限小扰动假设: $l = U_x/V_0 = U_y/V_0 < 1$, $l^n \ll 1$。

根据有限小扰动假设,即使在马赫数比较小的条件下速度势方程的一阶近似中右边三项(φ_{xx}, φ_{yy}, φ_{xy})相对于左边项不再是高阶的小量,因此不能忽略。另一方面,由于进口马赫数不相等条件下相似准则的存在性要求,本节忽略了交叉项,但是忽略交叉项造成的影响大小尚未可知,需要实验来验证。

借鉴 Woolard 和朱年国的经验推导高压涡轮叶栅的高低速变换相似准则,对于二维精确的速度势方程有

$$(1 - Ma_0^2)\varphi_{xx} + \varphi_{yy} = Ma_0^2\left[(k+1)\frac{U_x}{V_0} + \frac{k+1}{2}\frac{U_x^2}{V_0^2} + \frac{k-1}{2}\frac{U_y^2}{V_0^2}\right]\varphi_{xx}$$

$$+ Ma_0^2\left[(k-1)\frac{U_x}{V_0} + \frac{k+1}{2}\frac{U_y^2}{V_0^2} + \frac{k-1}{2}\frac{U_x^2}{V_0^2}\right]\varphi_{yy}$$

$$+ Ma_0^2\frac{U_y}{V_0}\left(1 + \frac{U_x}{V_0}\right)(\varphi_{xy} + \varphi_{yx}) \tag{2.30}$$

在有限小扰动假设下, $l = U_x/V_0 = U_y/V_0 < 1$, 而 $(U_x/V_0)^2$ 和 $(U_y/V_0)^2$ 是高阶小量,当矢量平均马赫数 Ma_0 较小时,忽略高阶小量可得

$$(1 - Ma_0^2)\varphi_{xx} + \varphi_{yy} = Ma_0^2(k+1)l\varphi_{xx} + Ma_0^2(k-1)l\varphi_{yy} + 2Ma_0^2l\varphi_{xy} \tag{2.31}$$

前文提到,由于涡轮叶栅产生的扰动较大,方程(2.31)中的右边三项不再是高阶的小量,但仍然是有限的小量,因此不能忽略。然而为了满足相似准则的存

在性,在某一微段内,线化方程中交叉项在一般情况下与扰动速度的量级相同,因此交叉项实际上非常接近二阶小量,所以本节忽略了交叉项 φ_{xy},则方程可简化为

$$(1 - Ma_0^2)\varphi_{xx} + \varphi_{yy} = Ma_0^2(k + 1)l\varphi_{xx} + Ma_0^2(k - 1)l\varphi_{yy} \tag{2.32}$$

整理得

$$\left[1 - \frac{Ma_0^2(1 + 2l)}{1 - Ma_0^2(k - 1)l}\right]\varphi_{xx} + \varphi_{yy} = 0 \tag{2.33}$$

对式(2.33)做一变换:

$$Ma_*^2 = \frac{Ma_0^2(1 + 2l)}{1 - Ma_0^2(k - 1)l} \tag{2.34}$$

可得

$$(1 - Ma_*^2)\varphi_{xx} + \varphi_{yy} = 0 \tag{2.35}$$

式(2.35)可看作矢量平均马赫数为 Ma_* 的小扰动方程,则求二维精确的速度势方程相似准则的问题退化为根据小扰动方程推导相似变换关系的问题。

推导近似小扰动二维叶栅相似准则的过程,与上节基本一致,其中需要注意的区别是

$$\Omega = \sqrt{1 - Ma_*^2}, \ Ma_*^2 = \frac{Ma_0^2(1 + 2l)}{1 - Ma_0^2(k - 1)l} \tag{2.36}$$

而

$$\begin{aligned}
Ma_*^2 &= \frac{Ma_0^2(1 + 2l)}{1 - Ma_0^2(k - 1)l} \\
&= Ma_0^2(1 + 2l)\frac{1}{1 - Ma_0^2(k - 1)l}, \ 其中 |Ma_0^2(k - 1)l| \ll 1 \\
&= Ma_0^2(1 + 2l)\{1 + Ma_0^2(k - 1)l + [Ma_0^2(k - 1)l]^2 + O[Ma_0^6(k - 1)^3l^3]\} \\
&= Ma_0^2(1 + 2l)[1 + Ma_0^2(k - 1)l], \ 其中 Ma_0^4(1 + 2l)(k - 1)l \ll 1 \\
&\approx Ma_0^2(1 + 2l) \tag{2.37}
\end{aligned}$$

则有

$$\Omega = \sqrt{1 - Ma_0^2(1 + 2l)} \tag{2.38}$$

另一方面,假设高速流场参数下标为"1",低速流场参数下标为"2",则根据相

似准则低速叶型的攻角需满足以下关系:

$$\mathrm{d}f_1/\mathrm{d}x_1 = (\Omega_1/\Omega_2)(\mathrm{d}f_2/\mathrm{d}x_2) \approx \sqrt{1 - (Ma_1^2 - Ma_2^2)(1 + 2l)}(\mathrm{d}f_2/\mathrm{d}x_2)$$
$$\Rightarrow \mathrm{d}f_1/\mathrm{d}x_1 < \mathrm{d}f_2/\mathrm{d}x_2$$

因此,进行低速叶栅设计时,低速叶栅的攻角应当增大,同理稠度和安装角应当略有增加。

以一弯度较小的叶型组成涡轮叶栅作为高速叶栅,进口马赫数为 $Ma_1 = 0.2384$,矢量平均马赫数为 $Ma_0 = 0.6127$,应用本节推导的相似准则对高速叶栅进行相似变换,相似变换后的低速叶栅进口马赫数为 $Ma_2 = 0.02941$,矢量平均马赫数为 $Ma_0' = 0.02941$。

图 2.11 中给出了相似变换前后高低速叶型的相对位置。图 2.12 所示同时给出了高速叶型和低速叶型无量纲等熵马赫数的分布。在吸力面一侧,高低速叶栅的无量纲马赫数分布比较接近,且有大致相同的增长趋势,低速叶栅的无量纲马赫数均匀增加,高速叶栅则在逐渐上升的过程中伴有起伏;在压力面一侧,两者也有相同的发展趋势,但有小的偏移量。用以下参数来定量描述马赫数分布的偏差:

$$\Delta Ma_s = \frac{1}{chord}\oint | \delta Ma_s | \mathrm{d}s,$$ 其中 $\delta Ma_s = Ma_{s高速} - Ma_{s低速}$。 结果显示高速、低速无量纲马赫数偏差为 $\Delta Ma_s = 0.063$,相对较小。

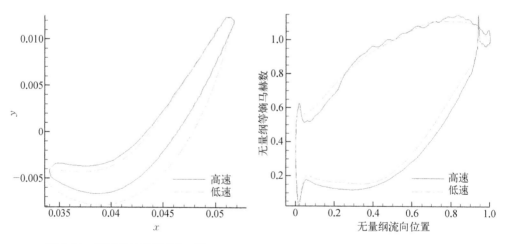

图 2.11　高速低速叶型几何对比　　　　**图 2.12　无量纲等熵马赫数分布**

结果表明,低速叶栅能够反映高速叶栅叶型表面无量纲马赫数的分布,因此低速叶栅也能够表征高速叶栅的气动特性,验证了相似准则是合理的。需要强调的是,低速叶栅模拟高速叶栅的可靠性说明在相似准则推导过程中略去方程(2.31)等号右边交叉项的影响在工程上是可以忽略的。

3. 亚声速小扰动准三维叶栅相似原理

应用准三维小扰动方程：

$$(1 - Ma_0^2)\varphi_{zz} + \varphi_{rr} + (1/r^2)\varphi_{\theta\theta} + (1/r)\varphi_r = 0 \qquad (2.39)$$

设定变换：

$$z = z',\ r = r'\Omega,\ \theta = \theta',\ \varphi = s\varphi',\ \Omega = \sqrt{1 - Ma_0^2} \qquad (2.40)$$

将公式(2.40)代入公式(2.39)并取 $k = 1$，则得到：

$$v_z = v_z',\ v_r = v_r'(1/\Omega),\ v_\theta = v_\theta'(1/\Omega) \qquad (2.41)$$

由于 $r\theta = r'\theta'\Omega$，故令 $y = r\theta$，$y' = r'\theta'$，则在准三维和压力系数忽略二阶项的假设下，两组叶栅的叶型参数和叶栅参数之间的关系与二维平面叶栅情形下的式(2.23)~式(2.25)相同，只是在这种情况下必须考虑流向流管厚度的变化。假设涡轮径向扰动与栅距方向的扰动互不干扰，则把流面看成是固壁，类似于二维平面叶栅的相似变换关系可以推得流管厚度比之间的关系为

$$d_2'/d_1' = 1 - \Omega^2 + (d_2/d_1)\Omega^2 \qquad (2.42)$$

其中，d_2/d_1 和 d_2'/d_1' 分别为变换前后的流管厚度之比。

4. 非线性小扰动和全扰动二维平面叶栅相似原理

二维平面的全位势方程：

$$(1 - \varphi_x^2/a^2)\varphi_{xx} + (1 - \varphi_y^2/a^2)\varphi_{yy} - (2\varphi_x\varphi_y/a^2)\varphi_{xy} = 0 \qquad (2.43)$$

其对应的扰动势方程可表示为

$$\begin{aligned}
&[1 - Ma_\infty^2 - (k+1)Ma_\infty^2 v_x/v_\infty]\varphi_{xx} + [1 - (k-1)Ma_\infty^2 v_x/v_\infty]\varphi_{yy} \\
&= Ma_\infty^2 \{[(k+1)/2](v_x/v_\infty)^2 + [(k-1)/2](v_y/v_\infty)^2\}\varphi_{xx} \\
&\quad + Ma_\infty^2 \{[(k-1)/2](v_x/v_\infty)^2 + [(k+1)/2](v_y/v_\infty)^2\}\varphi_{yy} \\
&\quad + Ma_\infty^2 (2v_y/v_\infty)(1 + v_x/v_\infty)\varphi_{xy} \qquad (2.44)
\end{aligned}$$

对应跨声小扰动假设时为

$$\{1 - Ma_\infty^2 - [(k+1)/v_\infty]Ma_\infty^2(\partial\varphi/\partial x)\}\varphi_{xx} + \varphi_{yy} = 0 \qquad (2.45)$$

对于式(2.44)与式(2.45)，若令

$$\Omega^2 = \frac{1 - Ma_\infty^2 - (k+1)Ma_\infty^2 v_x/v_\infty - Ma_\infty^2 \{[(k+1)/2](v_x/v_\infty)^2 + [(k-1)/2](v_y/v_\infty)^2\}}{1 - (k-1)Ma_\infty^2 v_x/v_\infty - Ma_\infty^2 \{[(k-1)/2](v_x/v_\infty)^2 + [(k+1)/2](v_y/v_\infty)^2\}}$$

$$(2.46)$$

及

$$\Omega^2 = 1 - Ma_\infty^2 - \left[(k + 1)/v_\infty \right] Ma_\infty^2 (\partial\varphi/\partial x) \tag{2.47}$$

方程(2.44)和方程(2.45)可分别写成:

$$\Omega^2 \varphi_{xx} + \varphi_{yy} = RHS$$

$$= \cfrac{Ma_\infty^2 \cfrac{2v_y}{v_\infty} \left(1 - \cfrac{v_x}{v_\infty} \right) \varphi_{xy}}{1 - (k + 1) Ma_\infty^2 \cfrac{v_x}{v_\infty} - Ma_\infty^2 \left[\cfrac{k - 1}{2} \left(\cfrac{v_x}{v_\infty} \right)^2 + \cfrac{k + 1}{2} \left(\cfrac{v_y}{v_\infty} \right)^2 \right]} \tag{2.48}$$

以及

$$\Omega^2 \varphi_{xx} + \varphi_{yy} = 0 \tag{2.49}$$

一般情形下,用公式(2.46)和公式(2.47)表示的 Ω 将是整个流场的点函数 $\Omega = \Omega(x, y)$,为保证问题的一维性,在栅距方向进行了平均,使得 $\Omega = \Omega(x)$ 。假定在某 x 点附近, $\Omega(x)$ 为常数(即局部线化),同时认为 $C_p = - v_x/v_\infty$ 依然成立,通过变换可以将式(2.44)和式(2.45)写成:

$$\Omega^2 \varphi_{xx} + \varphi_{yy} = \begin{cases} RHS, & \text{对式}(2.44) \\ 0, & \text{对式}(2.45) \end{cases} \tag{2.50}$$

为使方程(2.50)相似于不可压流的 Laplace 方程,对方程(2.44)忽略了交叉项(即右项)。从而必定对相似精度产生影响,影响的大小尚未明了,部分原因是采用了栅距方向的平均,其实际的影响程度将由计算结果判定。

由此,可推得类似于式(2.23)、式(2.24)的叶型相似关系,只是 Ω 不再是常数,而使用当地值。对于安装角和稠度关系,再次应用 x 向的平均 Ω,得到类似于式(2.25)、式(2.26)的相似变换关系。

应该指出,如果考虑 C_p 和方程近似的一致性,那么全扰动下的通过局部线化得到的相似变换准则并非确切意义上的全扰动相似,从而与跨声小扰动和亚声小扰动下的准确相似有根本的差别。

2.2　涡轮级性能试验

燃气在涡轮中的流动为复杂的非定常、有黏、三维流动,即其流动存在明显的非定常效应、黏性效应和三维效应。根据理论计算和设计经验所设计的涡轮,通常都必须在涡轮试验器上进行涡轮的气动性能试验。涡轮级性能试验可以是单级涡轮试验,也可以是多级涡轮试验。通过获取涡轮级的气动性能为涡轮的设计和参数的选取提供参考依据。以下从涡轮级性能试验原理及方法等方面进行阐述。

表 2.2 给出了本部分的符号说明。

表 2.2　符 号 说 明

符　号	名　称	单　位	说　明
P	压力	Pa	—
T	温度	K	—
W	质量流量	kg/s	—
n	转速	r/min	—
N	功率	kW	—
M	扭矩	N·m	—
η	效率	—	—
π	膨胀比	—	—
m	模型比	—	—
k	工质的比热比	—	—
R	工质的气体常数	kJ/(kg·K)	—
λ	速度系数	—	—
Re	雷诺数	—	—
A	流道面积	m^2	—
r	圆周半径	m	—
u	圆周速度	m/s	—
a	声速	m/s	—
$\bar{n}$	换算转速	r/(min·$\sqrt{K}$)	—
$\bar{W}$	换算流量	kg·$\sqrt{K}$/(s·Pa)	—
$\bar{L_e}$	换算功	kJ/(kg·K)	—
*	滞止参数(总参数)	—	上标

续　表

符　号	名　称	单　位	说　明
0	涡轮进口的	—	下标
2	涡轮出口的	—	下标
T	涡轮的	—	下标
p	原型的	—	下标
t	试验的	—	下标
c	绝对的	—	下标
u	圆周的	—	下标
cr	临界的	—	下标

2.2.1　试验原理

涡轮级性能试验以录取涡轮级总特性、验证涡轮设计性能为主要目的,按试验状态可分为全状态试验与模拟态试验;按试验件尺寸可分为全尺寸试验与模型(放大或缩小)试验;按是否通冷气可分为通冷气试验、无冷气试验;按涡轮出口条件可分为出口直排大气试验、出口抽气或引射试验等。

目前开展的涡轮气动性能试验一般采用模拟态试验,即根据相似原理,试验件在比发动机原型状态参数低的情况下进行试验。全状态试验方面,美国、俄罗斯等国家先进涡轮试验设备的指标逐步向发动机真实工况靠近,如美国 NASA 刘易斯研究中心(现称 NASA 格伦研究中心)的高温高压涡轮试验器和俄罗斯中央航空发动机研究院(Central Insitute of Aviation Motors,CIAM)的 TC-2 涡轮试验器;国内受限于试验条件、试验难度及试验能源消耗等方面原因,目前全状态试验尚未正式开展。

典型的涡轮试验器原理图见图 2.13。

试验器主要包括进气及排气系统、辅助空气系统、水系统、加温系统、滑油系统、测试系统、操控及电气系统、测功器、齿轮箱及扭矩测量仪(按需)、安保及消防系统等。

试验时,来自空压站的高压空气经过进气管道并在其中进行流量测量后进入加温器,然后经过滤器进入蜗壳及试验件,再经排气管道至排气消声塔,最终排入大气。

水力测功器是涡轮试验器的常用设备之一,用以吸收涡轮发出的功率,并测量转速和扭矩,进而计算出测功器消耗的功率。水力测功器由转子、静子等部分组成,工作时,转、静子之间的空腔中注水,转盘旋转过程中通过与水的摩擦,将转盘

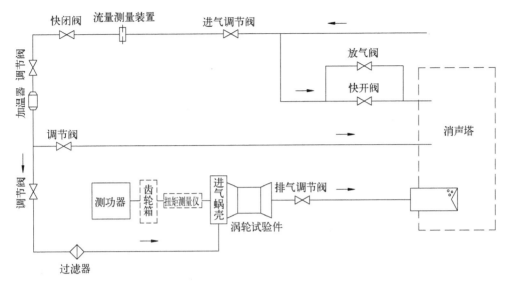

图 2.13 典型涡轮试验器原理图

的动能转化为水的热量,这样形成冷水进、热水出,从而将涡轮功转换为水的热量带走。

涡轮试验与整机或压气机试验不同,一般需要气源提供一定压力、温度和流量的高压空气。试验过程中通过试验器加温装置控制涡轮温度,通过调节进排气管路阀门改变涡轮膨胀比,通过调节测功器进、排水阀门控制涡轮转速,通过调节冷气管路阀门改变冷气流量比等,到达预定状态后,采集转速、流量、功率和进出口压力、温度、气流方向等参数;试验过程中对转子轴向力和盘腔封严压力等进行实时监控和调节。

涡轮气动模拟试验基于相似原理,其相似参数包括膨胀比、换算转速、换算流量、换算功等。

膨胀比:

$$\pi_{\mathrm{T}}^* = P_0^* / P_2^* \tag{2.51}$$

换算转速:

$$\bar{n} = \frac{n}{\sqrt{T_0^*}} \tag{2.52}$$

换算流量:

$$\overline{W} = \frac{W\sqrt{T_0^*}}{P_0^*} \tag{2.53}$$

换算功：

$$\overline{L}_e = \frac{N}{W T_0^*} \tag{2.54}$$

对于高温气冷涡轮，除了保证上述条件外，还要遵循下列两个条件：

(1) 冷气流量与主气流量之比相等；

(2) 冷气温度与主气温度之比相等。

此外，涡轮试验时很难做到进口流场（包括速度场、压力场、温度场和端壁附面层状态等）相似，目前国内涡轮试验器大部分以均匀进口流场代替非均匀流场，因此，试验结果与原型涡轮相比会有些误差。

因模拟试验中试验涡轮与原型涡轮的工质（气体常数、比热容比）不同、模型比有差异，为保持试验涡轮与原型涡轮的工作状态相似，应根据相似原理对以上参数进行修正。以下分别对换算转速、换算流量、换算功的计算公式进行推导证明。

1. 换算转速

换算转速推导过程如下。

根据速度三角形相似，可得

$$(\lambda_u)_t = (\lambda_u)_p$$

由 $\lambda_u = \dfrac{u}{a_{cr}} = \dfrac{u}{\sqrt{\dfrac{2kR}{k+1}T^*}}$ 可得

$$\left(\frac{u}{a_{cr}}\right)_t = \left(\frac{u}{a_{cr}}\right)_p$$

$$\left(\frac{u}{\sqrt{\dfrac{2kR}{k+1}T^*}}\right)_t = \left(\frac{u}{\sqrt{\dfrac{2kR}{k+1}T^*}}\right)_p$$

$$\left(\frac{rn}{\sqrt{\dfrac{2kR}{k+1}T^*}}\right)_t = \left(\frac{rn}{\sqrt{\dfrac{2kR}{k+1}T^*}}\right)_p$$

$$\left(\frac{r}{\sqrt{\dfrac{2kR}{k+1}}} \cdot \frac{n}{\sqrt{T^*}}\right)_t = \left(\frac{r}{\sqrt{\dfrac{2kR}{k+1}}} \cdot \frac{n}{\sqrt{T^*}}\right)_p$$

$$\left(\frac{n}{\sqrt{T^*}}\right)_{\text{p}} = \left(\frac{n}{\sqrt{T^*}}\right)_{\text{t}} \cdot \frac{\left(\sqrt{\frac{2kR}{k+1}}\right)_{\text{p}}}{\left(\sqrt{\frac{2kR}{k+1}}\right)_{\text{t}}} \cdot \frac{r_{\text{t}}}{r_{\text{p}}}$$

$$\left(\frac{n}{\sqrt{T^*}}\right)_{\text{p}} = \left(\frac{n}{\sqrt{T^*}}\right)_{\text{t}} \cdot \frac{\left(\sqrt{\frac{2kR}{k+1}}\right)_{\text{p}}}{\left(\sqrt{\frac{2kR}{k+1}}\right)_{\text{t}}} \cdot m \tag{2.55}$$

2. 换算流量

换算流量推导过程如下。

根据速度三角形相似,可得

$$q(\lambda_{\text{c}})_{\text{t}} = q(\lambda_{\text{c}})_{\text{p}}$$

由流量基本公式可得 $q(\lambda_{\text{c}}) = \dfrac{W\sqrt{T^*}}{P^*} \cdot \dfrac{1}{KA}$,其中 $K = \sqrt{\dfrac{k}{R} \cdot \left(\dfrac{2}{k+1}\right)^{\frac{k+1}{k-1}}}$

故

$$\left(\frac{W\sqrt{T^*}}{P^*} \cdot \frac{1}{KA}\right)_{\text{t}} = \left(\frac{W\sqrt{T^*}}{P^*} \cdot \frac{1}{KA}\right)_{\text{p}}$$

$$\left(\frac{W\sqrt{T^*}}{P^*}\right)_{\text{p}} = \left(\frac{W\sqrt{T^*}}{P^*}\right)_{\text{t}} \cdot \frac{(K)_{\text{p}}}{(K)_{\text{t}}} \cdot \frac{A_{\text{p}}}{A_{\text{t}}}$$

而

$$\frac{A_{\text{p}}}{A_{\text{t}}} = \frac{1}{m^2}$$

故

$$\left(\frac{W\sqrt{T^*}}{P^*}\right)_{\text{p}} = \left(\frac{W\sqrt{T^*}}{P^*}\right)_{\text{t}} \cdot \frac{\left[\sqrt{\frac{k}{R} \cdot \left(\frac{2}{k+1}\right)^{\frac{k+1}{k-1}}}\right]_{\text{p}}}{\left[\sqrt{\frac{k}{R} \cdot \left(\frac{2}{k+1}\right)^{\frac{k+1}{k-1}}}\right]_{\text{t}}} \cdot \frac{1}{m^2} \tag{2.56}$$

3. 换算功

换算功推导过程如下。

根据原型涡轮与试验涡轮效率相等,可得

$$\eta_{T\cdot p}^* = \eta_{T\cdot t}^*$$

而

$$\eta_{T\cdot p}^* = \left[\frac{N/W}{\frac{kR}{k-1}T^*\left(1-1/\pi_T^{*\frac{k-1}{k}}\right)}\right]_p, \quad \eta_{T\cdot t}^* = \left[\frac{N/W}{\frac{kR}{k-1}T^*\left(1-1/\pi_T^{*\frac{k-1}{k}}\right)}\right]_t$$

可得

$$\left[\frac{N/W}{\frac{kR}{k-1}T^*\left(1-1/\pi_T^{*\frac{k-1}{k}}\right)}\right]_p = \left[\frac{N/W}{\frac{kR}{k-1}T^*\left(1-1/\pi_T^{*\frac{k-1}{k}}\right)}\right]_t$$

$$\frac{\left(\dfrac{N}{WT^*}\right)_p}{\left(\dfrac{N}{WT^*}\right)_t} = \frac{\left[\dfrac{kR}{k-1}\left(1-1/\pi_T^{*\frac{k-1}{k}}\right)\right]_p}{\left[\dfrac{kR}{k-1}\left(1-1/\pi_T^{*\frac{k-1}{k}}\right)\right]_t}$$

$$\overline{L_{ep}} = \overline{L_{et}}\left[\frac{kR}{k-1}\left(1-1/\pi_T^{*\frac{k-1}{k}}\right)\right]_p \bigg/ \left[\frac{kR}{k-1}\left(1-1/\pi_T^{*\frac{k-1}{k}}\right)\right]_t \tag{2.57}$$

2.2.2　试验方法

1. 试验方法简述

通常的涡轮模拟态试验主要内容如下:

(1) 录取涡轮的气动性能,即获得流量特性、功率特性和效率特性;

(2) 在设计状态下,测量涡轮基元级的性能参数和气流参数沿叶高的变化;

(3) 研究冷气变化对涡轮性能的影响;

(4) 研究叶间间隙变化对涡轮性能的影响;

(5) 研究雷诺数变化对涡轮性能的影响;

(6) 研究变几何涡轮的性能和特性;

(7) 研究双转子涡轮或对转涡轮的性能和特性。

涡轮的工作状态参数主要包括:转速、涡轮进口温度、涡轮进口压力、膨胀比等,这些参数确定后,即决定了涡轮的工作状态。

模拟态涡轮试验一般由气源供气(出口抽气或引射试验可以由大气进气),涡轮进口温度一般≤800 K(根据涡轮膨胀比的大小以及测功器包线范围等因素,确定是否需要加温),试验工质为空气、燃气或空气与燃气的混合气体,排气条件可以是直排大气、出口引射或抽吸。

试验过程中高温高压的空气(或燃气)流过涡轮后膨胀做功,其发出的功率被测功器吸收并测出。通过进气管路上阀门的调节改变涡轮膨胀比,通过调节测功器阀门控制涡轮转速,到达预定状态后,采集所有测试参数。如果试验转速范围与测功器不一致,可以通过增速或减速齿轮箱进行匹配;此时,应在轴系中齿轮箱输入端配置扭矩测量仪来测量涡轮发出的功率。试验过程中需要对涡轮转子轴向力进行实时计算和监控,并通过空气系统阀门进行调节。

2. 试验状态估算方法

根据上文对涡轮相似参数的推导结果,在不需要精确考虑 k、R、m 影响的情况下,确定试验状态的进口温度及进口压力后,即可根据式(2.58)~式(2.61)对试验涡轮的转速、流量、功率、扭矩等参数进行初步估算:

$$n_t = n_p \cdot \frac{\sqrt{T_t^*}}{\sqrt{T_p^*}} \tag{2.58}$$

$$W_t = W_p \cdot \frac{P_t^*}{P_p^*} \cdot \frac{\sqrt{T_p^*}}{\sqrt{T_t^*}} \tag{2.59}$$

$$N_t = N_p \cdot \frac{P_t^*}{P_p^*} \cdot \frac{\sqrt{T_t^*}}{\sqrt{T_p^*}} \tag{2.60}$$

$$M_t = M_p \cdot \frac{P_t^*}{P_p^*} \tag{2.61}$$

其中,进口温度及压力的确定应遵循以下原则。

(1) 进口温度要在试验器的加温能力范围内;要保证转速在运转设备(测功器、扭矩测量仪、齿轮箱等)允许的范围内并尽量远离试验件临界转速;要保证涡轮膨胀做功后出口不出现结露、结冰;要保证流量在气源允许的范围内;要保证功率在水力测功器的包线范围内并尽量远离特性线边界。

(2) 进口压力要在气源压力允许的范围内;要满足试验件膨胀比的要求,保证排气顺畅;要保证流量在气源允许的范围内;要保证功率在水力测功器的包线范围内并尽量远离特性线边界;要保证试验设备的扭矩在允许范围内。

进口压力等于出口压力乘以膨胀比,所以进口压力的确定实际上就是出口压力的确定。对于出口直排大气的方式,一般按试验器的经验值给定试验涡轮出口压力;对于出口引射或抽吸的方式,需要按实际情况确定出口压力。

3. 典型特性分析方法

典型的涡轮基元级速度三角形如图 2.14 所示。

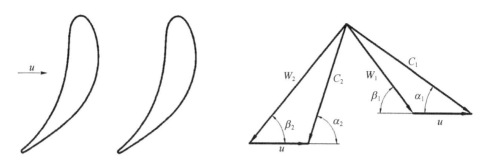

图 2.14　典型的涡轮基元级速度三角形

典型的涡轮效率、流量、功率、出口气流角度等特性图如图 2.15 所示；图中 n_1 代表低转速，n_2 代表高转速。以下结合速度三角形对典型特性曲线进行解释说明。注意，在不同工况下，动叶的进口绝对气流角 α_1 以及出口相对气流角 β_2 的变化很小，可近似认为 $\alpha_1 \approx$ 常数、$\beta_2 \approx$ 常数。

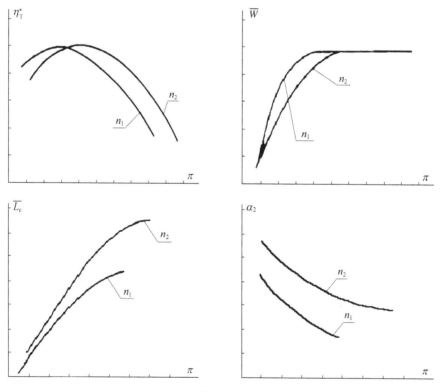

图 2.15　典型的涡轮特性图

1) 效率特性

（1）在某一转速设计工况附近，攻角 $i \approx 0$，气流组织得比较顺畅，效率变化不大;随着 π 减小,气流速度减小,在转速不变(u 不变)的情况下,β_1 增加,i 相应减小;同理,随着 π 增加,气流速度增加,在转速不变(u 不变)的情况下,β_1 减小,i 相应增加;而 i 增加或减小过大,气流会在叶背或叶盆发生撞击和分离,使涡轮效率明显下降。

(2) 随着转速降低(u 减小),为保持速度三角形相似,与设计工况相适应的气流速度减小,对应的 π 减小,也就是说,设计工况对应的 π 减小,则效率曲线向左移动。

2) 流量特性

(1) 在某一转速下(u 不变),随着 π 增加,气流速度增大 $[q(\lambda_{c1})$ 增大],$W\sqrt{T^*}/P^*$ 随之增加;而当导向器喉部达到临界(静叶阻塞)时,$q(\lambda_{c1}) = 1$ 不再增大,$W\sqrt{T^*}/P^*$ 曲线趋近平直。

(2) 随着转速降低(u 减小),w_1 增加(α_1 不变),而 w_2 保持不变,所以动叶中的压降减小,涡轮反力度下降,由于级总膨胀比 π 不变,静叶中的压降必然增加,则流速增大 $[q(\lambda_{c1})$ 增大],$W\sqrt{T^*}/P^*$ 随之增加。

3) 功率特性

(1) 在某一转速下(u 不变),随着 π 增加,气流速度增加,由速度三角形可知,w_{1u}、w_{2u} 均增加(α_1、β_2 不变),则扭速 $\Delta w_u = w_{1u} + w_{2u}$ 增加,轮缘功 $L_u = u \cdot \Delta w_u$ 随之增加。

(2) 随着转速降低(u 减小),在膨胀比 π 不变的情况下,由速度三角形可知,w_{1u} 增加、w_{2u} 不变(α_1、β_2 不变),此时转速对功率的变化起决定性作用,轮缘功 $L_u = u \cdot \Delta w_u$ 减小。

4) 角度特性

(1) 在某一转速下(u 不变),随着 π 增加,气流速度增大(c_{2a} 增大),由速度三角形可知 α_2 减小。

(2) 随着转速降低(u 减小),在膨胀比 π 不变的情况下,由速度三角形可知 α_2 减小。

2.2.3　测试布局方法

涡轮级性能试验中的参数测量方法如下。

(1) 总温:一般使用带套单点或多点总温热电偶及总温叶型受感部。

(2) 总压:一般使用带套单点或多点总压管及总压叶型受感部,特殊情况下(例如进口保证轴向进气)也可用 L 型多点总压管,以减少截面堵塞并增加径向测点数量。

(3) 静压:除内外壁静压及腔压外,通道静压一般使用带套单点或多点静压管测量。

（4）气流方向：气流偏转角一般使用方向管测量。

典型的涡轮测量截面布置见图 2.16。

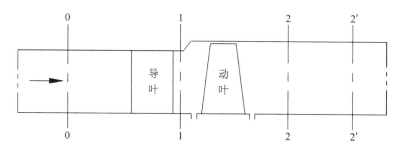

图 2.16　典型的涡轮测量截面布置图

（1）涡轮进口测量截面的布置（0-0 截面）：在涡轮进口处一般应设置一段平直段，推荐其长度不小于进口导叶中径弦长或叶高的 2 倍并取其数值大者。进口测量截面应布置于平直段中，壁面静压与总温、总压的测量截面可分别设置或同截面设置。壁面静压可设置在导叶前缘上游约（0.5~1.0）倍中径弦长处，周向不少于 4 点；总温、总压可设置在导叶前缘上游约 1.5 倍中径弦长处，其测量位置周向总数不少于 6 个（总温、总压各不少于 3 个，若采用总温总压复合探针不少于 3 个）。

（2）级间测量截面的布置（1-1 截面）：导叶与动叶之间（或级与级之间）受结构空间限制，较难实现外插式探针测量，可根据实际需要布置壁面静压、总压或总温叶型受感部，周向布置应考虑上游叶片栅后尾迹区与主流区分布等因素。

（3）出口测量截面的布置（2-2、2'-2' 截面）：在涡轮出口处也应设置一出口平直段，推荐其长度不小于出口动叶中径弦长或叶高的 3 倍并取其数值大者，出口测量截面应布置在平直段中。出口参数的测量位置可分别设置或同截面设置。建议出口气流方向测量布置于动叶下游（0.5~1.0）倍动叶中径弦长处，沿周向不少于 1 个位置；总温、总压测量布置于 2 倍动叶中径弦长处，其测量位置周向总数不少于 6 个（总温、总压各不少于 3 个，若采用总温总压复合探针不少于 3 个）；壁面静压与总温、总压的测量截面一般同截面设置，周向不少于 4 点。

（4）各测量截面测点的径向布置一般采用等环面积法，径向测点数一般不少于 3 点，具体测点数根据通道高度及仪表结构情况确定；各测量截面受感部的周向布置如无特殊考虑因素，一般可采用周向均布。

（5）若不同试验状态下出口气流角变化范围较大，已超出总温、总压、方向管的不敏感角或校准范围，可以考虑改变出口仪表的安装角度进行分组测量。

2.2.4　测试精度要求

1. 测量系统的允许误差

根据目前工程中常用测量设备的精度,涡轮性能试验专业规定直接测量参数的测量系统允许误差(绝对误差或相对误差)见表 2.3。

表 2.3　测量系统的允许误差

测 量 参 数	参 数 符 号	允 许 误 差
压　力	P	±0.3%
大气压力	P_{amb}	±0.05%
压　差	ΔP	±0.3%
流　量	W	±1.0%
温　度	T	±1.5℃(被测温度≤300℃); ±3℃(被测温度>300℃)
扭　矩	M	±0.4%
转　速	n	±0.1%

2. 主要性能参数的允许误差

根据直接测量参数的允许误差以及计算参数的误差传递公式,涡轮性能试验专业规定主要性能参数的允许误差见表 2.4。

表 2.4　主要参数的允许误差

参 数 名 称	参 数 符 号	允 许 误 差
功　率	N_T	±1.0%
换算转速	$\bar{n}_t$	±0.5%
换算流量	$\bar{W}_t$	±1.2%
滞止效率	η_T^*	±1.5%
膨胀比	π_T^*	±0.5%

第3章
试 验 件

　　涡轮性能试验件是涡轮性能试验的主要载体,是基于涡轮性能试验的原理和方法,在试验设备的约束条件下,为实现试验目的中涉及的各项功能需求而专门设计加工的一套机械装置。试验件在客观上决定了试验任务能否顺利完成,同时也在一定程度上决定了试验结果的有效性。随着我国航空发动机技术的进步和高性能、高工程适用性涡轮的不断涌现,涡轮性能验证的需求日趋增加,涡轮性能试验件也逐渐呈现多层次、系列化、成体系的特征。性能试验件的设计已经成为涡轮研发体系和技术流程中一个独立且重要的环节,成为涡轮性能设计-验证迭代过程中支撑能力提升和精细化挖掘试验收益的突破点之一,但国内外目前均未见到公开的针对该领域的专门著述,这也是本书将试验件的相关内容独立成章的主要原因。

　　目前的涡轮性能试验大都在模拟态下开展,试验件的温度、压力、转速等工作参数都远低于发动机状态下的涡轮部件工作参数,试验件工作条件的苛刻程度与发动机环境难以相提并论。同时,试验件的设计不会受到质量、尺寸等方面的严格约束,也不需要追求过高的寿命和可靠性等指标,部分功能的实现还可以借助于试验现场的地面辅助设备,这些因素都使得试验件的设计自由度相对更大。但是,试验件的设计有其自身的特点和难点,有其完整的产品设计流程和适用的设计原则。如果直接采用发动机涡轮部件设计思想或对试验件的多专业设计工作没有给予足够重视,都难以获得一个满意的试验件。一方面,试验件在满足试验基本功能需求的同时,还必须要有效兼顾设计加工成本、设计加工周期、继承性、移植性等因素,同时要结合试验设备情况保证基本的可靠性、维修性、保障性、安全性、环境适应性、测试性等要求。在很多情况下,为了调控试验条件或满足测试需求,涡轮零部件性能试验件的硬件状态甚至要比发动机状态还要复杂得多;另一方面,随着气动设计技术和试验测试技术等方面的进步,涡轮性能试验已经不仅限于开展常规的性能录取,越来越多地针对精细化流场测量和气动几何条件影响规律的研究性试验正在开展,如冷气喷射对流场性能影响研究、叶尖结构方案对性能影响研究等;同时,试验设备的不断升级也将持续拓展涡轮性能试验的内容,如全温全压涡轮试验器的建设、低速大尺寸涡轮试验器的建设等;这些都将对涡轮性能试验件的设计提出新的挑战。此外,涡轮部件具有很强的多学科耦合特征,为了能够更好地支撑涡轮部件设计,在涡轮性能试验中进一步集成多学科验证内容将是试验件设计领域未来的攻关方向。

本章的内容以大中型航空发动机研制中的涡轮气动性能设计验证为背景,以在长周期试验设备上开展的涡轮性能试验为例,围绕三个不同层次展开,分别介绍了典型的平面叶栅试验件、扇形/环形叶栅试验件、涡轮级性能试验件的设计,给出了当前主流或成熟的设计流程、设计准则和设计方案。

3.1　平面叶栅试验件

平面叶栅作为一种涡轮叶栅试验件结构形式,广泛应用于涡轮叶栅气动性能试验,本节主要介绍气动模拟状态下的涡轮性能平面叶栅试验件,平面叶栅试验件示意图见图 3.1。

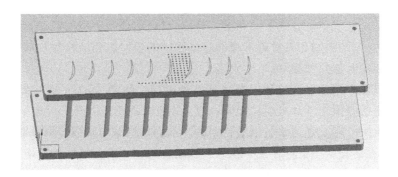

图 3.1　平面叶栅试验件

叶栅流场中常常包含有局部超声区,因而有激波、激波-附面层干扰、附面层分离以及主流区和尾迹的掺混问题。对于这些复杂的流动情况,难以完全依靠数值计算的方法来获得准确的定量结果,因此,平面叶栅试验仍然是获得可靠数据的一种手段。通过平面叶栅试验,可以获得该截面叶型的损失系数、出口气流角、负荷系数、流量系数、总压损失系数、攻角范围、临界马赫数、叶片表面压力分布、端壁压力分布等特性以及详细的流场气动参数,有助于涡轮气动设计人员更全面地了解涡轮叶栅中的气流流动情况,并针对性地开展涡轮气动优化设计。

平面叶栅试验件主要由基本叶片、叶背测压叶片、叶盆测压叶片和端壁栅板组成。平面叶栅试验件的叶片采用二维叶片,由三维叶型的某一截面通过等值拉伸得到。受平面叶栅试验器特殊结构的影响和限制,在靠近试验器上下端壁位置的叶片受端壁气流流动影响,会对试验件的进出口流场周期性和均匀性造成影响,所以为了保证试验数据的可靠性和精度,则要用数量足够的有限个叶片来模拟无限叶栅(沿圆周所切得的环形叶栅展开在平面上相当于无限叶栅)。合理的平面叶栅试验件设计须保证试验状态下存在几个相邻且气动状态相差不大的叶片通道,近似构成具有周期性的流场区域,在此区域内进行气动参数的测量。

按试验叶片是否通入冷气,可将平面叶栅试验分为无冷气平面叶栅试验和有冷气平面叶栅试验。为研究不同冷气供气状态下的叶栅损失特性,有冷气平面叶栅试验件采用具有冷却结构的涡轮叶片,试验件壳体具有冷气供气结构和相关温度、压力测量接口,与无冷气叶栅试验件相比结构更加复杂。

平面叶栅试验件的详细结构见下文"3.1.2 试验件基本结构"和"3.1.4 试验件结构详细设计"。

3.1.1 试验件设计准则

(1)由于原型叶栅的几何参数往往超出试验器能力范围或不满足平面叶栅试验要求(例如流场周期性、均匀性等),几何相似又是试验件设计的基本准则之一,作为开展基础性气动试验的平面叶栅试验件,也必须遵循几何相似,综合考虑试验台供气能力、空间限制和测量需求来确定试验件的模型比和试验叶片数目,保证试验叶片与原型叶片几何相似。

(2)试验件结构设计过程中需考虑流场周期性问题,因为平面叶栅试验件是用数量一定的有限个叶片来模拟无限叶栅(沿圆周所切得的环形叶栅展开在平面上相当于无限叶栅),所以设计试验件时须采取必要措施对叶栅流场周期性进行优化,以保证在试验状态下存在几个相邻且气动状态相差不大的叶片通道,近似构成具有周期性的流场区域,保证叶栅流场品质满足试验测量要求,必要时采用数值仿真手段对设计结果进行验证。

(3)试验件结构设计过程中预留必要的测量接口,主要包括试验件进口/出口端壁静压测量、叶盆和叶背表面压力测量,试验件槽道端壁静压测量等结构,必要时在试验件进口/出口预留总压测量、附面层测量、气流方向测量等仪表结构,测量截面的轴向位置和各截面内测点周向分布需满足试验测试要求。

(4)在试验件各段连接位置和测量接口位置采用必要的封严设计,满足气密性要求。

(5)在满足试验件强度要求的条件下,充分考虑材料及工艺的经济性。

(6)试验件设计过程中,充分借鉴已有试验件的设计经验,降低技术风险。

3.1.2 试验件基本结构

涡轮平面叶栅试验在专门的试验器上进行,涡轮平面叶栅试验器一般由主体系统、次流系统、控制系统、测试系统等组成,关于试验器的详细介绍见第 4 章"4.1

平面叶栅试验设备"。

平面叶栅试验件的基本结构形式相同,典型涡轮平面叶栅试验件一般由叶片(如典型的基本叶片、叶片表面压力测量叶片等)、栅板(如典型的型孔板-型孔与叶型型面相同、纹影照相栅板-航空有机玻璃)和转接段(包括:叶栅安装座、静压接嘴)等组成,图 3.2 是典型的平面叶栅结构示意图。

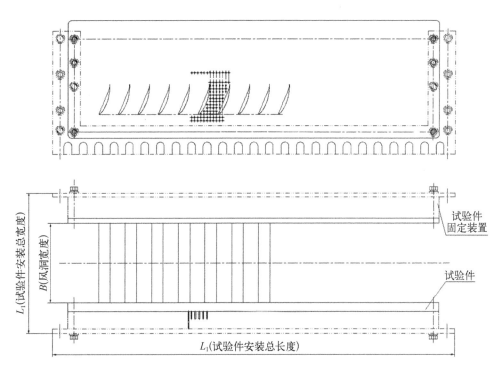

图 3.2　试验件总体示意图

基本叶片和测量叶片的外形尺寸完全相同,测量叶片是在基本叶片的基础上,分别在叶盆和叶背设计叶片表面静压测量孔而形成;常规性能试验的栅板分为两件且外形尺寸完全相同,这两件栅板的区别是其中一件上设计了叶栅槽道壁面静压测量孔;光学测量试验的栅板完全相同。

开展涡轮平面叶栅详细设计之前,首先要根据叶型气动参数(主要包括攻角、出口气流角和出口马赫数等)、几何参数(主要包括叶型坐标、安装角、进出口构造角和栅距等)、试验器能力(主要包括风口尺寸、试验件结构尺寸和测试能力等),同时遵循相似原理来确定叶片数量,展弦比不小于 2 的情况下,对原型叶型按一定比例对叶片及栅板进行模型缩放,形成试验件的叶型及栅板型孔坐标,为了保证流场的周期性,一般要求流道槽道数目不少于 7 个;然后根据测试要求来进行测试方案设计,试验件设计流程见图 3.3。

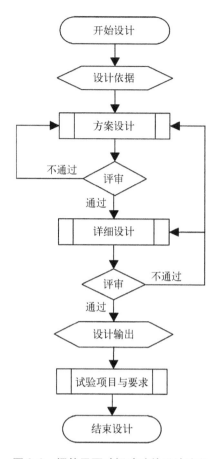

图3.3 涡轮平面叶栅试验件设计流程

3.1.3 平面叶栅流场周期性

平面叶栅流场周期性问题是平面叶栅试验件设计过程中需要关注的一个重要问题,关系到最终试验结果的可信度。由于平面叶栅试验件用有限个叶片模拟无限叶栅(沿圆周所切得的环形叶栅展开在平面上相当于无限叶栅),试验叶栅栅后流场必然存在非周期性,与真实三维叶片状态下周期性流场存在较大差异。在平面叶栅设计过程中,通过合理选取叶片数目和展弦比,结合三维流场数值计算和试验测量等验证手段,可以保证栅后流场测量区域具有较好的周期性。

保证平面叶栅流场周期性的有效方法是在试验器能力和试验件结构允许的前提下增加叶片数量,使试验件栅后流场测量区域距离试验器上下端壁留有足够的缓冲空间,减弱试验器上下端对测量区域流场周期性的影响。但是在试验过程中,受试验器结构影响,无法保证试验件安装数量足够的叶片。此时在保证展弦比的前提下,可以通过减小试验件的几何缩放比例来增加叶片数量,但是如果过度减小几何缩放比例,一是会影响试验雷诺数,导致试验状态不在自模区内而影响试验测量结果;二是试验叶片表面压力测量和端壁压力测量点数会减少,导致无法准确捕获关键流场信息,对试验效果和测量数据可信性产生不利影响。

在此种情况下,可以考虑在试验件后安装导流尾板来调整试验件出口流场,进而保证试验件出口流场的周期性,但是设计导流尾板和导流尾板的调控方式,则要结合数值仿真计算来开展;另外,可以在试验件出口沿叶片额线方向上的每个栅距内布置适当数量的静压测点,以此来作为判断试验流场周期性是否良好的辅助方式。

3.1.4　试验件结构详细设计

在设计平面叶栅试验件时,需要满足几何相似。平面叶栅试验件基本结构主要包括叶片、栅板和转接段。在设计平面叶栅试验件时,根据试验任务提出的叶型参数、叶型数据、试验状态要求和试验技术要求等输入条件,根据相似准则,初步确定叶片的数量、测试方案等,必要时对气动特性进行数值仿真计算和预估,然后设计详细的试验件工程图。

1. 叶片设计

1)基本叶片设计

按叶型坐标设计基本叶片,根据试验器风口尺寸,遵循几何相似准则,在展弦比不小于2的情况下,综合考虑测量和叶片数量,对原型叶型按一定比例进行缩放,形成基本叶片。

叶片数量限制条件:按如下公式确定叶片数量 n 值,同时保证 $n \geqslant 7$。

$$(n-1)t \times \sin\beta_1 \geqslant 75\%H \tag{3.1}$$

其中,n 为叶片数量;t 为试验件栅距;β_1 为进气角度;H 为试验器风口高度。

图 3.4 为风洞结构定义示意图,图 3.5 为基本叶片示意图。

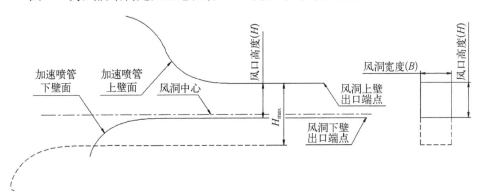

图 3.4　风洞结构定义示意图

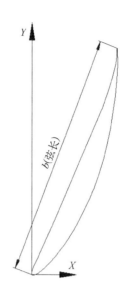

图 3.5　基本叶片示意图

2) 测量叶片设计

按表面静压孔的坐标及方向设计测量叶片表面压力的叶片：首先确定叶片最大厚度处表面压力孔的中心线，要求中心线垂直于叶型表面；然后按弦长或轴向（一般为 3~5 mm）向前后延伸，给出压力孔中心线位置及与坐标轴的夹角，要求保持压力孔的锐边。测量孔径一般为 0.5 mm，压力引导孔径一般为 0.6~1.6 mm。图 3.6 为测量叶片示意图。

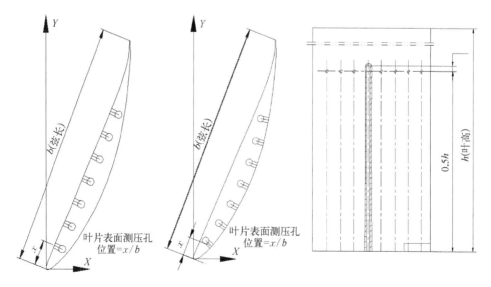

图 3.6　测量叶片示意图

2. 栅板设计

依据叶型、叶片数量、试验件安装和测试方法确定栅板结构,见图3.7~图3.9:

(1) 按试验器与试验件的安装要求和结构尺寸确定首叶片前缘和叶栅前缘额线;

(2) 按安装角(额向)确定 X 坐标轴位置;

(3) 型孔数量按叶片数量确定;

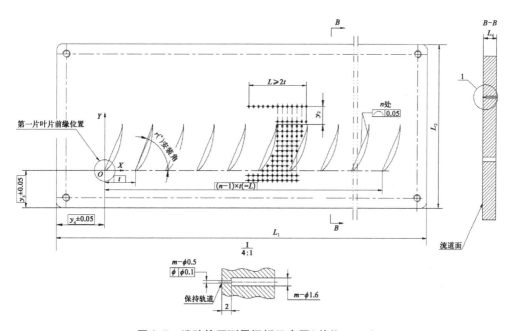

图 3.7 端壁静压测量栅板示意图(单位: mm)

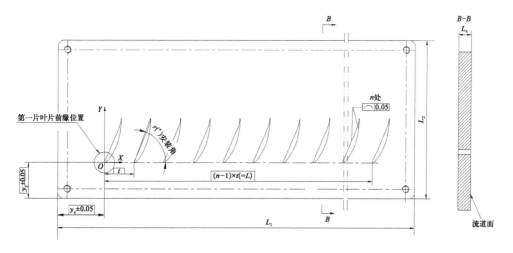

图 3.8 普通栅板示意图(单位: mm)

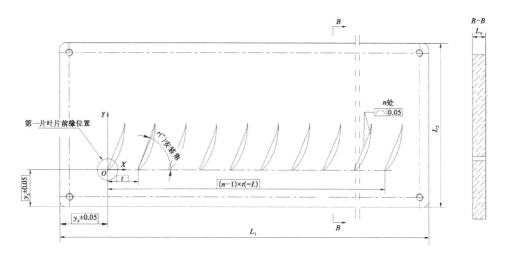

图 3.9　有机玻璃栅板示意图(单位: mm)

　　(4) 按弦长、栅距及中央型孔(即中央叶片)进、出口方向,确定叶栅进口、出口和槽道的壁面静压孔的位置和数量;

　　(5) 按安装座确定紧固螺孔的位置和数量;

　　(6) 左、右栅板与气流接触的表面粗糙度低于 0.8 μm,平面度小于 0.05 μm,有机玻璃栅板加工误差 0.05 mm,表面粗糙度 0.1 μm,平行度保证在 0.05 μm 以下,四边相互垂直,与转接段接口缝隙保证最小。

　　(7) 在栅板上设计刻度线。

　　3. 转接段设计

　　转接段设计包括:

　　(1) 叶栅安装座通常为设备通用备件,按需要选择;特殊情况时,需要根据试验件结构重新设计;

　　(2) 静压接嘴均为通用备件,型号规格按照试验器的测试系统和测量仪器要求配备。

　　4. 平面叶栅试验件测量设计

　　(1) 进口静压测量: 栅前进口静压测量截面位置按 $Y_1 = 1.0b$ 确定,孔径为 0.5 mm,孔深大于 2 倍孔径,孔中心线垂直气流方向,孔口保持锐边无毛刺。

　　(2) 槽道壁面静压测量: 叶栅槽道壁面静压测量应位于中央面积区内,被测范围不应少于一个完整的槽道区域,第一行静压孔位置至少应位于栅前 0.3b 左右处并与额线平行,单个静压孔距应为 3~5 mm,其余各行静压孔沿气流方向等间距 (3~5 mm)均布直至叶栅出口壁面静压截面。孔径为 0.5 mm,孔深大于 2 倍孔径,孔中心线垂直气流方向,孔口保持锐边无毛刺。

　　(3) 叶片表面静压测量: 叶片表面静压测量按原设计要求的带有静压测量孔

的叶片完成。

（4）出口总压测量：涡轮叶栅后出口总压测量截面根据试验技术要求确定，在中央面积区内采用多孔压力探针进行沿栅距移位总压测量。

（5）出口静压测量：涡轮栅后出口静压测量截面应与出口总压测量截面保持接近，在中央面积区内采用多孔压力探针进行沿栅距移位静压测量。

（6）出口壁面静压测量：涡轮叶栅后出口壁面静压测量截面在栅板上实现，测量截面根据试验技术要求确定，单个静压孔距应为 3~5 mm，其测量范围应位于中央面积区内，且不应少于 2~3 个栅距。

3.2 扇形/环形叶栅试验件

涡轮扇形/环形叶栅作为一种涡轮叶栅试验件结构形式，广泛应用于涡轮叶栅气动性能和涡轮叶片传热的试验，本节主要介绍气动模拟状态下的涡轮性能扇形/环形叶栅试验件。

扇形/环形叶栅试验采用全三维叶型的试验叶片和具有收扩特征的流道端壁，相比涡轮平面叶栅试验能够更加准确地反映发动机实际工作状态下涡轮叶栅通道内的气流三维流动状态，得到涡轮叶栅局部或总体的损失特性和详细的流场气动参数，有助于涡轮气动设计人员更全面地了解涡轮叶栅中的气流三维流动情况，验证涡轮气动设计效果并针对性地开展涡轮气动优化设计。

扇形叶栅与环形叶栅试验件结构设计方面具有很多相同点，两者的主要区别在于试验件圆心角的选取。相比涡轮环形叶栅的周向 360° 全环设计，扇形叶栅试验件通过选取合适的扇形段圆心角能够更好地与试验台供气能力相匹配，降低试验件加工和试验运行成本。受周向两端导流板的影响，试验状态下的扇形叶栅内部各叶片通道内的气动状态并不一致，叶片通道内部及叶片下游流场可能存在明显的非周期性。合理的扇形叶栅试验件设计须保证试验状态下存在几个相邻且气动状态相差不大的叶片通道，近似构成具有周期性的流场区域，在此区域内进行气动参数的测量。

按试验叶片是否通入冷气，可将扇形叶栅试验分为无冷气扇形叶栅试验和有冷气扇形叶栅试验。为研究不同冷气供气状态下的叶栅损失特性，有冷气扇形叶栅试验件采用具有冷却结构的涡轮叶片，试验件壳体具有冷气供气结构和相关温度、压力测量接口，与无冷气叶栅试验件相比结构更加复杂。

3.2.1 试验件设计准则

扇形叶栅试验件设计需要遵循如下准则：

（1）综合考虑试验台供气能力、空间限制和测量需求来确定试验件的模型比和叶栅圆心角(试验叶片数目);试验件结构设计必须严格遵循几何相似准则,保证试验叶栅与原型叶栅几何相似,包括加工误差和表面粗糙度;

(2) 试验件结构设计过程中需考虑流场周期性问题,采取必要措施对叶栅流场周期性进行优化,并采用数值仿真手段对设计结果进行验证,保证叶栅流场品质满足试验测量要求;

(3) 整流叶栅气动设计应满足试验叶片进气要求,试验叶片进口气流角沿径向分布规律应与发动机状态尽可能一致;

(4) 试验件结构设计过程中预留必要的测量接口,测量截面的轴向位置和各截面内测点周向分布需满足试验测试要求;

(5) 在试验件各段连接位置和测量接口位置采用必要的封严设计,满足气密性要求;

(6) 在满足试验件强度要求的条件下,充分考虑材料及工艺的经济性;

(7) 试验件设计过程中,充分借鉴已有试验件的设计经验,降低技术风险。

3.2.2　试验件基本结构

扇形叶栅试验件根据具体试验条件和测试需求的不同,结构形式也有所不同。图 3.10 给出了一种典型的扇形叶栅结构示意,扇形叶栅试验件基本结构包括整流叶片、试验叶片及叶栅壳体等几部分。对于高压涡轮一级导叶扇形叶栅试验件,由于进口气流方向一般为轴向,进气段可取消整流叶栅。根据具体的试验目的不同,试验件沿气流方向可以采用分段单元体设计,实现单元体替换和重复使用,比如为同一组试验叶片换装具有不同整流叶片的进气段单元体,模拟不同的进口气流方向,获得不同进气条件下的试验叶片损失特性。另外,采用单元体设计的扇形叶栅

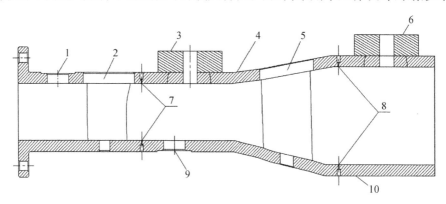

图 3.10　扇形叶栅结构示意

1. 整流叶栅进口总温、总压探针安装座;2. 整流叶片;3. 整流叶栅出口位移机构安装座;4. 叶栅上缘板;5. 试验叶片;6. 试验叶栅出口位移机构安装座;7. 整流叶栅出口壁面静压测点;8. 试验叶栅出口壁面静压测点;9. 整流叶栅出口总温、总压安装座;10. 叶栅下缘板

试验件一般具有更好的可加工性和可装配性,便于运输,但需要注意保证各单元体间连接位置的气密性。

扇形叶栅圆心角一般不小于 75°或试验叶片数不小于 7 片,从改善叶栅流场周期性的角度考虑,在成本和试验器供气能力允许的前提下,应选用较大的扇形叶栅圆心角和试验叶片数量。若叶栅原型尺寸较小,不便于安排测量,在气源流量允许的条件下可考虑对原型叶栅进行放大。

1. 整流叶片设计

对于非轴向进气的扇形叶栅试验件,一般需要在试验叶片前布置一排整流叶片,目的是对试验件进口轴向气流进行预旋,使试验叶片进口气流角沿径向分布与设计状态尽可能保持一致。整流叶栅与下游试验叶栅之间需保持必要的轴向间距,为整流叶栅后的流场测量留有必要的测量空间,同时适当的轴向间距也有利于减弱整流叶栅尾迹对下游试验叶栅流场的干扰,改善试验叶栅进气均匀性。

整流叶片一般参考压气机叶片造型方法进行设计,以设计状态下待测叶片进口截面(或上一排叶片出口截面)上的气流角沿径向分布为设计输入,实现对应轴向位置的周向平均气流角径向分布与设计输入一致(图 3.11)。

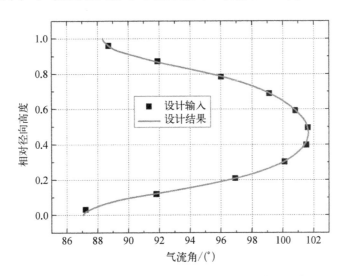

图 3.11　整流叶片出口气流角设计输入与设计结果对比

整流叶片的装配方式可分为不可拆卸式和可拆卸式,不可拆卸式一般采用焊接方式将整流叶片和整流段上下缘板焊接在一起,可拆卸式可将整流叶片和上下缘板用螺钉连接,或者通过进气段、排气段夹装定位。图 3.12 展示了一种采用螺钉连接的整流叶片装配方式。无论采用何种装配方式,需保证整流段内流道面的光顺性和叶片与整流段缘板接触面之间的气密性。

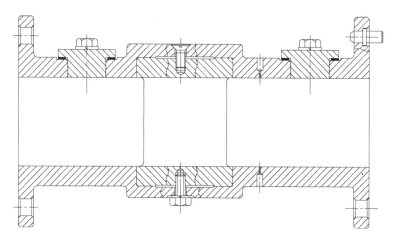

图 3.12　一种采用螺钉连接的整流叶片装配方式

2. 试验叶片设计

扇形叶栅试验叶片叶型一般以涡轮热态叶型为基准,按试验件模型比缩放得到。一般将叶栅中间流场周期性较好的几个通道的组成叶片作为待测叶片,其通道内部和上下游流场作为试验流场测量区域。待测叶片周向两侧的其他叶片为陪衬叶片,主要作用是减弱叶栅导流板对待测叶片流场周期性的不利影响,改善扇形叶栅流场品质。一般对于无冷气扇形叶栅试验,可采用机加实心叶片;对于有冷气试验,为获得接近发动机真实工作状态的冷气流量特性,可使用真实发动机叶片或3D 打印加工的气冷叶片。

为获得试验叶片表面静压分布和表面等熵马赫数分布,可在试验叶片不同径向高度的压力面和吸力面上布置壁面静压孔,壁面静压孔应与当地叶片表面垂直,保持孔缘锐边。对于实心试验叶片,静压孔及叶身内的静压测量通道可采用机加手段进行加工;对于具有复杂冷气通路的 3D 打印试验叶片,静压孔及静压测量通道可与叶身一体成型,在实现叶身表面静压测量的同时尽可能减小对叶身内部冷气通路的破坏。

与整流叶片类似,试验叶片与试验段上下缘板的装配形式可采用可拆卸式或不可拆卸式。

3. 试验件壳体设计

扇形叶栅壳体主要功能包括:与上游转接段连接形成封闭的气流通道,为整流叶片和试验叶片提供安装接口,实现叶片组件与流道组件之间的定位,同时为测量设备提供必要的安装接口。

试验件壳体主要由上、下缘板和周向两侧的导流板组成。上、下缘板和导流板通过焊接或螺栓连接装配成扇形筒体,壳体进气侧通过法兰与转接段出口连接,排气侧根据试验台条件与排气管道连接或直排大气。壳体可采用单段设计,也可根据实际需求分为整流段、试验段和排气段等若干段,各段间通过法兰螺栓连接。为保证试验件壳体的密封性,可对焊缝进行煤油渗透检测,在法兰连接部位设计密封垫片,必要情况下可在装配时涂抹密封胶。

4. 试验件测量接口设计

根据扇形叶栅试验具体试验内容和测试项目的不同,试验件相关测量接口的种类、数量、尺寸也会有所不同。下面介绍几种扇形叶栅试验件中常用的测量接口形式。

1）总温、总压探针安装座

总温和总压探针安装座一般布置在试验件缘板上,位于整流叶栅前方的平直进气段,用于安装总温、总压探针。一般在进口测量截面沿叶栅周向布置多个总温、总压探针安装座,用于安装探针以获取叶栅进口不同周向位置上的总温、总压沿径向分布,评估叶栅进口的来流均匀性。

2）壁面静压测量孔

壁面静压测量孔用于测量当地壁面静压值。静压测量孔可单独布置测量单点静压,在扇形叶栅试验件中更常见的是以线列或阵列的形式组合布置以获得目标区域的静压分布规律,例如：通过在特定径向高度上的试验叶片吸力面和压力面上各开一组壁面静压孔,用于测量各试验状态下该径向高度上的试验叶片表面静压分布和等熵马赫数分布;或通过在叶栅上、下端壁布置静压测量孔阵列,获得叶栅槽道内的端区静压场;或在叶栅出口端壁表面沿周向横跨多个叶片通道布置静压测量孔线列,测量叶栅出口壁面静压沿周向的分布情况,用以分析叶栅出口流场参数周期性。

3）位移机构安装座

为获得叶栅出口截面详细参数场以评估叶栅气动性能,可采用五孔探针并辅以位移机构对测量截面进行扫场测量。对于上游布置有整流叶栅的非轴向进气的情况,一般还会在整流叶栅和试验叶栅之间设置一个五孔探针扫场测量截面,用于评估整流叶栅的整流效果和试验叶栅的进气条件。扇形叶栅试验件结构设计过程中,需在叶栅上缘板对应的测量位置上设计位移机构安装座。由于位移机构占用空间较大,上缘板结构设计过程中应预留足够空间,避免位移机构安装和试验运行过程中发生结构干涉。

3.2.3 扇形叶栅流场周期性

扇形叶栅流场周期性问题是扇形叶栅试验件设计过程中需要关注的一个重要问题,关系到最终试验结果的可信度。由于扇形叶栅试验件周向两侧导流板的存在,主流通道具有非中心对称的结构特点,整流叶栅和试验叶栅栅后流场必然存在非周期性,与真实发动机状态下周期性流场存在较大差异(图 3.13)。在扇形叶栅设计过程中,通过合理选取设计参数,结合三维流场数值计算和试验测量等验证手段,可以保证栅后流场测量区域具有较好的周期性。

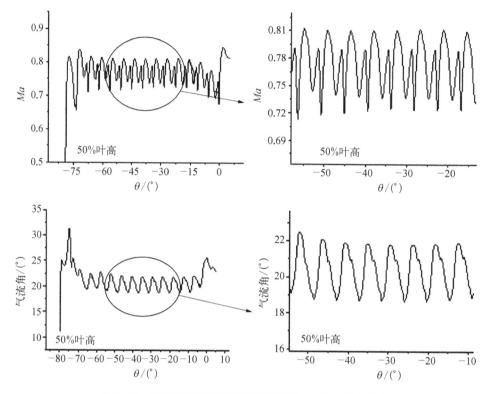

图 3.13　典型涡轮扇形叶栅出口马赫数、气流角周向分布

优化扇形叶栅流场周期性的有效方法是增大试验件扇形中心角,增加试验叶栅和整流叶栅的叶片数量,使试验件栅后流场测量区域距离两侧导流板留有足够的缓冲空间,减弱叶栅周向两侧导流板对测量区域流场周期性的影响。但实际试验件中心角的选取受多方面因素限制,首先,增大试验件中心角会增加试验件的加工成本;另外在一定的试验件模型比下试验件可选用的最大中心角还受试验台供气能力的限制,如果为增大中心角而减小试验件模型比,则试验件的测量空间也会相应减小,对试验测量手段的选取和测点空间排布造成限制,对试验效果和测量数据可信性产生不利影响。

针对扇形叶栅试验件两侧导流板的优化设计,可降低导流板对栅后中心测量区域流场的干扰,改善流场周期性。根据叶栅几何特点,导流板流道内侧可采用不同的型线设计,对于叶型厚度相对较小的叶片(如整流叶片和低压涡轮叶片),对应的导流板内侧可采用叶型中弧线设计;对于叶型厚度相对较大的叶片(如高压涡轮叶片),对应的导流板内侧型线可采用对开叶型线设计。贴近导流板的叶片通道应为完整通道,使其与扇形叶栅中部测量区域叶片通道的流动状态尽可能接近。在出口高亚声速试验状态下,导流板与试验叶片吸力面形成的流道中可能存在超声速区并形成强激波,对叶栅出口周期性有不利影响。通过截断试验叶片尾缘截面后的导流板,可有效改善出口流场。

除了对扇形叶栅中心角、导流板型面等几何参数进行优化设计,还可采用导流板抽吸手段吸除导流板内侧低能流体来改善叶栅流动周期性和流场结构,使更多叶片通道的流动状况与设计目标相符,扩展叶栅出口的可测量范围。

为了验证改善流场周期性的各项措施的有效性,在设计阶段就需要采用三维数值计算的方式对扇形叶栅设计结果进行验证。通过综合分析试验叶片出口截面上总压、马赫数、出口气流角分布情况,确定试验叶片出口测量截面上的测量范围,以此为依据可确定试验叶栅出口各测量接口的分布位置。在扇形叶栅试验件整流叶片或试验叶片出口端壁表面沿周向横跨多个叶片通道布置静压测量孔线列,测量叶片出口壁面静压沿周向的分布情况,可以验证真实试验状态下的叶栅出口流场周期性是否与设计期望(图 3.14)相一致。

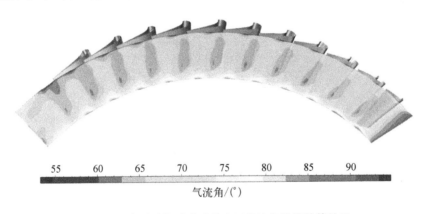

气流角/(°)

图 3.14　扇形叶栅试验叶片出口气流角数值计算结果

3.2.4　有冷气扇形叶栅设计

相比无冷气扇形叶栅试验,涡轮有冷气扇形叶栅试验能够模拟冷气掺混条件下的涡轮叶栅流动,获得接近真实发动机工作状态下的涡轮叶栅气动特性,为分析冷气掺混条件下的气动损失规律和叶栅流场细节创造条件。

有冷气扇形叶栅试验件同样由试验叶片和试验件壳体结构组成,相比无冷气试验件,其最显著的特点就是采用了具有表面气膜孔的试验叶片。根据试验条件和试验目的的不同,有冷气扇形叶栅试验叶片可采用真实冷却结构用于验证涡轮气冷叶栅性能设计结果,或采用简化冷却结构用于规律性研究。同时为了满足试验叶片的冷气供给和冷气参数测量需求,试验件壳体也需要进行适应性的设计,增加冷气供气接口和分配结构、冷气气动状态测量接口等。通过在试验叶片冷气进气侧设置集气腔,并沿周向设计多个冷气进气管路接口,可有效减小冷气在管路中的流动损失,同时使不同周向位置上的试验叶片的冷气供气压力具有较好的一致性。在集气腔内壁面上沿周向布置多个压力测点可验证冷气供气压力沿周向的均匀性(图 3.15)。

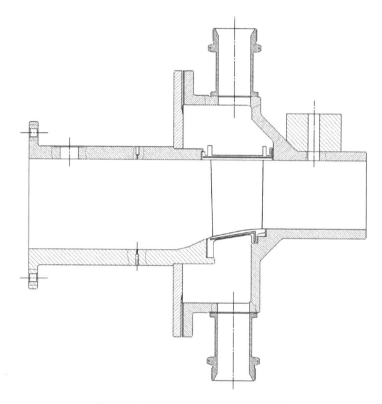

图 3.15　有冷气扇形叶栅结构示意图

　　为了获得准确的冷气供气流量,有冷气扇形叶栅试验在装配过程中需关注主流通道和冷气通道的气密性,建议对焊缝进行煤油渗透检查,在组件间的装配接触面上设计封严垫片,必要情况下涂抹密封胶。

3.2.5　流量函数试验件设计

　　涡轮导向器流量函数试验主要作用是获得涡轮导向器的流量函数曲线,评估该导向器流通能力,为发动机的性能调试和涡轮工作点的调整提供试验数据支持。现有涡轮流量函数试验件一般以已有发动机涡轮导向器组件为基础,根据试验需求匹配设计进气段和排气段组件,若被测涡轮导向器进气方向非轴向,试验件进气段内需布置整流叶栅,使被测导向器进气方向沿径向分布与设计状态基本一致。

为获得涡轮导向器的流量特性曲线,试验件需具备导向器进出口气动参数测量能力,包括进气侧总温、总压、静压和排气侧静压等测量接口。

涡轮导向器流量函数试验器设计过程中还需遵循以下准则:

(1) 根据参数测量需求,在试验件进气段和排气段上设置必要的进出口参数测量接口,以便安装各类探针和位移机构;

(2) 试验件设计过程中需要考虑流道接触面的密封要求,必要时装配过程中在这些接触面上采用密封胶封严,防止试验时气体泄漏。

3.3　涡轮级性能试验件

根据涡轮性能试验的类型,将涡轮性能试验件进行分类,按照涡轮级数分类,分为单、双、多级涡轮性能试验件;按照转子数量分类,分为单、双转子试验件;按照试验件尺寸分来,分为全尺寸涡轮性能试验件和模型涡轮性能试验件;按照有无冷却空气分类,分为无冷气性能试验件和有冷气性能试验件;按照试验状态分类,分为气动模拟试验件和全温全压试验。由于气源条件和水力测功器吸收功率的限制,目前国际和国内主流的涡轮性能试验件均为气动模拟试验件,因此本节主要叙述气动模拟试验件。

3.3.1　试验件设计原则

按照相似准则,与发动机状态相比,气动模拟试验件的工作条件均发生变化,通常来说,进口总温降低,进口总压和出口总压降低,物理转速降低,因此气动模拟试验件工作状态的强度要求较低,在选材和结构设计中,与发动机涡轮部件设计存在差别。涡轮性能试验件为转动部件,因此需要满足一般转动机械设计原则,并满足涡轮气动模拟性能试验的特殊要求,设计原则如下:

(1) 试验件结构设计满足流道、转子叶片、导向叶片叶型,进口整流叶片叶型等性能设计要求;

(2) 各零组件材料选择满足试验件工作条件要求;

(3) 试验件相关尺寸满足试验器接口要求;

(4) 试验件结构设计满足测试要求;

(5) 试验件结构设计时,合理设计转静子间隙,兼顾试验件的性能及安全性;

(6) 试验件空气系统设计满足封严和轴向力控制要求;

(7) 试验件结构设计时,采取合理的转子平衡措施,降低振动风险;

(8) 试验件结构设计时,在满足强度设计要求的前提下,充分考虑材料及工艺的经济性;

(9) 试验件滑油系统设计满足试验件运转安全要求,滑油流量满足轴承润滑要求,滑油能够顺利排出,轴承腔油/气密封应有效地防止滑油泄漏,并保证经其漏入滑油腔的空气足够少,轴承腔能顺利排出从密封装置进入轴承腔的气体与滑油由于高温和搅动产生的油雾及蒸气;

(10)试验件结构设计时,充分考虑试验件各零部件定心定位及装配工艺性;

(11)试验件结构设计时,充分借鉴已有涡轮性能试验件设计经验,降低技术风险;

(12)试验件结构设计时与相关专业(强度、空气系统、试验)及时沟通协调,落实结构设计可行性。

3.3.2 试验件基本结构

气动模拟试验件包括单转子和双转子试验件,本节主要介绍单转子气动模拟试验件的基本结构。

1. 支承方案

在涡轮气动模拟试验件中,试验件转子通过支承结构(简称支点)支承在试验件机匣上,转子上的各种负荷(如气体轴向力、重力、惯性力等)均通过支点传到机匣上,最后由机匣通过法兰安装边传至试验器上。

试验件转子采用几个支点(单转子试验件通常采用二支点),分别安排在何处,称为该转子的支承方案。试验件转子支承方案的好坏,关系到整个试验件设计方案的成败,对试验件的性能、结构复杂性、重量、振动特性等都有非常大的影响。因此,在试验件方案设计之初,应对转子支承方案进行系统、全面的分析和细致的考虑,并对转子的支点布局进行反复的计算、分析和调整,以保证其临界转速值满足设计要求。

现简要分析两种转子支承方案,分别为1-1-0式或1-0-1式二支点支承方案。

1) 1-1-0式支承方案

部分单转子试验件采用1-1-0式二支点支承方案,如图3.16所示,即在涡轮轴前端设置了一个支点(图中的1号滚珠轴承),在涡轮轴与涡轮盘之间设置了一个支点(图中的2号滚棒轴承)。这种带悬臂涡轮盘组合件的1-1-0式支承方案是比较传统的设计方法,图3.17为采用1-1-0式支承方案的试验件结构示意图。

该支承方案优点:同时承受轴向和径向载荷的1号滚珠轴承设置在涡轮轴前端,该位置处于承力机匣安装边附近,使传力路线较短;2号滚棒轴承设置在涡轮轴和涡轮盘组合件之间,涡轮盘后引气作用面积较大,有利于空气系统设计,并建立轴向力平衡。

该支承方案缺点:涡轮盘组合件因悬臂支承,易出现大的弯曲变形,不利于保证转静子径向间隙,对工作不利。

图 3.16　1-1-0 式支承方案示意图

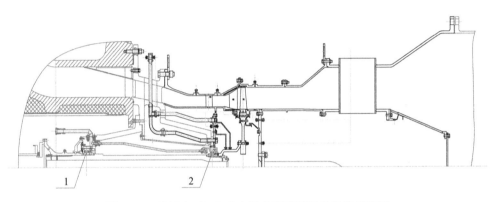

图 3.17　采用 1-1-0 式支承方案的试验件结构示意图

2) 1-0-1 式支承方案

部分单转子试验件采用 1-0-1 式二支点支承方案,如图 3.18 所示,即在涡轮轴前端设置了一个支点(图中的 1 号滚珠轴承),在涡轮盘后设置了一个支点(图中的 2 号滚棒轴承),涡轮盘后支点设置在后轴上,图 3.19 为采用 1-0-1 式

图 3.18　1-0-1 式支承方案示意图

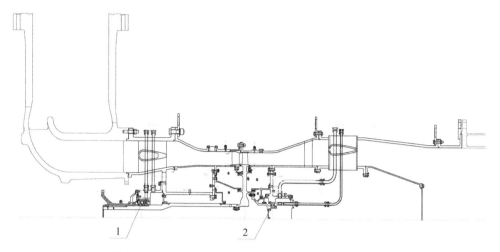

图 3.19 采用 1 - 0 - 1 式支承方案的试验件结构示意图

支承方案的试验件结构示意图。

该支承方案的优点：转子动力学特性较好；能够保证较高的结构刚性和转静子径向间隙的稳定性。

该支承方案的缺点：承力框架数增加，从而增加了试验件的轴向长度、零件数和质量；不利于向后的轴向力实现平衡，部分试验件需增加平衡盘结构，进一步增加试验件结构复杂程度。

2. 试验件结构概况

以采用 1 - 1 - 0 式支承方案的某低压涡轮模拟态性能试验件为例，简要介绍结构方案。

该试验件为无冷气低压涡轮级性能试验件，在导向叶片前设计一组进口整流叶片，以模拟高压涡轮出口流场，低压涡轮转、静子叶片采用机械加工形式，涡轮盘与低压涡轮转子叶片采用销钉连接结构。

试验件由进气段及导向器、转子组合件和排气段 3 大部分组成，前端连接试验器进气蜗壳，后端连接试验器排气段，结构形式如图 3.20 所示。其中蓝色部分为进气段及导向器，红色部分为转子组合件，黑色部分为排气段，紫色部分为试验器。

3.3.3 试验件结构详细介绍

下面以某低压无冷气涡轮性能试验件为例，对进气段及导向器、转子组合件和排气段进行详细介绍，同时对试验件的空气系统、测试系统、强度设计进行介绍。

1. 进气段及导向器结构设计

如图 3.21 所示，试验件进气段组合件主要由进气承力机匣、进气外机匣、进气内机匣、内机匣前支板、整流叶片、导向器组成。

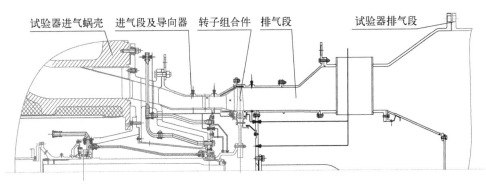

图 3.20 试验件总图

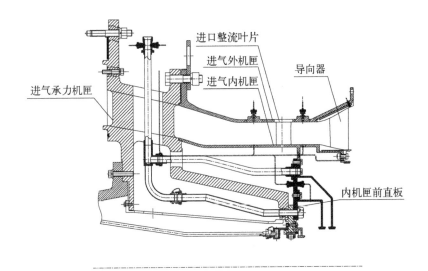

图 3.21 进气段组合件结构

试验件进气段组合件各零部件连接方式如下所示：进气承力机匣、进气外机匣和导叶进气机匣间采用螺栓连接,止口配合定心限位,其内环面构成了试验件的外流道前段;进气承力机匣、进气内机匣和导向叶片下缘板通过间隙配合搭接在一起,相互之间装配石棉垫圈封严,其外环面构成了试验件的内流道前段;内机匣前支板通过螺栓将进气内机匣与承力机匣连接在一起,同时使用配合止口定心限位;低压涡轮为非轴向进气,在低涡导向叶片前设计了一排进口整流叶片,与内、外机匣焊接形成,为减少焊接变形对装配的影响,进气段组件在设计中以焊接后加工为主。进气段各机匣连接部分均采用止口结构,间隙配合。

2. 转子组合件结构设计

如图 3.22 所示,试验件转子组合件主要由低压涡轮轴组合件、转接轴、涡轮盘、前后篦齿环及转子叶片组成。试验件转子组合件各零部件连接方式如下所示：转接轴与涡轮轴组合件采用套齿传扭，大螺母压紧的连接方式；转接轴与涡轮盘之间采用螺栓连接，止口配合定心限位；转子叶片与涡轮盘之间通过销钉连接；前后篦齿环与涡轮盘之间通过螺栓连接，止口配合定心限位，前篦齿环对销钉起到定位和压紧作用。在满足试验件使用功能的基础上，考虑到加工成本和加工周期，涡轮盘设计成等厚盘，以提高经济性。前后篦齿环与涡轮盘之间通过长螺栓连接，进行轴向定位，通过止口进行定心。连接转子叶片和涡轮盘的销钉与前篦齿环之间小间隙配合，组成轴向防松脱结构。

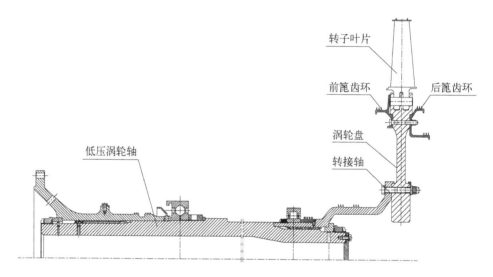

图 3.22　转子组合件结构

转子组合件各零件连接采用止口结构，转接轴与涡轮盘连接为过渡配合，充分保证定心，其余连接为间隙配合。

试验件转子采用多步平衡法，即先对各主要零件进行静平衡或动平衡，再对主要组合件进行平衡，最后对整个涡轮转子进行动平衡。

a）涡轮盘组合件

对每个叶片称质量、计算重量矩并做记录：转子叶片最重和最轻的叶片质量差分别不超过 16 g；或在理论工作半径上转子叶片的绝对重量矩的差分别不超过 980 g·cm；根据涡轮盘组合件不带叶片时的不平衡量和重点方位，按叶片重量矩进行优化和安装，使整个组件的初始不平衡量为最小。

以基准为支撑面进行平衡，平衡转速为 800~1 000 r/min，测量并记录初始不平衡量不大于 160 g·cm，若超出此值，则更换叶片重新组装，用串装叶片的方法消除不平衡量，使残余不平衡量不大于 16 g·cm。

b) 转子组合件

检查初始不平衡量:修正面的初始不平衡量应不大于 200 g·cm。若超出此值,则分解下低压涡轮工作叶片,检查不带叶片的转子的初始不平衡量,若不大于 200 g·cm,则重排叶片进行装配;否则全部分解,重新进行装配、检查。

平衡转速不小于 800 r/min,用联轴节通过传动套齿传动,加装平衡螺钉和平衡配重块消除不平衡量,使两修正面的残余不平衡均不超过 8 g·cm。

3. 排气段结构设计

如图 3.23 所示,试验件排气段组合件主要由测试段外机匣、测试段内机匣、内机匣后支板、转接段外机匣、转接段内机匣、排气焊接机匣组成。试验件排气段组合件各零件连接方式如下所示:测试段外机匣与排气转接段外机匣通过螺栓连接,其内环面构成试验件外流道后段;测试段内机匣、内机匣后支板和转接段内机匣通过螺栓连接,其外环面构成试验件内流道后段;上述两部分分别通过螺栓连接到排气焊接机匣,确保排气内、外机匣的可靠定心。各零件间都靠止口配合定心限位。排气段各机匣连接部分均采用止口结构,间隙配合。

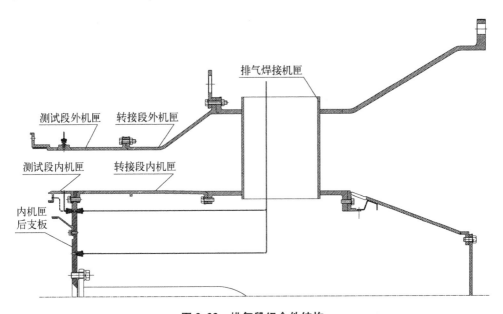

图 3.23 排气段组合件结构

4. 叶片设计

1) 导向叶片设计

如图 3.24 所示,导向叶片结构和安装具有以下特点:

(1) 导向叶片为单片形式,便于采用机械加工方式进行生产,缩短试制周期;

(2) 为满足试验任务书和测试系统图的测试要求,在导叶和动叶之间安排外壁面静压测点；

（3）在每件导叶的上下缘板之间设计了封严槽，装配时插入封严片，以满足主流道气流的封严要求。

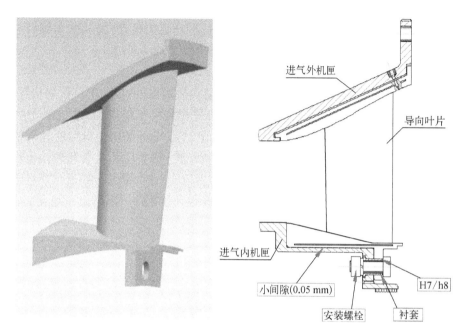

进气外机匣

导向叶片

进气内机匣

小间隙(0.05 mm)

安装螺栓   衬套   H7/h8

图 3.24   导向叶片结构及安装形式示意图

在试验过程中，导向叶片受到气体力和离心力的作用，需要具备可靠的定位：

（1）周向定位——导叶下缘板与内机匣设计了小间隙，以保证叶片在周向可靠定位；

（2）径向定位——在每个安装孔内设计衬套结构，衬套与导叶及导叶内环之间为小间隙配合，保证径向定位；

（3）轴向定位——在安装孔中间中间穿安装螺栓，保证导叶在轴向定位可靠。

2）转子叶片设计

如图 3.25 所示，试验件转子叶片采用平行冠形式，结构简单，便于装拆；叶-盘连接结构采用销钉凸耳结构，不用专门设备加工，对于单个生产的试验件有一定优越性，工艺装配相对简单。

5. 装配性设计

试验件结构设计过程中广泛使用防错设计：对可视性较好的零件采用正上方开槽设计；对可视性较差的零件采用偏置孔设计，以指导装配工作。

试验件结构设计过程中广泛使用顶丝孔设计，以方便零部件的拆解工作。表3.1 给出了设计过程中需要采用顶丝孔设计和防错设计的试验件部位。

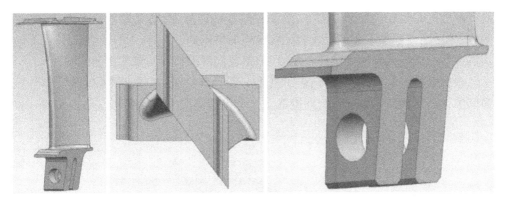

图 3.25　转子叶片结构

表 3.1　顶丝孔和防错设计

名　　称	顶　丝　孔		防 错 设 计
进气段外机匣	前安装边	6 - M8 - 6H	√
	后安装边	6 - M8 - 6H	√
进气段内机匣	安装边	6 - M8 - 6H	√
内机匣前支板	底部	4 - M16 - 6H	√
盘前封严环	安装边	4 - M8 - 6H	√
排气测试段外机匣	后安装边	6 - M8 - 6H	√
排气转接段外机匣	后安装边	6 - M8 - 6H	√
排气转接段内机匣	后安装边	6 - M8 - 6H	√
排气测试段内机匣	安装边	6 - M8 - 6H	√
盘后封严环	安装边	4 - M6 - 6H	√

6. 结构选材

试验件试验供气温度约为 430 K,最大转速约为 6 000 r/min,考虑到材料的可靠性、工艺性与经济性,决定该试验件主要采用 1Cr11Ni2W2MoV 材料。该材料在本试验件的工作环境下性能优良,加工工艺性良好,满足使用要求。其余零件如引气管、管接头、测试座、垫片和压紧螺母使用材料均为 0Cr18Ni9,蜂窝材料采用 GH536。

7. 转、静子间隙设计

在试验件的结构间隙设计过程中,计算试验件的转、静子间冷态轴向尺寸链、封严部位的间隙和关键部位的冷、热态径向和轴向间隙,明确设计状态下转、静子间隙,为后续处理加工超差以及装配和检验提供依据。

本节只介绍试验件关键部位的冷、热态径向间隙设计及装配实测情况。

根据强度专业对试验件转、静子变形分析计算结果,对试验件进行转、静子径向间隙设计。如图 3.26 所示,共提取了 9 个关键部位的转、静子变形。

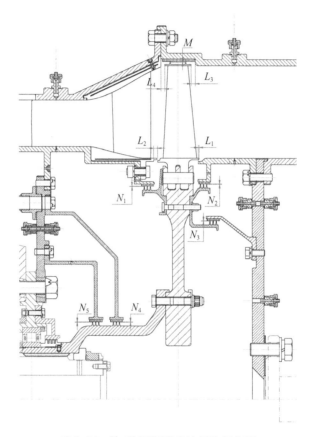

图 3.26　转、静子间隙关键部位示意图

根据计算结果,所有转、静子配合结构在设计状态均不发生干涉和碰磨。其中转子叶片与测试外机匣冷态径向间隙(实测)对装配精度要求较高,最小热态径向间隙可以确保性能测试试验的准确性和稳定性。

8. 空气系统设计

试验件空气系统设计主要包括导动叶间封严供气、轴承腔封严供气、转子叶片后缘封严供气、转子轴向力平衡供气等,空气系统如图 3.27 所示。

3 股进气: 1 股进气从排气段支板引气管经过内机匣后支板进入平衡腔,用于调节轴向力;1 股进气从承力机匣支板引气管经过内机匣前支板进入涡轮前腔,用

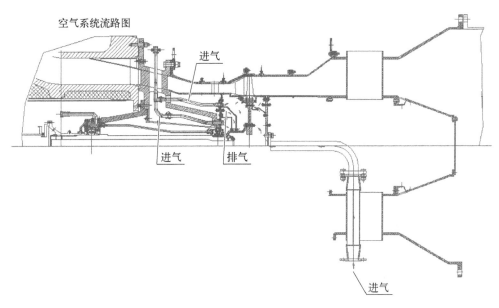

图 3.27　试验件空气系统

于主流道封严;1 股进气从承力机匣支板引气管经过内机匣前支板进入轴承腔,用于后支点轴承滑油压差保持。

1 股排气: 一股气从涡轮排气腔经过内机匣前支板,排出试验件。

9. 测试系统设计

根据低压涡轮无冷气性能试验任务书和试验件测量系统图的要求,进行试验件的测试系统设计,包括性能测试测点和试验安全监控测点。

如图 3.28 所示,性能测试测点包括: 整流叶片进口总压测点、整流叶片进口总温测点、整流叶片进口内外壁面静压测点、导叶进口总压测点、导叶进口总温测点、导叶进口内外壁面静压测点、导叶进口气流方向测点、导动叶间外壁面静压测点、出口内、外壁面静压测点、出口总压测点、出口总温测点和出口气流方向测点。

试验安全监控测点包括各腔腔温及腔压测点(每腔 3 个温度测点、3 个压力测点)、滚珠轴承温度测点。

10. 强度设计

试验件结构设计过程提请强度专业对试验件转子动力学、轴向力、转子强度与变形、静子变形和涡轮盘、转子叶片连接结构强度等内容进行了强度校核。

1) 转子叶片强度分析

常规方法选取转速最高的状态点进行评估。叶片气动分布见图 3.29,径向应力分布见图 3.30,当量应力分布见图 3.31,径向变形分布见图 3.32。

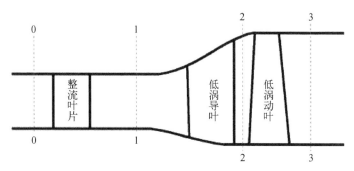

测量截面轴向位置示意图(任务书要求)

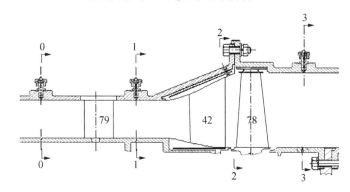

测量截面轴向位置(试验件结构)

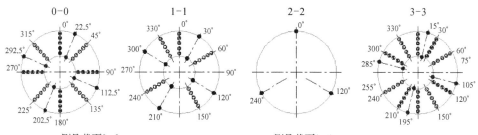

测量截面0—0

进口总压	5点×4支	径向×周向
进口总温	5点×4支	径向×周向
进口内壁静压	4点	周向均布
进口外壁静压	4点	周向均布

测量截面1—1

进口总压	5点×4支	径向×周向
进口方向	5点×1支	径向×周向
内壁静压	4点	周向均布
外壁静压	4点	周向均布

符 号	名 称
⊕	方向探针
⊖	总压探针
⊗	热电偶
●	壁面静压

测量截面2—2

外壁静压	3点	周向均布

测量截面3—3

出口总压	7点×4支	径向×周向
出口总温	7点×4支	径向×周向
出口方向	7点×2支	径向×周向
出口内壁静压	4点	周向均布
出口外壁静压	4点	周向均布

图 3.28 试验任务书要求性能测试测点示意图

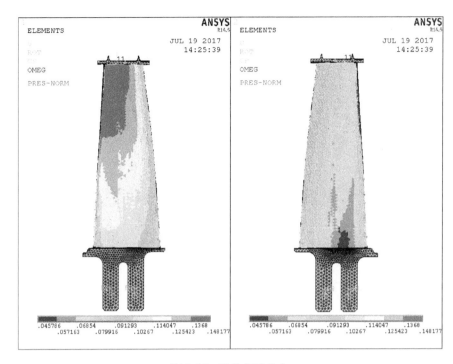

图 3.29　叶片气动分布

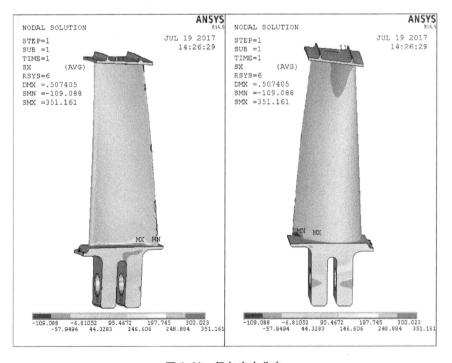

图 3.30　径向应力分布

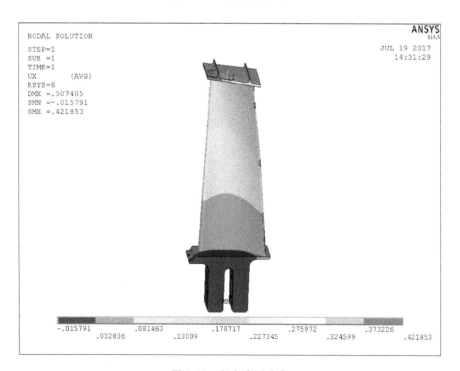

图 3.31 当量应力分布

图 3.32 径向变形分布

2）转子强度校核

转子有限元模型见图 3.33,考虑温度及离心载荷影响,在每个销钉孔上缘施加 1/3 离心载荷,在转接轴末端施加轴向位移约束,挡板与盘之间定义接触及轴向位移协调。转子部件最高转速的状态点进行应力计算和校核。二维盘径向应力分布见图 3.34,二维盘周向应力分布见图 3.35,转子径向变形分布见图 3.36。

3）连接螺栓强度校核

对转接轴与盘连接螺栓进行了强度校核,连接螺栓主要承受预紧力与气体轴向力。拧紧力矩 T 与连接件产生的预紧力 Q_p 的关系为

$$T = Q_p \left[\tan(\phi + \rho') \frac{d_2}{2} + \frac{f_c}{3} \left(\frac{D_1^3 - d_0^3}{D_1^2 - d_0^2} \right) \right] \qquad (3.2)$$

式中,ϕ 为螺纹升角;ρ' 为螺纹副当量摩擦角;d_2 为螺纹中径,单位为 mm;f_c 为螺母与被连接件或垫圈接触互压面组合的摩擦系数;D_1 为螺母支撑面外径,单位为 mm;d_0 为被连接件或垫圈孔直径,单位为 mm。

螺栓轴向载荷为气体轴向力、腔压和预紧力之和。

轴向拉伸载荷:

$$P_L = Q_p + \frac{P}{z}$$

式中,P 为气体轴向力。

轴向拉伸应力:

$$\sigma_m = \frac{1.66 P_L}{d^2}$$

式中,d 为螺栓最小直径。

通过轴向力、临界转速分析、转/静子强度分析得出如下结论:

（1）计算结果表明,各状态点的转子轴向力满足试验要求;

（2）试验件在工作转速范围内存在两阶临界转速,在试验中可能产生振动过大现象,应在试验件转子装配时严格保证平衡精度,在试验过程中密切关注试验件振动情况,并根据试验件振动情况对试验件转速进行相应的调整;

（3）叶片叶根平均拉伸应力、叶片销钉平均拉伸应力和销钉最大弯曲应力均满足强度储备要求;

（4）叶身应力水平较低,满足使用要求;

（5）叶片销钉孔、盘上螺栓孔和销钉孔三维应力在许用范围内;

（6）转接轴与盘连接螺栓强度储备满足要求;

（7）最大负荷状态下,各止口配合紧密,无脱开迹象;

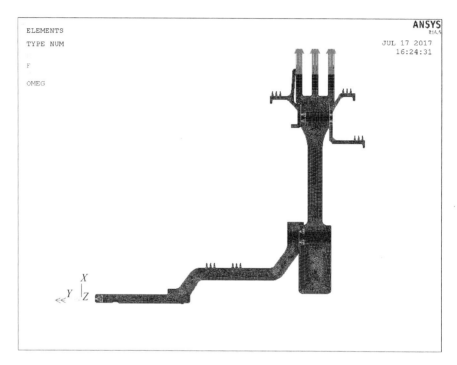

图 3.33　转子组件二维有限元模型

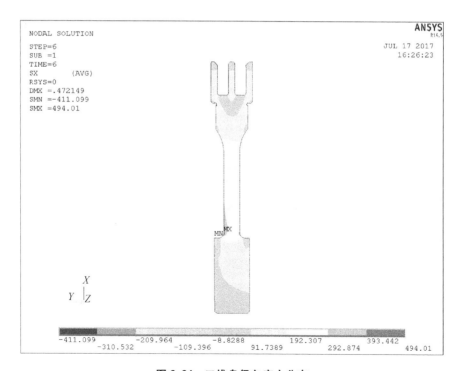

图 3.34　二维盘径向应力分布

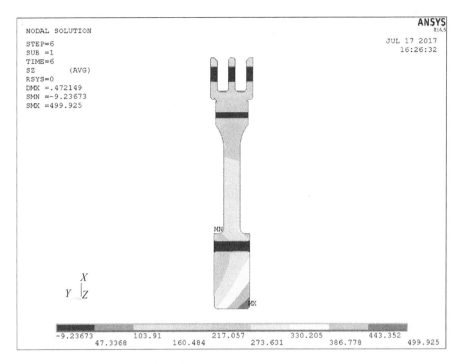

图 3.35　二维盘周向应力分布

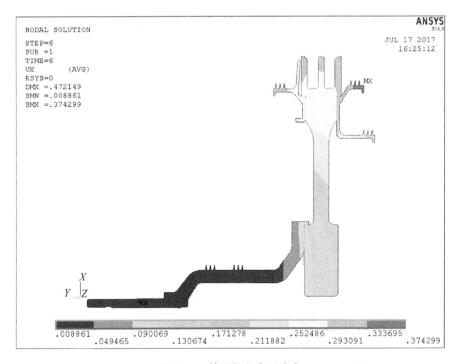

图 3.36　转子径向变形分布

（8）机匣和导向叶片能够满足性能试验要求。

11. 设计小结

在试验件结构方案设计初始阶段,与气动性能、空气系统、强度、测试等相关专业进行充分的交流沟通,并针对相关专业给出的意见进行了结构适应性改进,保证试验件结构方案的可行性。在转入工程设计后,与承制厂、装配专业、试验专业等相关单位进行充分的协调,并及时落实相关单位给出的意见建议,保证试验件加工、装配和试验的可达性。

在结构设计过程中,试验件尽量继承其他试验件已有的成熟经验。同时通过对试验件试验情况的跟踪、掌握以及试验件的强度分析结果对其进行了充分的风险评估分析,并采取有效的应对措施。

第 4 章
试 验 设 备

　　由于内部流动的复杂性,涡轮气动问题的理论研究通常会做一定的假设和简化,无法保持理论模型和物理模型的完全一致,其研究结果与实际流动之间也必然存在一定的差异。因此,试验研究在航空发动机涡轮研制过程中始终具有非常重要的地位和作用,它不仅对理论研究结果起到试验验证的作用,而且还是修正理论方法的可靠依据。正因为试验研究的重要性,世界许多航空公司和科研机构、大学,如通用电气(General Electric,GE)公司、普拉特·惠特尼(Pratt&Whitney,P&W)公司、罗尔斯·罗伊斯(Rolls-Royce,RR)公司、NASA、美国麻省理工学院、英国牛津大学、德国斯图加特大学等,都拥有一流的涡轮试验设备,开展了大量的试验研究工作。新中国成立后,我国也陆续建设了一批涡轮试验设备,为国产航空发动机涡轮研制提供了支撑。

　　根据试验设备分类的依据不同,涡轮试验设备具有多种分类方法。如根据试验件是否旋转可分为无旋转涡轮试验设备和有旋转涡轮试验设备;根据试验设备气源条件分为连续式涡轮试验设备和暂冲式涡轮试验设备;根据试验温度高低又可分为中低温涡轮试验设备和高温涡轮试验设备;根据涡轮试验设备所含旋转轴的数量,还可将涡轮试验设备分为单转子涡轮试验设备、双转子涡轮试验设备等。其中,国内一般根据试验对象和试验目的的不同,将涡轮试验设备分为平面叶栅试验设备、环形/扇形叶栅试验设备和涡轮级性能试验设备几大类。平面叶栅试验设备、环形/扇形叶栅试验设备属于机理验证类的试验设备,主要用于涡轮叶型设计验证考核,为叶型改进和优化提供试验数据,也是新的叶型设计理论、方法提出、验证、探索、发展和完善过程中不可或缺的试验支持平台。涡轮级性能试验设备主要用于涡轮部件性能验证考核,获取涡轮特性及冷气流量、冷气温比、叶尖间隙等对性能影响的数据,为涡轮部件的设计、改进、定型及完善涡轮设计体系提供试验数据支持。

　　航空发动机中,涡轮在高温、高压、高速旋转状态下工作,工作环境恶劣。由于直接开展真实工况涡轮试验的难度和风险较高,涡轮试验一般在远低于发动机中涡轮工作参数的压力和温度条件下进行,试验基于相似原理,在保证试验涡轮与原型涡轮几何相似、冷气参数相似、雷诺数相等或自模等条件下,测量不同转速、膨胀比等条件下的涡轮流量、转速、功率、效率等性能参数,主流道典型截面的总压、总温、马赫数、气流角等分布特性参数,以及二次空气各腔室的压力和温度等空气系统参数,分析和验证涡轮部件气动、结构、空气系统等的设计结果。此外,为了在更接近发动机中涡轮工作参数的条件下研究轴流涡轮性能,国内外从 20 世纪 80 年代开始也逐渐建设了部分高温高压涡轮性能试验设备,其试验涡轮进口温度和压力都接近真实工况,但在中低温条件下进行涡轮试验仍是目前国内外的主要方式。

　　本章采用业内通用的按试验对象和试验目的对涡轮试验设备进行分类,并以典型试验台为例介绍各类涡轮试验设备的原理,功能、组成以及各分系统的原理、功能、组成、关键设备设计要求、方法等内容。同时,针对高温高压、低雷诺数、暂冲式等特殊涡轮试验设备进行介绍,主要内容是与典型设备的差异,试验台设计关键点、难点及方法等。

4.1　平面叶栅试验设备

4.1.1　简介

　　叶栅试验器是压气机和涡轮叶型气动热力设计方法探索和工程设计验证的基础性试验设施,美国、俄罗斯、英国等世界航空动力强国在其航空发动机发展历程中都进行了大量成系列的叶型气动吹风试验,形成了较为完善的叶型设计和试验体系,获得了经典的系列叶型,并建立了相关的数据库对试验和设计数据进行管理和发展应用。而且从国外发动机叶型气动热力设计发展与进步、叶型试验方法改进完善和提升、发动机性能提升的关联来看,叶型设计、叶型试验方法、部件性能和整机性能是逐层递进的,叶栅试验是航空发动机正向研发中的前端基础性试验科目。

　　叶栅试验器类型的选择应视设计研究需要,依据试验目的和具体试验条件确定。一般情况下,试验是在平面叶栅风洞上进行的,即平面叶栅吹风试验;研究三维流动和端壁效应等复杂流动对叶栅、叶型性能影响时,要在环形叶栅或者旋转叶栅试验设备上进行,即环形叶栅试验或者旋转叶栅试验。为模拟涡轮的实际工作条件,理论上采用环形叶栅进行试验更为理想,但实际应用中更多采用平面叶栅来进行风洞试验。主要原因是平面叶栅试验设备的机械复杂性大大降低,而且在矩形截面风洞中获得的二维流动情况极大地简化了试验结果的整理分析。

　　扇形叶栅吹风试验研究目的和内容与环形叶栅相似,不同的是试验件结构为扇形。一般平面叶栅试验设备通过进排气转接段改造,还可进行扇形叶栅吹风试验。与级性能试验或环形叶栅试验相比,扇形叶栅试验研究具有以下技术特点和先进性:

　　(1) 具有较短的试验件加工周期和试验周期;

　　(2) 试验流量远小于级性能和环形叶栅试验,试验成本大大降低;

　　(3) 试验件测点便于布置,可实现叶片表面、轮缘、栅前栅后流场的详细测量,可以开展大量的基础性试验研究,有助于更好地了解叶轮机内流场三维特性。

通常用于评定平面叶栅试验器的性能指标主要如下。

（1）试验器风口尺寸：风口尺寸决定试验叶片高度、大小及叶片数目。

（2）试验进出口马赫数范围：试验进口马赫数状态可通过更换喷管单元来调整；试验出口马赫数状态通常与供气气源能力有关，即进出口压比应能满足出口马赫数试验需求。

（3）试验进口气流角范围：进口气流角状态可通过旋转试验段圆盘来调整；进口气流角的调整相应地会带来上下驻室长度的变化以及排气方向的变化。

（4）供气流量范围：供气流量范围与供气气源能力、试验工况需求等相关，可通过调节稳压段压力来实现流量调节。

（5）试验雷诺数范围：试验雷诺数范围与试验段处压力、试验叶片尺寸等相关，可根据试验需求进行调整。

4.1.2　试验科目

平面叶栅试验一般在常温条件下开展。平面叶栅试验器可开展的主要试验科目如下。

1. 涡轮平面/扇形叶栅气动性能试验

（1）变几何参数对涡轮平面叶栅气动性能影响试验。

（2）冷气对涡轮平面/扇形叶栅气动性能影响试验。

（3）低雷诺数涡轮平面叶栅气动性能试验。

（4）涡轮平面/扇形叶栅出口全叶高性能测试试验。

（5）涡轮平面叶栅流场精细测量试验。

（6）涡轮平面/扇形叶栅流场非定常特性试验。

2. 涡轮平面叶栅流场可视化试验

（1）涡轮平面/扇形叶栅流迹显示试验。

（2）涡轮平面叶栅流场纹影显示试验。

4.1.3　平面叶栅试验设备组成

平面叶栅试验器一般由主体系统、次流系统、控制系统、测试系统等组成，如图4.1所示。气流可通过吹入或者吸入试验器的方式供给。试验设备主体及各子系统功能、参数范围及精度、测点数量须满足平面叶栅试验研究的需求，如不满足则需进行设备适应性改造。

1. 主体系统

主体系统一般是由进气管路、扩压段、稳压段、收敛段、喷管段、试验段和排气段组成。

扩压段的作用是连接较小尺寸的试验器进口气流管道和较大尺寸的试验器稳

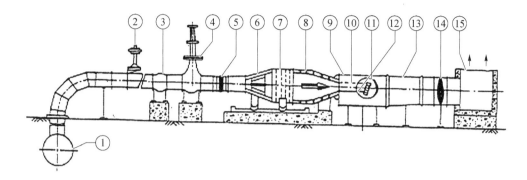

图 4.1　平面叶栅试验器结构示意图

① 储气罐;② 快关阀;③ 隔断阀;④ 调压阀;⑤ 膨胀节;⑥ 扩压段(带导流叶片);⑦ 稳压段(带蜂窝器和整流网);⑧ 收敛段;⑨ 试验段;⑩ 上壁面;⑪ 旋转盘;⑫ 下壁面;⑬ 扩张段;⑭ 背压调节阀;⑮ 排气消音塔

压段,使气流减速扩压,降低试验器稳压段进口气流速度,目的是使稳压段进口气流尽可能均匀,以提高稳压段内气流压力、速度的均匀性,尽量保证无漩涡等,以达到较好的流场品质。

稳压段由蜂窝器、阻尼网和静流段等整流装置组成,稳压段的目的是使气流变得均匀,降低湍流度,以保证收敛段入口及试验段的气流品质。稳压段内设置蜂窝整流器和多层不锈钢丝网整流器,为满足试验器来流总压和总温均在稳压段内的测量要求,通常在稳压段设置总温总压测量。

收敛段主要用于将试验气流从稳压段的圆形通道过渡转换到二元喷管进口截面所需的长矩形通道,气流在收缩段进行预加速,可以降低喷管几何尺寸和加工难度。

喷管段是保证试验段获得设计马赫数的均匀气流的重要部件,气流在其内加速膨胀,并在喷管出口获得均匀、平行的气流,确保试验流场品质。

试验段是叶栅试验器的核心部分,用于实现各类试验状态的模拟。为了使叶栅试验在一系列进气攻角范围内进行,通常将叶栅试验件安装在一个可旋转的圆盘上,如图 4.2 所示。此外,为了减少外界大气对栅后气流的影响,还可采用栅后导流板对栅后背压进行微调。试验段的风口尺寸可由气源能力、试验叶型的流量和几何参数等综合确定。栅前栅后设置探针位移机构便于开展进出口流场测量。

排气段主要作用是将试验件排出的空气以尽量小的损失排出,并根据试验需要调节试验段出口排气背压。

为满足超跨声速压气机平面叶栅试验需求,试验器试验段应具备相应的流场调节和控制手段,一般包括可调节或更换驻室、可调节尾板机构、可抽气试验段通气驻室壁、可调节叶栅进气角机构、栅后测试探针移动测量机构、超声速试验背压调节装置等。

试验器主体设备应满足以下要求:

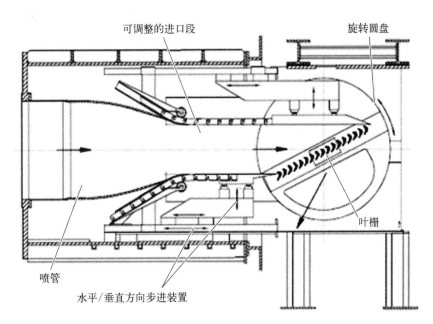

可调整的进口段

旋转圆盘

叶栅

喷管

水平/垂直方向步进装置

图 4.2　DLR-EGG 试验器试验段结构示意图

（1）试验设备喷管速度范围满足超声速、跨声速试验要求；

（2）试验器试验雷诺数范围应满足试验要求；

（3）自稳压段开始直到试验件出口的试验流道壁面应光滑，各部段接口台阶应不大于 0.1 mm，且为顺流向负台阶。

2. 次流系统

平面叶栅试验器应具备对试验段侧壁附面层抽吸的次流系统，以降低顺气流方向速度场的变化量，保证风洞顺利起动。次流系统还可以用于固壁喷管试验马赫数的微调、试验轴向速度密度比的调节、叶片表面附面层流动控制等。系统主要由管路及阀门、流量/压力/温度测量装置等组成。

3. 控制系统

控制系统的作用是实时监控风洞各阀门及相关步进装置的参数和状态信息，判断试验设备的工作状态，并通过自动或手动调节控制阀门的开度来保证试验的稳定安全运行。控制系统一般由电气系统、调度系统及视频监控系统等组成。控制系统一般满足以下要求：

（1）阀门控制满足设备要求，其中对主调压阀的控制应保证设备稳定运行时稳压段压力波动≤0.3%（或试验特征马赫数波动在±0.03 范围内）；

（2）次流系统阀门组稳定工作时抽气压力波动≤0.5%（或试验特征马赫数波动在±0.03 范围内）；

（3）控制系统应具备风洞各系统自动防护功能，具备参数超限或者突发事故时自动应急保护运行功能。

4. 测试系统

平面叶栅试验测试系统应具备压力、温度、环境大气压和流量参数采集能力，并满足试验对于测点布置、测量量程和测量不确定度的要求。测量参数主要包括：进口总温、总压，栅前栅后壁面静压，叶片表面静压、出口总压静压等，可根据试验技术要求布置在试验件及试验段上。

叶栅内流场的测量主要通过叶片表面开静压孔测取表面静压，计算得到叶片表面等熵马赫数分布情况；通过叶栅槽道壁面静压孔测取槽道静压，计算得到端壁表面等熵马赫数分布情况；可通过粒子图像测速技术（PIV）获取叶栅流道速度分布情况；超跨声速涡轮叶栅还可以通过纹影仪获取激波位置及其随进口马赫数的变化规律，为流场分析提供可视化数据支持，从而进一步研究叶栅槽道中激波波系结构以及激波与附面层相互干涉对气动性能参数的影响，典型超声速涡轮叶栅纹影波系如图4.3所示。另外，可采用油流法、墨水流迹法等可视化测量方法获取典型工况状态下气流流经叶片表面的流迹，显示端壁漩涡、附面层分离等流动现象。表4.1中给出了常规测量参数及测点布置建议。

图4.3　典型超声速涡轮叶栅纹影波系图

表4.1　测量参数及测点布置

参 数 名 称	测 量 位 置	测 点 数 目	精度要求
进口总压	稳压段	一般不少于10点	0.25%F.S.[①]
进口总温	稳压段	一般不少于1点	1.0%F.S.
大气压	试验间	1点	0.05%F.S.
进口壁面静压	栅前测量平面，栅板侧壁	一般不少于14点	0.25%F.S.
叶片表面压力分布	叶栅中间通道，叶背表面；叶盆表面	一般各不少于10点	0.25%F.S.
出口壁面静压	出口测量平面，栅板侧壁	一般不少于30点	0.25%F.S.

---

① F.S. 表示满量程（full scale）。

续　表

参 数 名 称	测 量 位 置	测点数目	精度要求
出口总压	出口测量平面、沿额线方向在一个栅距内用探针逐点测量	一般不少于20点	0.25%F.S.
出口静压	出口测量平面、沿额线方向在一个栅距内用探针逐点测量	一般不少于20点	0.25%F.S.

4.1.4　试验设备工作原理

叶栅试验器的工作原理：试验器进口来流经过稳压段的调节整流后，均匀地进入收敛段，再经过喷管段的加速作用将气流加速至所需工况，形成均匀稳定的流场，栅后气体可以通过直排大气或者引射器排出。气流在稳压段至试验段中的流动一般假定为绝热等熵流动。其工作原理示意图如图4.4所示。

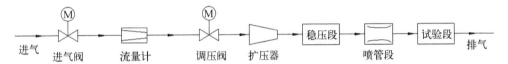

进气　　进气阀　　流量计　　　调压阀　扩压器　　稳压段　　　喷管段　　试验段　　排气

图 4.4　典型平面叶栅试验器工作原理示意图

4.1.5　典型试验设备

目前国外平面叶栅试验器性能水平见表4.2。

表 4.2　国外平面叶栅试验器性能表

序号	试验器名称	国　别	主要技术指标
1	空军工程学院大尺寸低展弦比平面叶栅风洞	美　国	风洞喷管尺寸 536 mm×536 mm；试验段测试段高度为 114 mm
2	通用电气跨声速叶栅风洞	美　国	试验段截面：101.6 mm×304.8 mm；马赫数范围：0~1.5
3	慕尼黑高速叶栅试验器	德　国	试验器的马赫数范围为：0.2~1.05；叶片高度：300 mm
4	德国宇航中心哥廷根吸入大气式叶栅试验器	德　国	试验段截面：400 mm×125 mm；最大连续运行时间：30 min；试验马赫数 0.2~1.6；最大连续工作马赫数 0.8
5	德国宇航中心科隆跨声速压气机叶栅试验器	德　国	进口马赫数范围：0.2~1.4；试验段高度：150~390 mm

序号	试验器名称	国　别	主要技术指标
6	亚琛工业大学高速叶栅风洞	德　国	进口马赫数：0.45~0.85； 雷诺数和马赫数独立调节
7	普惠-卡尔顿大学高速叶栅试验器	加拿大	运行时间为15~30秒，一小时最多可运行四次；叶栅出口马赫数最高可达到1.5
8	印度宇航院平面叶栅试验器	印　度	试验段截面积：153 mm×500 mm； 试验段高度调节范围：200~500 mm； 最大试验马赫数：1.5
9	印度孟买理工学院低速平面叶栅试验器	印　度	试验器进口马赫数大约在0.1左右； 试验段截面600 mm×150 mm
10	法国宇航院S5ch风洞-平面叶栅试验器	法　国	试验马赫数：<1.75； 平面叶栅试验器试验段尺寸247 mm×100 mm
11	南非亚跨超声速叶栅试验器	南　非	试验器马赫数范围：亚、跨、超声速； 最小弦长50 mm；最小展弦比2.0；最小叶片数7

1. T301 叶栅试验器

T301 叶栅试验器为连续式气源试验器，可进行超、跨、亚声速的叶栅试验，主要适用于军、民用风扇、压气机以及涡轮平面叶栅试验。如图4.5所示，试验器主要由主体系统、抽气系统、冷气系统、测试系统、控制系统组成。

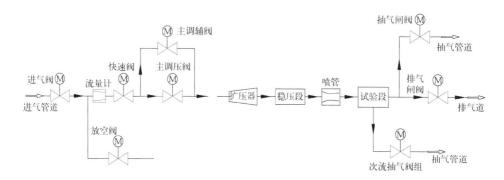

图4.5　T301 叶栅试验器原理图

该设备于1985年建成，为我国航空发动机定型和预先研究提供了大量的试验数据和技术支持。

2. T307 叶栅试验器

T307 叶栅试验设备是一台可以进行各类压气机/涡轮平面叶栅试验的综合性平面叶栅试验器.如图4.6所示，试验器配备了低压供气系统、主体系统、排气系

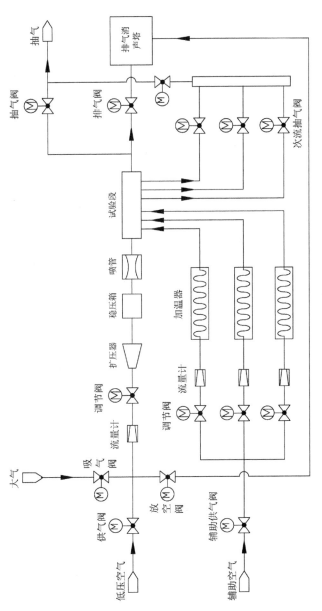

图 4.6 T307 叶栅试验器示意图

统、主流抽气系统、次流系统、试验舱等系统,具备低压供气-直排大气、低压供气-机组抽气、大气进气-进组抽气三种工作模式,可以采用改变试验工作压力和试验件特征长度的方式调节试验雷诺数。可开展航空发动机、燃气轮机、轴流风机、蒸汽轮机等叶轮机械叶型设计验证试验。主要试验科目如下:

(1) 低雷诺数条件下叶型性能试验验证技术;

(2) 叶片间流场精细测量试验;

(3) 流动主动控制平面叶栅试验;

(4) 带冷气喷射涡轮平面叶栅试验;

(5) 吸附式压气机平面叶栅试验;

(6) 扇形叶栅试验。

4.2　环形叶栅试验设备

4.2.1　简介

环形叶栅试验设备主要用于研究涡轮三维效应和端壁效应对涡轮叶栅性能及叶片通道内流场的影响。可以测量进口为平行端壁附面层的环形叶栅内部流场,分析二次流及其损失产生、发展的具体特点和不同进口参数(如附面层厚度、攻角和湍流度等)对叶栅二次流特性的影响,揭示三维效应对二次流及其损失机理的影响。

4.2.2　试验科目

根据试验条件和试验关注点的不同,环形叶栅试验设备可开展的主要试验科目如下。

1. 气动性能试验

(1) 涡轮导向器损失特性试验;

(2) 涡轮导向器流函数试验;

(3) 变冷气流量比对涡轮导向器气动性能影响试验;

(4) 变冷气温度比对涡轮导向器气动性能影响试验;

(5) 变雷诺数对涡轮导向器气动性能影响试验。

2. 流场特性试验

(1) 涡轮导向器流场精细测量试验;

(2) 涡轮导向器流迹显示试验。

4.2.3　环形叶栅试验设备组成

环形叶栅试验设备主要由主气系统、冷气系统、测试系统和控制系统等组成。

试验设备各系统功能、参数范围及精度、测点数量须满足环形叶栅试验研究的需求。

1. 主气系统

主气系统主要由进气段、加温装置、流量测量段和排气段组成,应该满足以下要求:

(1) 主气系统流量、压力、温度的测量范围和测量精度满足试验要求;

(2) 从进气段到试验件进口的试验流道应光滑、无明显台阶;

(3) 试验件进口流场满足均匀性要求(主流区马赫数波动≤±0.03);

(4) 根据不同试验件的流量需求,选择不同量程的流量测量装置进行流量测量,确保流量测量精度;

(5) 根据需要设置主气加温装置,建议带冷气的环形叶栅试验,主气设置加温装置,保证冷气温比与发动机状态一致;

(6) 保证管道密封性,确保通过流量测量设备的来流气体全部通过涡轮导向器试验件。

2. 冷气系统

冷气系统主要由进气段、流量测量段和冷气分配器组成,应该满足以下要求:

(1) 冷气系统流量、压力、温度的测量范围和测量精度满足试验要求;

(2) 根据不同试验件的冷气流量、压力和温度需求,选择不同的冷气流量测量装置和冷气分配器及冷气支路的组合进行流量测量;

(3) 保证管道密封性,确保通过流量测量设备的来流冷气全部通过涡轮导向器试验件。

3. 控制系统

控制系统主要由控制柜、PLC系统、阀门、上位机等组成,应该满足以下要求:

(1) 控制柜内各电气元件接触良好,过载保护装置安全可靠;

(2) 电气系统接地安全可靠;

(3) 对阀门的控制安全可靠,对各参数的调节和控制精度及响应速度满足试验要求;

(4) 对主气系统和冷气系统的主调节阀的控制应保证试验设备稳定运行,保证试验安全;

(5) 控制系统具备急停等应急装置,以确保试验安全运行。

4. 测试系统

测试系统主要由压力采集模块、温度采集模块、数据采集板卡、数据采集计算机、数据采集软件和测试仪表组成,测试系统应满足以下要求:

(1) 压力、温度、流量、大气压力等参数满足试验要求的测量范围、测量精度、测量通道数量等要求;

（2）测试仪表在检定有效期内；

（3）为满足试验测试精度要求,测试系统各类参数测量的允许误差需满足表4.3要求；

（4）具备原始数据的采集、显示、回放、存储和后处理功能,并具备显示试验状态参数能力,性能参数的初步计算和显示能力等。

表 4.3　测试参数的允许误差

测 试 参 数	参 数 符 号	允 许 误 差
压　力	P	$\pm 0.3\%\text{F.S.}$
大气压力	P_{amb}	$\pm 0.05\%\text{F.S.}$
温　度	T	$\pm 2^{\circ}\text{C}$
流　量	W	$\pm 1.0\%$

4.2.4　试验设备工作原理

如图4.7所示,涡轮环形叶栅试验设备工作原理:主气由气源站供给,通过过滤器过滤,经管路上调节阀将压力调节至试验所需的叶栅进口压力,再由流量喷嘴测出其流量后,进入加温装置加温至试验所需叶栅进口温度(非必须),经进气转接段进入环形叶栅试验件,栅后气体可以通过直排大气或者由抽气机组抽走。冷气由气源站供给,经冷气分配罐进入各路冷气管路,经各自的流量孔板测出其流量,再通过管路上的调节阀调节至试验要求的冷气流量后进入试验件。

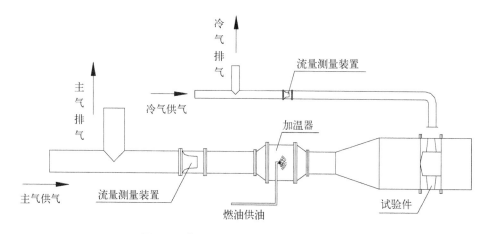

图 4.7　典型涡轮环形叶栅试验器示意图

4.2.5　典型试验设备

1. T507 涡轮导向器综合试验器

该试验器为主气加温带常温冷气的出口直排式涡轮导向器试验器,如图 4.8 所示主要由主气系统、冷气系统、测试系统、控制系统和燃油系统和水系统等组成。涡轮导向器综合试验器进行试验时,主气由试验基地气源机组提供,通过进口压力调节和流量测量后,由燃烧室加温至预定温度后进入稳压箱,整流降速后进入试验件膨胀加速,之后高温气体通过排气喷水装置冷却,再经由排气塔排入大气。冷气由试验基地气源机组提供,通过进口压力调节和过滤后,经冷气分配器分配至不同支路,进入试验件的不同位置,每一路冷气都可独立控制和测量其流量。主气加温所需燃油由试验基地提供,通过燃油系统过滤、加压和流量测量后供给燃烧室,实现主气加温。排气喷水装置所需冷却水由试验基地提供,由水系统进行过滤增压后供给排气喷水装置,实现主气排气降温。

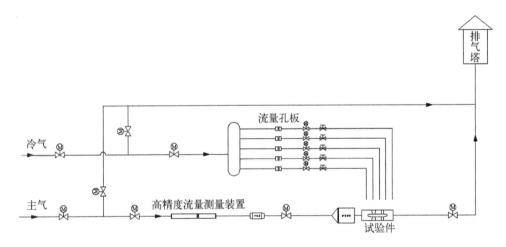

图 4.8　涡轮导向器综合试验器示意图

涡轮导向器试验器可开展的主要试验科目有:

(1) 涡轮导向器损失特性试验;

(2) 涡轮导向器流函数试验;

(3) 变冷气流量比对涡轮导向器气动性能影响试验;

(4) 变冷气温度比对涡轮导向器气动性能影响试验。

2. 亚声速环形叶栅试验台

环形叶栅风洞试验台主要包括 6 个部分:风源管路、风洞本体、试验件安装装置、测量装置、数据采取系统、控制室,见图 4.9。

风洞筒体进口段由 2 个锥形扩压器组成,气流经过两个扩压器以后,进口直径由 $\phi 500$ mm 扩张到 $\phi 1\,500$ mm,气流速度降低。筒体中的整流器包括整流网和整流栅,

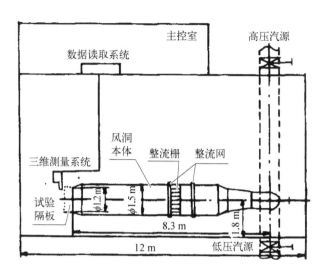

图 4.9　东方汽轮机厂亚声速环形叶栅试验台简图

整流网可以把大旋涡破碎成小旋涡并降低湍流度;整流栅(蜂窝器)用于提高气流的均匀性和降低湍流度。整流网采用不锈钢丝网,整流栅由不锈钢管堆积而成。

在风洞出口设计有一块端板,进口收敛器、试验叶片、安装叶片的内、外环均安装在风洞出口的端板上,在端板上根据试验需要开有一扇形窗口,气流通过进口收敛器和扇形窗口进入叶栅。进口收敛器具有较大的收敛比,使筒体中有一定均匀程度的低湍流度气流经加速后进一步均匀化,使进入叶栅的气流均匀稳定。在环形叶栅试验时栅后装套筒和不装套筒所测得的损失系数相差很大。在做整环叶栅试验时,应该单独设计一套筒装于栅后,以使试验结果更接近真实情况;而在做部分弧段的试验时,在设计试验件时可把安装叶片的内外环的轴向长度设计得长一些,以此产生套筒效应。

4.3　流量函数试验设备

4.3.1　简介

流量函数试验器是特殊的环形叶栅试验器,专门用于测量涡轮导向器等流量函数 $W\sqrt{T_{1t}}/P_{1t}$(或 $W\sqrt{T_{1t}}/P_{1s}$)随其进出口外壁静压比 P_{1t}/P_{2t}(或 P_{1s}/P_{2s})之间变化关系的气动性能试验设备。发动机的工作状态和涡轮导向器的喉部面积确定后,流经该导向器的燃气流量就随之确定,代表涡轮导向器流通能力的流量函数也是确定值。通过试验,可准确检验出涡轮导向器的流通能力,经试验获取相应的流量函数值后,导向器(包括导向器进出口外壁静压测点)将直接安装到调试的发动机上,这样在发动机试车时就有一个预先测试好的流量函数曲线,可为发动机调试、涡轮工作点调整提供基础依据。涡轮流函数试验目的是：

（1）录取涡轮导向器总特性曲线，为发动机的性能调试和涡轮工作点的调整提供试验依据；

（2）用于批生产涡轮导向器流通能力的合格性检验。

4.3.2　试验科目

流量函数试验器开展的主要试验科目有：

涡轮导向器流函数试验。

4.3.3　流函数试验器的设备组成

流函数试验器设备组成和结构形式上与环形叶栅试验器基本相同，具体见4.2.3小节。与环形叶栅试验器相比，由于流函数试验目的的差异，流函数试验器对设备各系统要求略有不同，具体有：

（1）保证进气来流流场品质，包括干燥度、纯洁度、均匀度等，即来流干燥、过滤、整流等装置的设计；

（2）进气系统的功能设计，以及压力、温度、流量精确调节控制；

（3）试验流量测量精度要求高，一般不低于0.5%；

（4）快速试验能力设计，能够适应大批量试验件频繁拆装试验，保证设备密封性和试验结果的重复性。

4.3.4　试验设备工作原理

流函数试验器的工作原理与环形叶栅试验器相同，具体见4.2.4小节。

4.3.5　典型试验设备

1. A210 流量函数试验台

A210 流量函数试验器由进气系统、主体设备、操纵控制系统、电气系统、测试系统、监控系统和排气系统组成，可完成涡轮导向器流量函数试验、环形/扇形叶栅试验、分流环或中介机匣扇形吹风试验、复合材料叶片抗冲刷试验、放气活门试验等。试验器由气源站供气，由进气管道进行流量的调节和初步测量；在主体设备的进口经过初步的整流后，由文氏管对流量做精确计量；在文氏管后经三道带孔整流板、两道蜂窝整流板和两道整流网使试验件进口有较为均匀的流场；试验件直接向试验间排气，排气气流经排气组件集气后引到排气消声塔，而后排到室外。试验件的冷气流由另外的气源管道供气，由冷气管道上的阀门对冷气流进行流量、压比调节，并通过流量孔板进行流量测量，而后至冷气分配器，再引至试验件的冷气进口接头。有冷气试验时，需通过主气与冷气管道上的阀门相互调节来保证冷气与主流的压力比、流量比。

设备简图如图 4.10 所示。

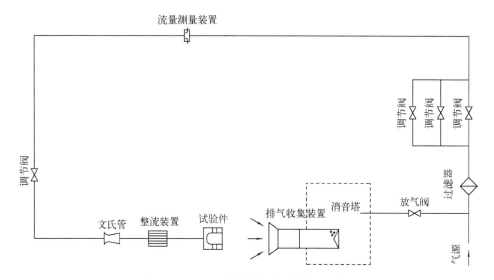

图 4.10　A210 流量函数试验器设备简图

2. B207 流量函数试验器

B207 流量函数试验器主气流由气源站供气,通过进气管道阀门进行试验状态的调节,流量喷嘴进行流量测量,进入主体设备,经初步整流,由文氏管对气体流量做精确计量,后经多道整流装置的整流使主流区的温度场和压力场满足试验进口条件。试验件向试验排气间排气,排气流经排气集气管引至消声塔,而后排至室外。试验件的冷气流由另外的气源管道供气,由冷气管道上的阀门对冷气流进行流量、压比调节,并通过流量孔板进行流量测量,而后至冷气分配器,再引至试验件的冷气进口接头。有冷气试验时,需通过主气与冷气管道上的阀门相互调节来保证冷气与主流的压力比、流量比和温比,对于流量函数试验器而言,压比、流量比试验不需加温。有温比试验时需对主气和冷气流加温。试验器原理见图 4.11。

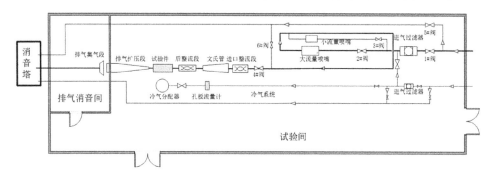

图 4.11　B207 试验器原理图

试验器由进气管路系统、排气管路系统、二次流管路系统、主体设备、操纵台、电气系统、测试系统、监视系统、消声设施、运输系统和配套设施等组成。

4.4 涡轮级性能试验设备

4.4.1 简介

航空燃气涡轮是在高温高压高转速下运行,工作时承受很大的气动力、热应力、惯性力和振动力,其工作条件十分恶劣,燃气在涡轮中的流动存在明显的非定常效应、黏性效应和三维效应。根据理论计算和设计经验所设计的涡轮,通常都必须在涡轮级性能试验器上进行气动性能试验验证。

根据试验对象的不同,涡轮级性能试验设备可分为单转子(轴流)涡轮试验设备、双转子(轴流)涡轮试验设备、向心(径流)涡轮试验设备等;根据试验供气方式的不同,又可分为连续气源涡轮试验设备、短周期(暂冲式)涡轮试验设备等。

单转子(轴流)涡轮试验设备:试验器设备主体只有一根输出轴,试验对象为高压涡轮或低压涡轮。由于只向一端输出功,单转子试验设备可只有进气蜗壳或只有排气蜗壳,结构上相对简单。

双转子(轴流)涡轮试验设备:试验器具备两根输出轴,通常为一前一后结构,可开展高低压涡轮匹配试验、对转涡轮试验等,高压涡轮由高压吸功装置吸收功率并调节转速,低压涡轮由低压吸功装置吸收功率并调节转速。目前国内外主流轴流式航空涡轮发动机基本都是双转子结构,先进的军用航空涡轮发动机已使用对转涡轮技术,这类发动机的涡轮试验一般都需在双转子涡轮试验设备上开展。

向心(径流)涡轮试验设备:试验对象为向心式涡轮,与轴流式涡轮试验设备相比,向心式涡轮试验设备为径向进气,因此试验器的进口流场设计有较大区别,同时向心式涡轮一般转速较高,功率较小,试验器的流量范围和主体尺寸等都较单、双转子涡轮试验设备小。

连续气源涡轮试验设备:试验器进气由压缩机组连续供应,出口排大气或抽气进行试验。行业内的涡轮试验设备多为此类,优点是气源连续稳定,可方便地进行流量测量、调节、加温等,试验状态调节范围宽,能够连续开展大流量、高压力、高温度的性能试验;缺点是试验器对气源配套的要求比较高,建设周期长,管网复杂,试验的费用也比较高。

短周期(暂冲式)涡轮试验设备:该类设备主要在高校科研院所中使用,特征是试验器进口配备储气罐,出口配备真空罐,具有一定压力温度条件的压缩气通过快速阀后推动涡轮做功并进行测试,稳定试验时间一般较短。短周期设备优点是气源需求相对低,试验器启停灵活,同时试验费率较低,经济性好;缺点是稳定试验时间较短,对试验准备工作的要求比较高,非稳态测试技术相对复杂。早期短周期试验设备上产生了叶轮机械领域大量的先进设计理念和试验方法,对推动试验技术的发展起到了重要的作用。

4.4.2　试验科目

涡轮级性能试验设备可开展的主要试验科目有:

(1) 单转子涡轮总特性试验;

(2) 变冷气流量比对单转子涡轮气动性能影响试验;

(3) 变冷气温度比对单转子涡轮气动性能影响试验;

(4) 变叶尖间隙对单转子涡轮气动性能影响试验;

(5) 变雷诺数对单转子涡轮气动性能影响试验;

(6) 单转子多级涡轮气动性能试验;

(7) 单转子涡轮流场精细测量试验;

(8) 涡轮级间流场测试试验;

(9) 涡轮非定常效应试验;

(10) 变转子叶尖结构形式、端壁形状等对涡轮性能影响试验;

(11) 双转子涡轮匹配特性试验;

(12) 对转涡轮总特性试验;

(13) 双转子涡轮级间流场精细测量试验;

(14) 非定常效应对双转子涡轮匹配特性影响试验;

(15) 涡轮出厂前性能检验试验。

4.4.3　涡轮级性能试验设备组成

涡轮级性能试验设备用于级环境下的涡轮部件流量特性、功率特性、效率特性等试验录取。涡轮级性能试验设备主要由主气系统、冷气系统、主体、测功系统、燃料系统、滑油系统、水系统、测试系统和电气控制系统等组成。以上各系统是涡轮级性能试验设备的主要组成单元,一般按照试验任务及对象的特点确定试验器的总体方案后,还需要对试验器的主要系统工作包线做进一步的细化,针对具体的试验对象、条件、环境等进行特异性的设计。

1. 主气系统

主气系统的功能是为试验涡轮提供满足温度、压力、流量要求的主流工质,并调节进排气状态保证试验涡轮落压比(膨胀比),主要由阀门、流量计、加温器、管道和膨胀节等组成。主气系统应满足以下要求:

(1) 主气系统流量、压力、温度的测量范围和测量精度满足试验要求;

(2) 根据不同试验件的流量需求,选择不同量程的流量测量装置进行流量测量,确保流量测量精度;

（3）应具备快速切断试验件供气能力,动作时间≤1 s,同时应保障快速切断供气时不影响气源正常工作;

（4）如果试验器采用抽气方式进行试验,应具备抽气快速转出功能,动作时间≤1 s;

（5）根据需要设置主气加温装置,保证冷气温比与发动机状态一致;

（6）保证管道密封性,确保通过流量测量设备的来流气体全部通过涡轮试验件;

（7）如果采用抽气方式进行试验,排气管道上需设置冷却器,保证进入压缩机组的气流温度满足机组要求。

2. 冷气系统

冷气系统的功能是为试验涡轮提供满足供气路数、流量比（或压力比）、温度比要求的二次工质,保证试验涡轮冷却、封严和轴向力调节等需求。冷气系统由阀门、孔板流量计、分配器以及不同管径的冷气支路组成,支路数量根据试验需求设置,每条支路都应有独立的调节阀和孔板流量计,以分别控制其压力和流量。冷气系统应满足以下要求:

（1）冷气系统流量、压力、温度的测量范围和测量精度满足试验要求;

（2）根据不同试验件的冷气流量、压力和温度需求,选择不同的冷气流量测量装置和冷气分配器及冷气支路的组合进行流量测量;

（3）保证管道密封性,确保通过流量测量设备的来流冷气全部通过涡轮导向器试验件。

3. 设备主体

设备主体用来安装和支承试验涡轮,并通过试验涡轮连接主气进排气系统、形成闭合的流道,保证试验涡轮进出口流场品质满足要求。设备主体由进气蜗壳、排气蜗壳、辅助支承和高低压承力机匣组成。设备主体应满足以下要求:

（1）试验件进口流场满足均匀性要求（主流区马赫数波动≤±0.03）;

（2）在满足主体出口流场品质的前提下,气体流道型面应简单,以利于结构设计;

（3）应充分考虑温度、压力、振动等对主体的影响,并在气动和结构设计中加以消除;

（4）各部件应具有足够的静强度和刚性;

（5）各部件结构上应简单可靠,具备良好的加工、装配和检修性能;

（6）各部件应尽量选用成熟可靠、易于加工、价格便宜的材料;

（7）主体与其余系统（含试验件）的连接结构应简单可靠,易于装拆,有流体通过的连接面应有足够的密封性能。

4. 燃料系统

燃料系统可为主气燃烧加温装置供应燃料,并调节主气进气温度。当采用燃油加温时燃料系统由阀门、油滤、泵组、流量计等组成。燃料系统应满足以下要求:

（1）过滤精度≤5 μm；

（2）燃油流量测量精度优于 1.0%；

（3）系统电气设施必须选择隔爆型；

（4）流量调节精度满足主气加温精度要求。

5. 滑油系统

滑油系统为试验器和试验涡轮轴系提供润滑油,保障轴系的安全运行。滑油系统包括水力测功器滑油系统和试验涡轮滑油系统。滑油系应满足以下要求：

（1）过滤精度≤10 μm；

（2）供油压力、流量应满足轴承供油要求,且具备供油压力低报警功能；

（3）油箱具备液位监控和液位低报警功能。

6. 水系统

水系统包括冷却水系统和软化水系统。水系统的主要功能是为水力测功器提供软化水,并为主气系统排气冷却器和油路系统散热器提供冷却水。水系统应满足以下要求：

（1）水系统供水流量、压力满足测功器、冷却器工作要求；

（2）测功器供水应具备稳压装置,保障供水压力波动满足测功器工作要求；

（3）测功器供水应具备应急供水能力,确保出现供水中断等故障时可维持测功器正常工作直至紧急停车试验件停止运转。

7. 测功系统

测功系统通过联轴器与试验涡轮轴连接,用来吸收并测量试验涡轮发出的轴功率,并按试验要求调节试验涡轮转速。涡轮性能试验设备中,通常采用水力测功器作为吸功装置,少量设备采用电涡流测功器或发电机。测功系统应满足以下要求：

（1）测功系统的转速、功率包线应满足试验涡轮的试验需求,如果转速不满足,可通过齿轮箱调节测功系统的最高转速；

（2）如果测功系统中使用了齿轮箱,则在齿轮箱与试验件之间必须增加测扭器,以准确测量试验件输出功率。

8. 测试系统

测试系统用来采集、记录、处理和存储试验涡轮性能数据。测试系统应满足以下要求：

（1）压力、温度、流量、大气压力等参数满足试验要求的测量范围、测量精度、测量通道数量等要求；

（2）测试仪表在检定有效期内；

（3）具备原始数据的采集、显示、回放、存储和后处理功能,并具备显示试验状态参数能力,性能参数的初步计算和显示能力等；

（4）使用测试接地,接地电阻≤1 Ω；

（5）测量参数精度满足表 4.4 要求。

表 4.4　涡轮性能试验测量参数精度要求

测 量 参 数	参 数 符 号	允 许 误 差
压 力	P	±0.3%
大气压力	P_{amb}	±0.05%
压 差	ΔP	±0.3%
流 量	W	±1.0%
温 度	T	±2 K
扭 矩	M	±0.4%
转 速	n	±0.1%

9. 控制系统

控制系统用来实现试验器电力供应、试验状态调节、安全参数监视、应急安全保障等功能。控制系统应满足以下要求:

（1）控制柜内各电气元件接触良好,过载保护装置安全可靠;

（2）电气系统接地安全可靠;

（3）对阀门的控制安全可靠,对各参数的调节和控制精度和响应速度满足试验要求;

（4）对主气系统和冷气系统的主调节阀的控制应保证试验设备稳定运行,保证试验安全;

（5）控制系统应配置应急电源,保障断电故障时关键设备的正常工作直至紧急停车结束;

（6）控制系统具备安全参数监控功能,对设备关键参数实时监控,根据参数变化进行预警、报警及紧急停车,以确保试验安全运行。

4.4.4　试验设备工作原理

典型的涡轮级性能试验器的试验原理见图 4.12,试验中,由气源供入或经大气吸入的空气,经过空气过滤器,由进气阀组进行压力、流量调节后,进入流量喷嘴,再由加温器加温至试验所需的进口总温,之后进入试验涡轮膨胀做功,做功后的气体由排气蜗壳排出,经过排气冷却器降温后排入大气或由抽气机组抽走。涡轮发出的功由水力测功器吸收并测量。其试验状态参数的调节方法如下:

（1）调节供气气路和排气气路的阀门开度,控制涡轮进、出口压力和流量;

（2）调节燃烧室供油流量,控制涡轮进口总温;

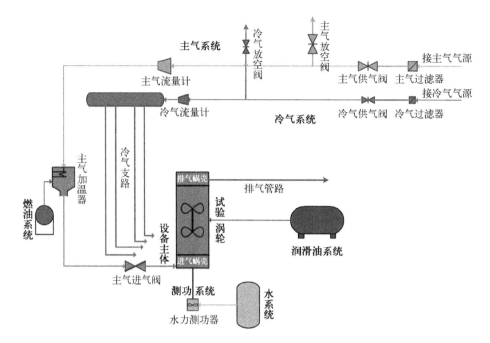

图 4.12 典型涡轮级性能试验器原理图

（3）调节测功器供、排水阀开度,控制涡轮转速;

（4）调节冷气系统供气气路和放气气路的阀门开度,以及各分支气路的进气调节阀开度,控制冷气压力和流量。

4.4.5 典型试验设备

目前国外主要的涡轮级性能试验设备如表4.5所示。

表 4.5 国外主要涡轮级性能试验设备

序号	国 别	类 型	所属机构	名 称	主 要 参 数	主要功能
1	美 国	单转子试验器	通用电气公司	涡轮燃气入侵试验器	涡轮转速 7 600 r/min;膨胀比 3.0;进口总温 480 K	涡轮燃气入侵及封严研究
2	美 国	单转子试验器	通用电气公司	大尺寸涡轮研究试验器	外径 1.54 m;最大体积流量 5 667 m³/min;涡轮转速 616 r/min	低速大尺寸涡轮机理研究
3	美 国	单转子试验器	空军研究实验室	涡轮研究试验器	主气工质 N₂ 进口总温 444 K;进口总压 0.69 MPa;转速 7 617 r/min;流量 37 kg/s;功率 4 700 kW;试验周期 1~5 s	全尺寸涡轮非定常气动传热

续　表

序号	国别	类型	所属机构	名　称	主 要 参 数	主要功能
4	美国	单转子试验器	联合技术研究中心	大尺寸旋转试验器	涡轮直径 1 524 mm;进口气流轴向速度 23 m/s;涡轮转速 405 r/min;叶型雷诺数为 5.6× 10^5	低转速涡轮气动和传热特性试验
5	美国	单转子试验器	麻省理工学院	吹气式涡轮试验器	工质 Ar－R12;进口总温 478 K;进口总压 4.3 atm①;主气流量 16.6 kg/s;转速 6 190 r/min;功率 1 078 kW;试验周期 0.2 s	高负荷气冷涡轮三维非定常流动机理和换热特性研究
6	美国	单转子试验器	俄亥俄州立大学	涡轮试验器	不详,为 1.5 级激波管短周期试验器	涡轮换热气膜冷却影响等研究
7	美国	单转子试验器	宾夕法尼亚州立大学	1.5 级真实尺寸半扇涡轮试验台	膨胀比 1.5～2.5;转速 ≤ 11 000 r/min	高压涡轮部件密封特性
8	美国	单转子试验器	宾夕法尼亚州立大学	轴流涡轮研究试验器	进口总温 289 K;进口总压 101.36 kPa;主气流量 11.05 kg/s;转速 175～1 695 r/min;功率 60.6 kW	高压涡轮部件定常与非定常特性
9	美国	单转子试验器	得克萨斯农工大学	低速大尺寸涡轮试验器	抽气流量 4 m³/s;进口总压 101.356 kPa;流量 3.728 kg/s;涡轮转速 1 800～2 800 r/min;涡轮功率 80～110 kW	涡轮气动和传热特性试验
10	美国	单转子试验器	普渡大学	低速涡轮研究试验器	常温常压进气;抽气体积流量 1.4～2.6 m³/s;涡轮转速为 2 500 r/min;功率为 30 kW	涡轮部件流动特征及燃气入侵等
11	美国	单转子试验器	亚利桑那州立大学	单轴 1.5 级低速轴流涡轮试验台	—	涡轮性能分析及密封研究
12	美国	单转子试验器	NASA	W－6A 高压涡轮试验台	初始空气压力 275.79 kPa;最高温度 510℃;进气流量 12.25 kg/s;高空排气系统 88.14 kPa;真空状态最大转速 17 000 r/min;转子直径 1.016 m	先进涡轮设计技术和研究多级高压轴流涡轮主流流动原理研究
13	美国	单转子试验器	NASA	SE－18 涡轮密封试验台	进口温度从常温到 650℃;压差 0～720 kPa;切线速度 370 m/s;转子直径 215 mm	高可靠性、长寿命、低泄漏、高效率涡轮机械密封技术研究

① 1 atm = 101 325 Pa。

序号	国 别	类 型	所属机构	名 称	主 要 参 数	主要功能
14	美 国	单转子试验器	NASA	SE-17 波转子试验器	进口压力 275.79 kPa；进口温度 506.15℃；进口流量 0.91 kg/s；转子转速 2 000~12 000 r/min；加温器 330 kW	波转子涡轮试验研究
15	美 国	单转子试验器	P&W 公司	涡轮部件试验器(X-203)	主气最大压力绝压 847 kPa；供气流量 56 kg/s；主气最高温度 537℃；测功器功率 7 457 kW	在海平面状态或宽范围高空状态下开展涡轮部件性能试验研究
16	美 国	单转子试验器	Sverdrup Technology Inc.	发动机研发试验器涡轮试验单元(EDTF-TTC)	供气压力 310.266 kPa；供气流量 20.43 kg/s；供气温度 204.44℃；测功器转速 15 000 r/min；测功器功率 4 774 kW	低压涡轮部件试验研究
17	美 国	单转子试验器	NASA 刘易斯研究中心	小型轴流涡轮试验器	进气压力 900 kPa；排气压力从绝压 14 kPa 到大气压；进气从常温到 700 K；转速 4 000~60 000 r/min；最大功率 933 kW	在中温中压模拟条件下对小型发动机涡轮部件进行试验研究
18	美 国	单转子试验器	NASA 刘易斯研究中心	高温高压涡轮试验器	主气供气压力 4.14 MPa；供气温度 894 K；涡轮进口主气温度 2 480 K；主气流量 91 kg/s；最高转速 23 000 r/min	在接近真实工作条件下开展涡轮导向器、涡轮级、端壁的气动和冷却研究
19	美 国	双转子试验器	NASA 刘易斯研究中心	高负荷双转子涡轮试验器	进口总温 780 K；总压 340 kPa；最大流量 45 kg/s；最大膨胀比 25；高压涡轮最大转速 14 000 r/min，低压涡轮最大转速 7 000 r/min，最大功率均为 5 500 kW	高低压涡轮性能及安全性研究
20	英 国	单转子试验器	QinetiQ 公司/牛津大学	短周期涡轮试验器	涡轮进口总压 460 kPa；涡轮进口总温 444 K；涡轮转速 9 500 r/min；稳定运行时间 0.5 s	单级涡轮气动传热性能试验研究
21	英 国	单转子试验器	萨塞克斯大学	双级涡轮试验器	进口主气压力 300 kPa；进口主气温度 438 K；主气流量 4.8 kg/s；涡轮设计转速 10 630 r/min；设计功率 400 kW	研究涡轮级间封严及流动特性
22	英 国	双转子试验器	罗·罗公司	德比涡轮试验器(共 3 台套)	供气温度为 200℃；高、低压测功器最高转速 12 000 r/min；最大功率 2 238 kW	开展单轴或双轴涡轮气动性能试验
23	英 国	单转子试验器	罗·罗公司	布列斯托尔涡轮试验器	最高转速 12 000 r/min；最大功率 5 222 kW	开展单轴涡轮气动性能试验

续 表

序号	国别	类型	所属机构	名称	主要参数	主要功能
24	英国	单转子试验器	罗·罗公司	考文垂涡轮试验器	最高转速 16 000 r/min;最大功率 4 476 kW	开展单轴涡轮气动性能试验
25	意大利	单转子试验器	米兰理工大学	大尺寸涡轮试验器	涡轮最大外径 890 mm;最高转速 3 000 r/min;最大功率 80 kW;最大膨胀比 2.1;主气最大流量 15 kg/s	开展涡轮级的流场特征和气动性能试验研究
26	西班牙	单转子试验器	航空科学研究中心	流体力学测试平台	最大流量 18 kg/s;最高压力 450 kPa;最高温度 370 K;最大转速 10 000 r/min	用于涡轮性能基础研究
27	瑞士	单转子试验器	联邦理工学院	双级涡轮试验器	涡轮进口压力 150 kPa;出口压力 100 kPa;主气最大流量 14 kg/s;涡轮转速 3 000 r/min;功率 400 kW	用于研究双级涡轮流场特征及气动性能
28	韩国	单转子试验器	仁荷大学推进试验室	涡轮试验器	涡轮转速 914 r/min;供气流量 470 m³/s;轴向气流速度 30 m/s	开展多科目的涡轮试验研究
29	法国	双转子试验器	国家航空航天研究中心	涡轮试验器	主气流量 2~11 kg/s;主气压力 50~400 kPa;主气温度 293~450 K;高压涡轮最高转速 12 500 r/min,最大功率约 4 100 kW;低压涡轮最高转速 9 000 r/min,最大功率约 1 500 kW;排气压力 25~120 kPa;排气温度 223~323 K	在中温中压条件下开展全尺寸涡轮导向器、单轴涡轮、双轴涡轮的气动性能试验研究
30	俄罗斯	单转子试验器	中央航空发动机研究院	涡轮试验器（TC-2）	供气压力 2.5 MPa（一说 2.2 MPa）;供气流量 60 kg/s;供气温度 900 K（一说 600℃）;试验器最高排气压力 0.7 MPa;最高排气温度 1 300 K;最高转速 16 000 r/min;最大功率 18 000 kW;冷气流量 5 kg/s	开展各种级别涡轮综合试验研究
31	俄罗斯	单转子试验器	彼尔姆航空发动机公司	涡轮试验器	主气最大流量 39 kg/s;最高压力 0.3 MPa;最高温度 1 100 K;涡轮最高转速 10 650 r/min;最大功率 4 030 kW	获取各级涡轮的气动特性
32	德国	单转子试验器	亚琛工业大学	全环单级轴流涡轮试验台	涡轮进口温度 75℃;主流最大流量 8.0 kg/s;导叶出口马赫数 0.7;转子最大功率 450 kW;冷却气流量 0.025 kg/s	封严结构对涡轮级气动及热力学性能影响研究
33	德国	单转子试验器	MTU& 斯图加特大学	先进涡轮研究和验证试验器（ATRD-Rig）	最大流量 15 kg/s;进口温度 280~400 K;进口压力 10~200 kPa;最高转速 4 000 r/min;最大功率 1 200 kW	在地面和高空条件下获取涡轮的气动性能

序号	国别	类型	所属机构	名　称	主 要 参 数	主要功能
34	德国	单转子试验器	斯图加特大学	喷气推进系统涡轮试验器	流量 140 kg/s；进气温度：-60~170℃；最大功率 10 MW；进口总压 50~250 kPa	涡轮性能试验
35	德国	双转子试验器	德国宇航研究院	下一代涡轮试验器（NG-Turb）/多功能涡轮试验器	涡轮进口压力 200 kPa；最高温度 700 K；最大流量 9 kg/s；最小内径 360 mm；高压涡轮最大外径 700 mm；低压涡轮最大外径 900 mm；高压涡轮最高转速 13 000 r/min；高压涡轮最大功率 1 500 kW；低压涡轮最高转速 13 000 r/min；低压涡轮最大功率 1 000 kW；试验雷诺数 10^5~10^6	在不同的进气环境下研究导向器、单轴涡轮、双轴涡轮（含对转涡轮）的性能和流场特征
36	比利时	单转子试验器	冯·卡门流体力学研究所	短周期涡轮试验器（CT3）	涡轮进口总压 223 kPa；进口总温 480 K；转速 6 500 r/min；主气流量 20~30 kg/s	在不同雷诺数、马赫数、主流与壁面温度比、冷气与壁面温度比下进行涡轮气动和传热性能试验研究
37	奥地利	单转子试验器	格拉茨技术大学	跨声速涡轮试验器	主气最大压力 500 kPa；主气温度 40~185℃；主气流量 22 kg/s；涡轮最大转速 11 550 r/min；涡轮最大功率 2 800 kW	开展跨声速涡轮级的流场特征和气动性能试验研究
38	印度	单转子试验器	国家航空航天实验室	多用途涡轮试验器	最大流量 9 kg/s；最高温度 700 K；最高压力 1 MPa；最大功率 500 kW	进行小尺寸发动机涡轮部件试验

以下针对国内的部分典型设备进行介绍。

1. T501 涡轮试验器

T501 涡轮试验器是以大中型航空发动机全尺寸涡轮为试验对象，带有可调冷气装置的双转子涡轮气动性能试验设备，设备原理如图 4.13 所示。该试验器可进行针对涡轮导向器气动性能、单/双转子、对转涡轮级气动性能的试验研究，以及冷气、叶尖间隙对涡轮气动性能影响的试验研究等。涡轮综合试验器主要由设备主体、高压水力测功器、低压水力测功器、主空气系统、冷气系统、水系统、油路系统、辅助空气系统、测控集成系统、试验件等系统组成。试验器可通过气源供气的进气方式（压缩机组供气或大气吸气）、加温方式（燃烧室加温或不加温）以及排气方式（抽气或排大气）进行组合，构成多种试验手段和方法，覆盖多种试验类型。试验时如果发生断电、失火、超转、振动过高、轴承温度超限等突发情况，可触发安全保护系统,主气放气快开阀、主气抽气快开阀打开,主气进气快闭阀关闭,从而切断主气供气,分流抽气,达到保护设备和试验件的目的。

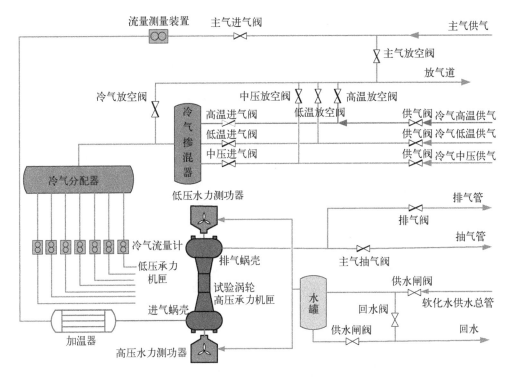

图 4.13　T501 涡轮综合试验器原理图

2. A213 涡轮试验器

由于涡轮部件中存在众多因素相互影响,模拟态试验无法全面模拟涡轮实际工作环境,必然造成试验结果存在偏差。例如涡轮转子叶尖间隙和各处封严间隙与实际工作状态下差异较大;燃气物性参数难以严格保证;涡轮主气、冷却气、封严气等各路气流的压力、温度、流量等参数无法同时与实际状态保持相似。这些都导致试验得到的性能数据结果与发动机整机真实状态存在一定偏差,而这种偏差现阶段还很难进行修正。除了在涡轮性能评定上存在不足,在模拟态试验中较低的温度条件下,还无法考核涡轮的冷却效果和结构强度,涡轮盘腔内部的流动换热等现象也难以进行研究。

从模拟实际工作环境的角度来说,在整机试车中获取涡轮特性是最理想的,然而整机试车却存在诸多限制。例如:航空发动机结构非常紧凑,用于涡轮部件测试的仪器仪表几乎无法布置;对于涡轮部件而言,其在整机上工作的状态范围明显小于其能力范围,仅通过整机试车无法获得完整的涡轮特性;在整机试车中进行部件性能试验需要耗费很大的资源,也需要承担很大的安全风险;处于技术研究阶段的涡轮可能根本没有整机资源。这些限制都表明,完全通过整机试车研究涡轮部件的工作特性并不可取。

由于上述涡轮模拟态试验与整机试车存在的局限,有必要进行高温、高压条件下的涡轮试验,甚至与发动机环境一致的全状态试验。在这样的条件下,可进行冷却换热和气动性能综合试验、冷气量对主流影响试验、不同冷气结构与不同冷却方式的试验、不同材料及不同制造工艺下气冷涡轮换热及冷却性能的试验。具备上述试验条件后,还可以进行航空发动机通用规范规定的涡轮转子的超转和超温试验。

高温高压试验器可进行涡轮实际状态下的冷却换热和气动性能等综合试验、冷气量对主流影响试验、不同冷气结构与不同冷却方式的试验、不同材料及不同工艺制造方法下气冷涡轮换热及冷却性能的试验。此外,还可进行航空发动机通用规范规定的涡轮转子的超转和超温试验、间隙变化对气动性能影响的试验,并可兼作高低压涡轮模拟态试验。高温高压涡轮试验器可完全模拟发动机状态高温高压涡轮试验,具备变冷气、变间隙试验能力、可开展气冷叶片冷效换热试验。

试验器主要由设备主体、主气系统、冷气系统、滑油系统、燃油系统、水系统、测功器及其辅助系统、电气系统、测试系统、监控系统、地面辅助试验设备(平衡盘、减速器)等组成。

地面辅助试验设备:包括平衡盘装置、减速器装置、减速器滑油系统装置。

3. B210 径流式涡轮试验器介绍

向心式涡轮具有大焓降、高转速、高膨胀比等特点,在流量较小的设计条件下仍可以获得较高的效率。向心涡轮结构紧凑、热端部件少,结构可靠性好且造价低廉。国外一些空间技术力量强国对向心涡轮有了比较深入的研究,并在实际中得到了较为广泛的应用。在国内在现有的技术条件下,对小功率向心涡轮尚缺乏分析软件和使用经验,需开展相应的试验研究工作。试验时通过测量模型涡轮的流通能力、做功能力、效率以及涡轮出口的马赫数和绝对气流角,以加深对该辅助动力装置向心涡轮流场变化的了解。通过试验,验证、修改向心涡轮设计工具,并充实向心涡轮试验数据库,进一步完善向心涡轮设计体系。

B210 向心涡轮试验器适用于小型航空发动机小功率向心涡轮性能试验。试验器由主管路系统、空气系统、液压系统、工作平台、滑动平台、水力测功器系统、操纵系统、滑油系统、测试系统、电气系统及应急保护系统组成。该试验器进口气流的温度和流量是直接从气源站引进的热气流和冷气流,经过掺混后,通过调节两股气流进口处的电动调节阀,以满足小功率向心涡轮试验件的进口温度和流量。

试验器原理见图 4.14。

与单转子涡轮试验器相比,径流式涡轮试验器试验件是径向进气方式,因此对试验件进气流场的设计不同,同时径流式试验器一般转速较高,功率较低。

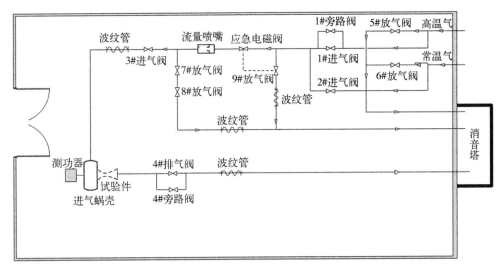

图 4.14 试验器原理图

4. 短周期暂冲式涡轮试验器

传统的燃气涡轮部件试验装置都配置有连续式气源,能够为试验提供长时间、连续和稳定的流动条件。而为了提供持续、稳定的气源,这类试验装置的建设和运行成本极高,难以取得大量细致的试验数据。事实上,研究人员感兴趣的多数旋转机械内部流动现象出现的时间尺度通常与转子的旋转周期相当或远小于转子的旋转周期,那么实际上相关的气动及传热数据就可以在仅持续几个转子旋转周期的试验中获得,从而有效地节约建设和运行费用,这就是短周期暂冲式涡轮试验器建设的主要理论依据。同连续式试验相比,暂冲式试验具有以下优势:

(1) 试验台无需配备大功率、能持续运转的气源,投资和运行费用低;

(2) 因为试验时间极短(通常在几十毫秒到数百毫秒),试验过程中流过的气体来不及和涡轮叶片及机匣发生充分的热交换,可以认为涡轮叶片及机匣等零件的温度维持恒温,这样便为模拟发动机涡轮主流燃气和金属的温度比以及进行叶片表面热流率的测量创造了有利的条件;

(3) 暂冲式试验台可以方便地模拟不同比热比、雷诺数和马赫数下的流动;

(4) 暂冲式试验台试验时间短,能耗低,适合进行大量多个方案性能试验研究。

中科院工程热物理所暂冲式短周期涡轮试验台由主试验台和控制、数据采集、充气、抽气、加热等辅助系统组成。主试验台由储气罐、快速阀、试验段(包括进气段、试验件和排气段)、转子启动电机、转子电磁涡流制动及测功器、过渡段、背压调节阀、真空罐等组成,如图 4.15 所示。该试验台采用了模块化设计,根据试验需要,可以方便拆装试验件,也便于添加或修改设备。

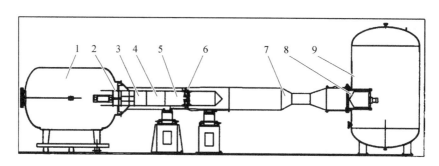

图 4.15 暂冲式涡轮试验台示意图

1. 储气罐;2. 快开阀;3. 进气段;4. 转子涡流制动器;5. 转子电机;6. 试验件;7. 文丘里流量管;8. 背压调节阀;9. 真空罐

储气罐及充气系统:钢制高压储气罐的容积为 12 m³,设计工作压力为 0～0.8 MPa,储气压力根据试验研究的基本目标和膨胀比而定。试验前通过螺杆式空气压缩机向储气罐内充气,充气系统还包括有 3 m³/(min·MPa) 的无热再生干燥器和压缩空气精密过滤器,以保证气源的干燥和清洁。

真空罐及抽气系统:钢制真空罐的容积为 20 m³,试验前由 70 L/s 的旋片真空泵抽真空。抽气时由于试验件和电机的高速旋转,为了防止由于气压过低时辉光放电,需要在试验件附近放气,最终真空泵可以将真空罐和试验段气压抽至 200 Pa 左右。

快开阀:通常短周期试验台在试验开始之前,需要将高压段和低压段分隔开。在激波管风洞上常用的是金属薄膜,但是暂冲式风洞储气罐压力较高且通道面积较大时,金属膜的强度不能满足要求,只能采用快开阀。该试验台使用的快速阀为 ϕ1 200 mm/800 mm 大口径柱塞阀,头部为截顶圆锥体,采用环形柱塞开启结构,使经过阀门的气流在环形通道内部流型光滑,锥形阀芯和阀体具有良好的密封性能,阀门使用高压储气罐内的气体推动,可在气压作动筒的作用下实现阀门的快速启闭。

背压调节阀:试验台通过背压调节阀来控制涡轮试验的落压比,实际上它是位于试验段下游的一个流量调节阀门,由一个由步进电机驱动的带尾锥的滑筒和一块垂直于流道的孔板组成。

电磁涡流制动及测功器:电磁涡流制动及测功器实质上是一个感应电机,它吸收涡轮功起制动作用并测量制动力矩。因为制动器需要与涡轮匹配,作用时间短、功率大、转速高、尺寸受到严格限制、无法冷却,一般水冷电磁涡流测功器均不适用,该试验台使用专门设计的电磁涡流制动及测功器,额定吸收功率 3 000 kW,临界扭矩 3 580 N·m,其励磁绕组功率 160 kW。

和连续式试验设备不同,暂冲式试验设备在试验过程中处在过渡态,并不处在热平衡状态。这样在试验过程中必须考虑由于主流和试验件之间的热交换;此外,由于暂冲式试验过程中流动参数的变化非常快,这就要求传感器和测试装置拥有与之相应的响应速度,对测试带来较大的挑战。

第 5 章
试 验 流 程

流程是试验的纽带,定义要"做什么事"和"做事的顺序",不仅负责任务流、数据流的驱动、状态反馈,而且将各专业活动有机集成在一起。涡轮试验流程规定了涡轮试验过程中的具体步骤和工作顺序,并对试验工艺流程的每一项活动的输入、工作内容、准则、工具、输出进行明确,以规范试验过程。涡轮试验流程主要包含试验输入、试验方案设计、试验前准备、试验实施及试验结果五大部分,且试验流程与试验项目密切相关,图 5.1 为涡轮试验流程图。下面按照不同试验项目从流程五大部分进行说明。

5.1 试 验 输 入

航空发动机涡轮部件通常在高温高压高转速状态下工作,相比较一般零件,工作条件十分恶劣,需要承受气动力、热应力、惯性力等多种高负荷。而燃气在涡轮中的流动过程存在明显的非定常效应、黏性效应和三维效应;按照现有的理论计算方法,很难准确表征出涡轮级中的流动损失(如涡轮叶型损失、二次流损失、叶尖泄漏损失等)。因此在涡轮设计中,需要根据设计的内容开展试验需求分析,如为了验证设计出的涡轮叶栅性能是否满足要求,需要分别开展平面/环形(或扇形)叶栅吹风试验,以获取总压损失系数、出口气流角、进/出口静压比、出口马赫数及叶片表面等熵马赫数分布、冷气喷射等气动性能和流场参数,研究叶型型面、叶片间距、叶片安装角、进口气流角、出口马赫数、冷气喷射量等对涡轮叶栅气动性能的影响;为了验证涡轮级或涡轮部件总的性能是否满足要求,通常需要开展单级涡轮、多级涡轮或多转子性能匹配试验,以期在模化环境中较真实测量燃气在涡轮中的非定常、有黏、三维流动情况和总体性能情况。根据试验需求分析结果确定试验类型、试验设备及试验件,编制试验任务书(也可以是试验计划和试验要求的形式出现)、试验件设计内容,其中试验任务书必须包含试验目的、试验内容、试验件概况、测试安排及精度要求等。根据不同的涡轮试验科目上述内容均存在差异,具体内容详见第 2 章到第 4 章内容。

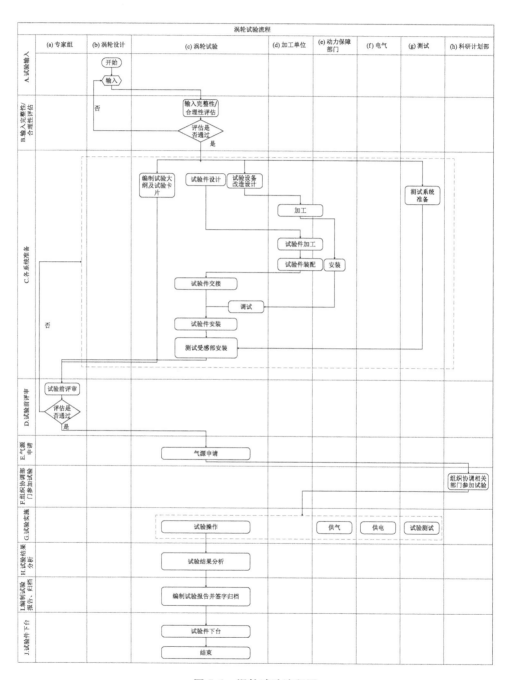

图 5.1 涡轮试验流程图

5.2　试验方案

试验方案一般包含试验内容、试验设备、试验件、测试方案、数据处理方式、仪器仪表的校准要求、试验安全要求、试验结果评定等内容。试验内容应与试验任务书保持一致,试验设备应具有满足试验内容的全部功能,测量参数及精度的确定应能满足试验内容与性能指标的要求。试验内容主要参照第 2 章试验原理及方法展开;试验设备及试验件详见第 3 章与第 4 章;测试方案需根据试验项目及内容确定合适的测试布置、测量仪器仪表等,详细的测量方法与仪器仪表的校准要求见第 6 章;数据处理方式和试验结果评定等详见第 8 章。

5.2.1　测试方案

平面叶栅试验为了获得同一流道内叶盆与叶背表面压力的分布,分别在两个叶片的叶盆与叶背埋设压力毛细管方式进行测量。

采用五孔束状探针测量叶栅出口气流参数,五孔探针对流场进行测量时,一般采用非对向测量方法对出口截面参数进行测量。

环形/扇形叶栅试验性能参数测量包含进气流量、试验件进出口总压、静压、总温以及出口流场等,典型测试截面安排见图 5.2。

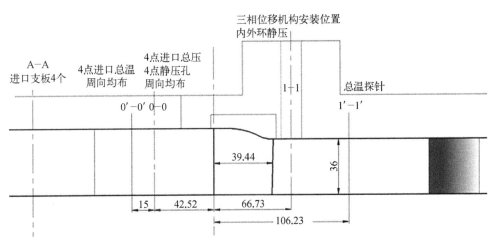

图 5.2　典型环形叶栅测试截面安排示意图(单位: mm)

涡轮部件性能试验测量包含进气流量、试验件输出功率、转速、试验件进出口总压、静压、总温以及出口流场等。

5.2.2 试验安全要求

进行试验,为确保试车安全,除第 7 章的相关要求外,还需注意下列事项:

(1)消防器材处于完好状态;

(2)试验前,按相关要求对试验设备进行检查,确保设备状态完好;

(3)试验期间,试验设备发生故障时,应暂停试验,待查明原因并排除故障后方可继续试验;

(4)试验时如发生下列任何一种情况,当班主操作员可不必请示,应立即紧急停车,待停车后再查找分析原因;

(5)试验件声音突变;

(6)试验件及试车间设备着火;

(7)试验过程中,若其他参数出现异常,应立即告知现场总指挥,由现场总指挥根据各部件、系统及测试技术人员反馈的信息决定处理方法。

5.2.3 试验结果评定准则

试验结果评定具体参照第 8 章进行,但遇有下列情况,应考虑重做试验:

(1)任何传感器、仪器仪表或测试系统所采集的数据有明显错误时,这些数据应予以剔除。当被剔除的同截面数据达到同类数据的 20% 以上时,则应重做试验;

(2)若出现试验结果不一致,两次试验间 η_{t} 或 $\overline{W}$ 试验曲线间的差异大于 $\pm 1\%$,则试验数据的一部分或全部应作废,重新进行试验;

(3)试验点在试验曲线上的分布应大致均匀,在设计点附近应有较多的试验点。在一条总特性试验曲线上,其有效的试验点不应少于 5 点,被剔除的试验点不应超过该曲线试验点的 30%(查明原因者除外),否则应重做试验。

5.3 试 验 准 备

试验准备主要包含试验设备准备、试验件准备、测试系统准备、文件资料准备。

1. 试验设备准备

对于选用的试验设备,日常需按照设备完好标准要求开展设备维护保养及送修送检工作,确保设备处于完好状态。当试验任务下达后,需对试验设备是否满足试验要求进行评估。如果设备无法满足试验件的试验需求时,需对设备进行适应性改造,改造后经过调试运行合格验收即可投入试验使用。

2. 试验件准备

试验件设计详见第 3 章,投入试验的试验件应是经过产品检验符合设计要求的合格件,试验件的交接由试验件设计部门接受并负责与试验部门交接,试验后试验件的交接由试验部门送交制造部门或仓库保管。

3. 测试系统准备

1) 数据采集系统校准及现场校准

校准是在规定的条件下,为确定测量系统或仪器仪表的示值与相对应的被测量的已知值之间关系的一组操作。校准可以确认测量系统或仪器仪表是否工作在性能指标内,是保证仪器测量准确的必不可少的工作。在计量领域,校准是一种得到普遍重视的检测方法。

在数据采集系统校准过程中,需要对其不同类型通道的采集速率、误差限、通道间串扰、时间漂移、输入电阻、输入通频带、动态有效位、共模抑制比、温度漂移特性、串模抑制比特性共 10 个项目进行校准。

下文将对数据采集系统的主要校准项目和现场校准方法进行介绍。

2) 校准前准备

文件资料:被校的数据采集系统应配有接线图、使用说明书及相应的采集软件,并按规定的格式保存数据,便于数据处理及分析。

可靠性、安全性和抗干扰性:被校准的数据采集系统应能连续 24 h 无故障工作。其安全性和绝缘性良好,符合国家有关安全规定,其他测量仪器仪表的校准详见第 6 章。

4. 文件资料准备

试验任务书、试验技术要求、试验测试技术要求、试验大纲、试验卡片、试验件技术状态报告、试验设备准备情况报告等。

5.4　试　验　实　施

试验实施主要包括试验件上台安装、试验前检查、试验运转、试验件下台、试验数据处理与分析等。

1. 试验件上台安装

对于平面叶栅和环形/扇形叶栅来说,试验件上台安装时主要注意试验件接口和测试接头位置的连接密封,而涡轮部件性能试验上台安装除考虑上述因素外,还需考虑滑油系统接口和水系统接口处的连接密封、测功器与试验件的同心度、测功器的静态校准、应力应变接线可靠性、振动传感器安装是否牢固、安装过程应保证无多余物进入流道等因素。

2. 试验前检查

试验前检查主要是为了确保试验顺利进行,各系统先进行外观连接可靠性检查,对于空压机、油站还需进行滑油量检查并进行通电运行以确定系统运行是否可靠;测试系统需进行通电和通信检查以确定系统的可靠性。

3. 试验运转

试验由现场指挥发出试验开始指令,试验运转按照试验大纲或现场试验卡片进行试验,首先须对试验设备进行吹扫3~5 min;然后开始正式的性能试验,采集并记录试验数据,试验过程中发现任何异常情况应向现场指挥汇报,由现场指挥对异常情况进行处置。试验期间若出现水、电、油、气供应问题,能源保障部门除非紧急故障无法通知试验部门外,应提前通知试验部门,待试验部门做好应急处理后再停止供应。

4. 试验件下台

试验件拆卸下台时应注意试验件各接口处的防护,确保无多余物进入流道等因素。试验件下台后,需对试验器各系统进行检查复位。

5. 试验数据处理与分析

按照各试验科目中试验数据处理公式完成原始数据处理后,需对处理后的试验数据进行分析,试验分析如以下内容:

(1)将试验的性能测量参数进行比较,不合理的数据查找原因并进行删除;

(2)对所测的涡轮进出口流场进行分析、判断,找出不均匀流场产生原因;

(3)对试验所得到的涡轮性能参数(流量、膨胀比、效率)与设计值比较,分析差异并找出产生差异的原因,提出改进措施;

(4)依据涡轮壁面静压沿流场分布测量值及对级间测量值进行分析,以判断级与级之间匹配好坏以求改进等。

5.5 试 验 结 果

试验结束后,要进行试验数据分析和编制试验报告,报告内容主要包括前言、试验目的、试验设备、试验件、测量系统、数据采集等内容。报告的内容要与试验大纲、试验任务书等保持一致,以确保试验开展的有效性。如果试验结果与验证的要求或技术指标不一致,应根据试验情况进行分析,准确确定不一致的原因,为设计提供改进的依据。

第6章
测 量 方 法

本章主要介绍涡轮气动性能试验中常用的稳态测试、动态测试、计量校准方法。稳态测试介绍气流总压、静压、气流方向、气流总温、流量等参数的测量方法。动态测试介绍动态压力、叶尖间隙、位移等参数测量方法。计量校准方法包括气流温度校准、高速压力探针校准和动态压力校准等内容。

6.1 稳 态 测 试

在涡轮试验中,经常需要测量稳态气动参数,包括气流总压、静压、气流方向、总温、流量等,如测涡轮进、出口总压以求膨胀比或落压比,测涡轮进、出口总温以求得温降,进而可计算出涡轮气动效率;又如研究多级涡轮间匹配需要测量各级涡轮出口的气流方向,需要测得涡轮主流通道内流量以实现和其他部件的匹配等。此外,通过测量气流的静压和总压,还能确定气流的速度。

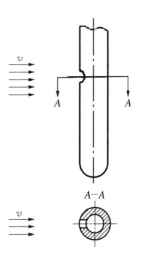

6.1.1 总压测量

气流总压就是气流绝能等熵滞止下来的压力。一般采用总压管或总压探针进行测量,如图6.1所示,要求总压管或总压探针压力感受孔轴线对准气流方向,孔口无毛刺,从管末端在密封情况下与压力传感器或压力显示仪表接通,可使气流进入孔口后不能再流动而被滞止下来,从而测出了孔口处气流的总压。

总压管准确测量总压的关键是:① 孔口无毛刺,壁面光洁;② 要对准气流方向。实际上,由于涡轮通道中气流的运动情况很复杂,气流方向往往不可能确切知道,而且随涡轮工况的变化,气流方向变化较大。

图6.1 总压测量示意图

即使知道气流的方向,要保证总压管对准气流方向,对安装的要求就要提高。因此,实用上希望总压管对气流的方向有一定的不敏感性,即总压管孔口轴线对气流方向虽然偏离了一定角度还能够正确地感受到总压。

图 6.2 给出了几种典型的总压管对气流方向的不敏感性情况。$p_{测}^*$ 是总压管测得的总压,p^* 是气流的真实总压,$(p_{测}^*-p^*)$ 代表总压管的误差。故图 6.2 的纵坐标代表误差对气流动压头的相对百分数,β 是孔口轴线与气流方向间的夹角。从图 6.2 可以看出:① 对于孔口不加倒角的情况,孔口相对尺寸大的($0.6d$)比相对尺寸小的($0.3d$)不敏感角大,前者的 β 约为 $\pm 10°$,而后者只有 $\pm 5°$ 左右,至于头部是圆头还是平头关系不大;② 孔口加倒角可以进一步提高不敏感角到 $\pm 15°$ 左右;③ 如果在小平头管外面再加上一个引导套管,则可大大提高不敏感角度,直到与气流方向偏离 $\pm 45°$ 仍能正确地感受到总压,但其结构复杂了一些。

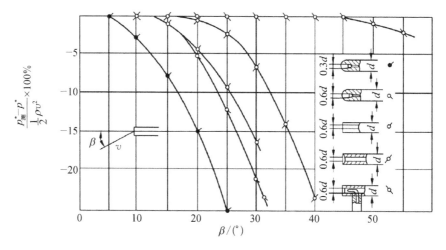

图 6.2   总压管的不敏感性

应根据实际使用的要求来选择总压管的结构,首先保证不敏感性的需要,同时采用尽可能简单的结构型式。

图 6.2 只是表示了上述几种型式总压管性能的总趋势。事实上,各种型式的总压管的不敏感角度是随着气流速度的变化而有程度不同的改变。图 6.3 表示出一个加引导套的总压管,其不敏感角与气流速度系数 λ 的变化关系,λ 数从 0.24 提高到 0.814,在同一误差基础上,不敏感角从 $\pm 45°$ 减少到 $\pm 35°$。

此外,同一型式的总压管在工艺上总不可能制造得完全一样。所以,各根总压管的不敏感角也会有所不同。常常由于加工上不可能保证绝对对称,而引起各个方向的不敏感角不完全一样。因此,对所加工出来的总压管,应该在校准风洞上进行吹风试验,标定总压管对气流方向的不敏感角度。图 6.4 所示为一孔口倒角不

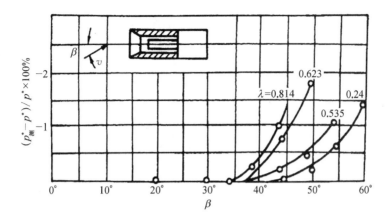

图 6.3　总压管的不敏感性与速度的关系

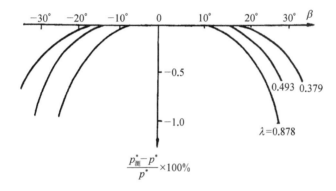

图 6.4　孔口倒角的不带套总压管的校准曲线

带引导套的总压管吹风试验的校准曲线。

必须强调指出,所谓总压管对气流方向的不敏感角度是对应于一定的允许误差来讲的。如图 6.4 所示,如果允许总压管的误差在 -0.1% 之内,在 $\lambda = 0.878$ 的范围内,其不敏感角可取 $\pm 12°$;如果允许误差在 -0.5% 以内,则不敏感角可扩大到 $\pm 22°$。

以上叙述了总压管的一般问题。现将常见的几种总压管的基本结构形式分述如下。

1. L 型总压探针

L 型总压探针的基本型式如图 6.5(a)所示。孔口端面取平头;孔的直径取大于或等于 0.5 mm;$l/d \geqslant 3$,此值尽可能大,以减少支柱部分对孔口干扰,同时可提高对气流的不敏感角度;孔口锥角 α 取 60° 或 90°;进口锥面应与平头端相切,形成尖边;孔口不允许有毛刺和凹凸不平等缺陷,以减少气流的摩擦损失和对气流的干扰;孔口轴线 o-o 应与支柱轴线 a-a 相垂直,以保证总压探针安装时尽可能对准气流方向,减少误差。这种总压探针的不敏感角 β 为 $\pm 10° \sim \pm 15°$。

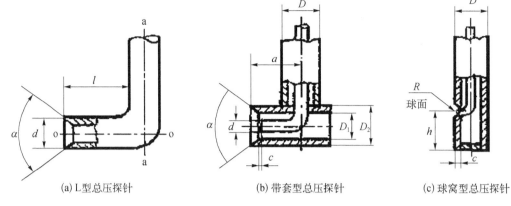

(a) L型总压探针   (b) 带套型总压探针   (c) 球窝型总压探针

图 6.5 总压探针

2. 带套型总压探针

为了进一步扩大 L 型总压探针的不敏感角,而发展出带套型总压探针,如图 6.5(b)所示,即在 L 型总压探针外增加了一个整流套筒,利用套筒进口处的锥面为收敛段,将偏离的气流收拢过来,然后通过它的内通道进行整流,从而使 L 型总压探针的不敏感角大大提高。

整流套筒的最小通道面积与套筒迎风面积之比 $(D_1{}^2 - d^2)/D_2{}^2 \geqslant 20\%$;$\alpha$ 取 $60°$ 或 $90°$;c 取 $0\sim0.5$ mm;a/D 取 $1\sim2$;D_2/D 取 $0.5\sim1$。整流套内通道应光滑无毛刺,锥形进口呈圆形,保持尖边。这种总压管的不敏感角 $\beta = \pm30° \sim \pm45°$,比 L 型总压管的不敏感角大得多,但其不敏感角随 Ma 的变化比较明显。

3. 球窝型总压探针

球窝型总压探针如图 6.5(c)所示。将感压孔开在支杆上,没有伸出部分,安装尺寸比较小,同时也改善了机械强度。取 $R/D = 0.4\sim0.6$;孔口离支杆端头的距离 $h > 2D$;为了安装和焊接测量管的需要,c 应小于套管的壁厚,但又希望尽可能保持 $c = R$。球窝表面要光滑,测量管与球窝焊接处不允许有缺陷。

球窝型总压探针的不敏感角 $\beta = \pm15° \sim \pm25°$。

4. 多点总压探针

在涡轮试验中,往往要在气流通道的一个截面上同时测取多点压力,这就需要将单点测压管按一定的结构型式和分布规律组合起来,构成多点测压探针。如果各个单点是沿着外套管(支杆)的轴线方向分布的,就称为梳状测压管,如图 6.6 所示。如果是沿着垂直于外套管轴线方向分布的,则称为耙状测压管,如图 6.7 所示。其中梳状总压管又可分为凸嘴型、球窝型和带套型三种常用的型式。

在有些情况下,还可以利用涡轮零件直接构成梳状总压管。图 6.8 是利用涡轮空心导向叶片构成凸嘴型梳状总压管的实例。需要测量沿叶栅栅距的总压分布时,则可用耙状总压管。如果要测出整个叶栅通道的压力场,可以采用位移机构带动总压耙沿叶高移动。

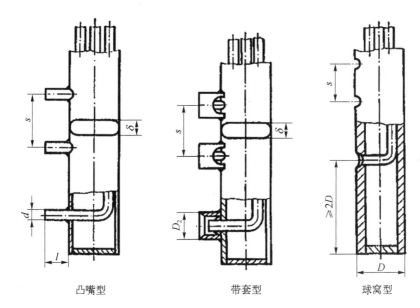

凸嘴型　　　　　　　带套型　　　　　　　球窝型

图 6.6　梳状总压管

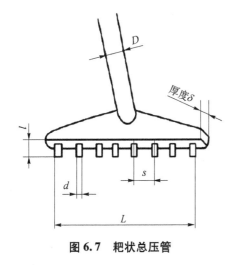

图 6.7　耙状总压管

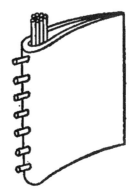

**图 6.8　利用涡轮空心导向叶片
构成梳状总压管**

在设计梳状和耙状总压管时,要考虑下列因素的影响:

(1)感受管的伸出长度:为了使感受管避开壳体在气流中产生的扰动区,提高它的不敏感性,感受管从壳体内向外伸出的长度应尽可能取大些。对于梳状凸嘴型总压管(图 6.6)一般取 $l/\delta>2.5$,耙状总压管(图 6.7)一般取 $l/\delta=2\sim4$。但有时受其他条件限制,只允许感受管伸出长度很小,或者就在支杆上钻孔来代替感受管,则由于感压孔处于气流扰动区内,因此就会带来测量误差。

(2) 感压管的间距:在 l/D(或 l/δ)一定的情况下,实验证明,感压管之间的间距 s 越大,测量误差就越小。对于梳状凸嘴型总压管一般取 $s/d=1.5\sim10$,带套型 $s/D_2>3$,球窝型 s/d 应尽可能取大些,耙状总压管一般取 $s/d=2.5\sim5$。

5. 附面层总压探针

在通道内表面附近测量气流速度或附面层厚度时,应使用附面层总压探针。

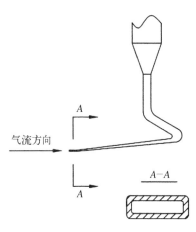

简单的附面层总压管就是可移动的 L 型总压探针或多点 L 型总压探针,只不过在结构尺寸上更小巧而已,因为用一般尺寸的总压管对附面层干扰太大。然而,由于附面层内的速度梯度较大,平端圆形总压管的有效中心会向速度较高的一边移动。一般来说,当孔口较小时,黏性影响比较显著,此时总压管的有效中心会移到孔口以外去。因此,常常将孔口做成鱼嘴形,如图 6.9 所示。

附面层总压探针在使用前需要仔细校准,而且只能用于和校准时同样的雷诺数范围内。校准可以在一个较长的管道内的层流流动气流中进行。

图 6.9 附面层总压探针

6.1.2 静压测量

测量涡轮内气流静压主要采用壁面静压孔、静压管或静压探针。

1. 壁面静压孔

对于涡轮内的二维流动或壁面附面层内流动,其横断面上各点的静压大致相等,可采用在气流通道壁面上开孔的方法测量静压。这种方法简单方便,对气流干扰较小,在设计合理的前提下,具有较高的精度。

图 6.10 是壁面开孔结构示例,图中 D 为开孔直径;h 为孔深;v 代表气流速度。

壁面开孔必然对流过壁面的气流有些干扰,造成测量误差。为了减少误差,静压孔的设计和加工应注意以下几点。

(1) 开孔直径及气流 Ma 的影响:由图 6.11 看出,气流流经孔口时,流线会向孔内弯曲,并在孔内引起旋涡,从而引起静压测量的误差。孔径越大,流线弯曲越严重,因而误差也就越大,而且随 Ma 的增大而增大,如图 6.12 所示。所以孔径应小一些。但孔径太小不但制造加工困难,使用时容易被灰尘堵塞,而且会引起测量反应迟缓,延长试验时间。一般取孔径为 $0.5\sim1.0$ mm。由图 6.12 看出,用孔径 0.5 mm 的小孔测静压,在 $Ma=0.8$ 以下的亚声速范围内,测量误差可能达到动压头的 0.1%~0.3%。

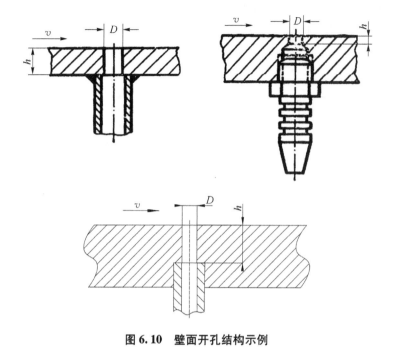

图 6.10　壁面开孔结构示例

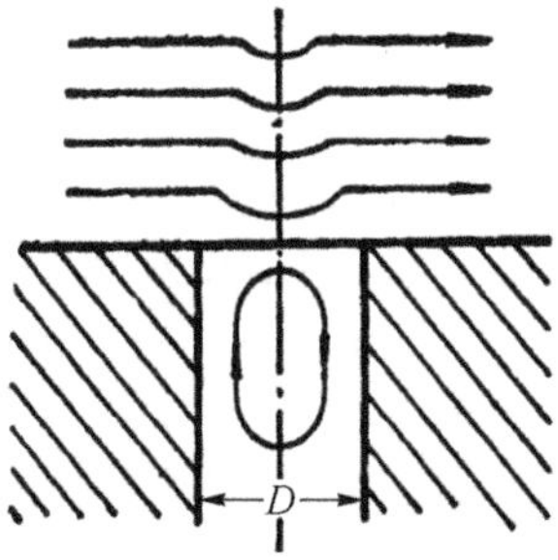

图 6.11　流线弯曲示意图 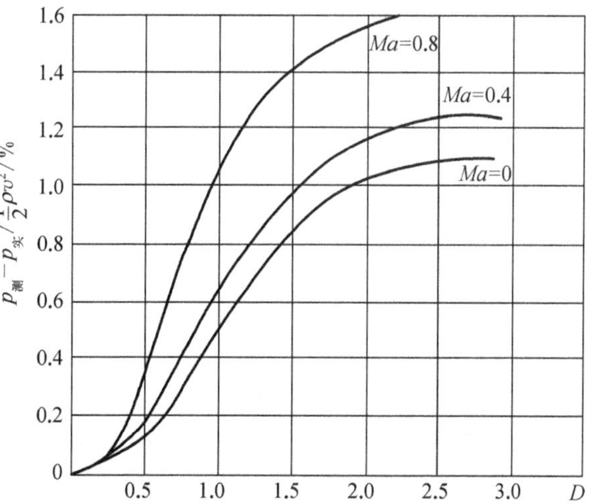　　图 6.12　静压测量误差与孔径及 Ma 的关系

（2）孔轴方向及小孔形状的影响：图 6.13 示出一组实验结果，图中百分数表示该形状孔测得的静压与尖锐边、光滑无毛刺、直径相同的垂直孔测得的静压之差占动压头的百分数。所以，孔口应光滑无毛刺，保持尖锐边，其轴线应与壁面垂直。

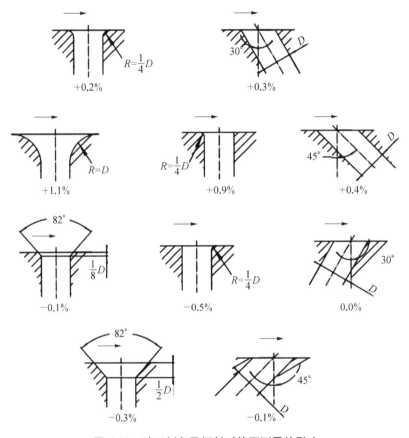

图 6.13　孔口倒角及倾斜对静压测量的影响

（3）开孔深度不能太小，太小了可能增加流线弯曲的影响，一般取 $h/D \geqslant 3$。

（4）开孔处应选择在流道内壁局部光滑的直线段的壁面上。

（5）压力接管嘴与试验器壁连接方法有三种：焊接、螺纹连接和直接将引压管插入的方式（图 6.10）。焊接容易使壁面产生变形而干扰气流。因此，尽可能采用螺纹连接或者直接将引压管插入的方式。但与螺纹连接要求壁面有一定厚度才行，相比而言，直接插入引压管的方式比较简便。

2. 静压管

当测量气流中某一点的静压，或是需要测量流路中某截面的静压分布时可使用静压管。亚声速流场用的静压管的典型结构如图 6.14 所示。实验证明，在静压孔外的气流静压要受到头部和后面支杆两个方面的干扰影响。气流受半球头部的影响使流速加大,所以较正常流动所测量的静压为低,造成负误差;而支杆对它前面的气流有减速作用,使得静压增大,造成正误差。图 6.15 中的两条实验曲线就表示了这种相反的影响。$p_测$ 为静压孔口所测得的静压;$p_实$ 为气流的真实静压,纵坐标为静压管的测量误差

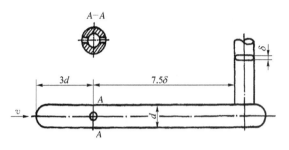

图 6.14 亚声速静压管

对动压头的相对值,横坐标为相对距离。从图 6.15 可以看出,随着 x_1/d_1 和 x_2/d_2 的增加,对气流干扰的影响将减少。若适当选择静压管的位置,就可使这两种影响

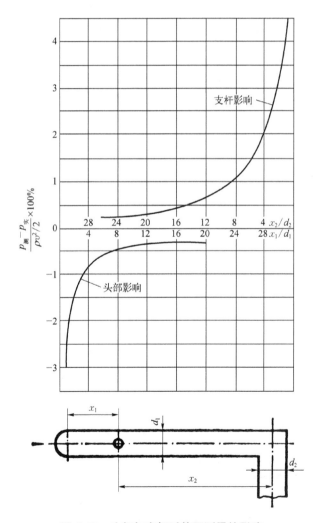

图 6.15 头部与支杆对静压测量的影响

互相抵消。如果选择静压管的尺寸 $x_1 = 3d_1$，$x_2 = 8d_2$，此时，半球头部对静压孔处造成了−1.1%的负误差，而支杆在静压孔处造成了+1.1%的正误差，正好互相抵消，从而使开孔处感受到的就是气流的静压。

从图 6.15 可见，还有许多别的尺寸组合，也可以达到正负影响互相抵消的效果，不过实践证明，以图 6.14 所选取的组合尺寸较为理想。

根据实验数据，雷诺数 $Re = 500 \sim 3 \times 10^5$ 时，对静压管的测量值无影响，Re 更小则会改变测量值。

气流的偏角(气流与静压管轴线的夹角)要影响管壁上的压力分布。为了减少偏角的影响，把静压孔的数目增加，并把静压孔在开孔截面上均匀分布。一般至少开 2 孔，多的可达 7~8 孔。在气流压缩性影响不显著时($Ma<0.7$)，对于图 6.14 所示的结构形式，在两个开孔所在的平面内，气流偏向的不敏感角在±5° ~ ±6°左右。

当 $Ma<0.7$ 时，空气的压缩性对气流静压的测量无显著影响。但在高亚声速流场中，由于在静压管半球头部出现局部超声速区，就改变了正常流动应测得的静压。此时，半球头部和 x_1/d_1、x_2/d_2 的相对位置就不适应了。为了减小压缩性的影响，采用锥形头部，并把 x_1/d_1、x_2/d_2 加大，如图 6.16(a) 所示。在超声速流场中，静压管头部要出现激波，为了减少气流扰动的影响，静压管头部做成尖锥(锥角一般小于 10°)，其形状和尺寸如图 6.16(b) 所示。支柱往往设计成扁形，在保证与圆柱形有同样刚性情况下，可以减小支杆的迎风面积，减小干扰，从而在相同的相对距离下，可以减小静压管的轴向尺寸。

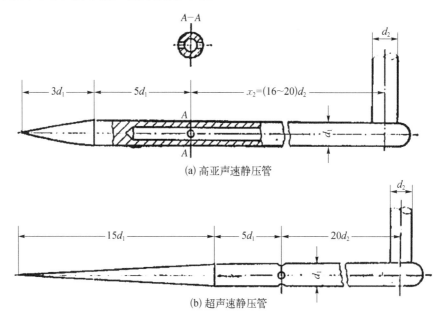

(a) 高亚声速静压管

(b) 超声速静压管

图 6.16　高亚声速和超声速静压管

静压管上开孔的问题与壁面静压孔的要求基本相同。由于常用的静压管管径 $d_1 = 1 \sim 2$ mm,故在其上开静压孔的孔径一般取为 $0.3 \sim 0.4$ mm。

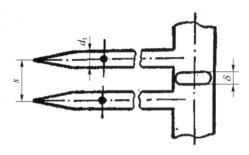

图 6.17　梳状静压管

为了获得静压场,也采用梳状或耙状静压管,如图 6.17 所示。在设计多点静压管时,除了应满足前面所讲的单点静压管的尺寸要求外,还要考虑测压管之间的相互影响,一般取 $s > 6d_1$。由于各测压管之间的相互影响是 Ma 的函数,因此,当 $Ma > 0.6$ 时,s 值还要大些。

静压管测量静压的方法在理论上存在一定的误差,静压管加工质量对其性能影响很敏感。因此,静压管在使用前必须进行校准。

6.1.3　气流方向测量

在进行涡轮叶栅吹风试验、涡轮部件试验研究时,不但要测出气流总压、静压的大小,而且还要测出气流的方向。

单独测量气流的俯仰方向或偏转方向之一时,可以采用三孔压力探针,若只需要测量气流方向也可以采用两管型方向管。需要同时测量气流的俯仰和偏转方向时,一般选择五孔压力探针。

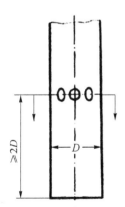

设计、校准好的三孔压力探针可同时测出气流的总压、静压及气流偏转角,五孔压力探针可同时测出气流的总压、静压、气流偏转角和俯仰角。

1. 二维流的总压、静压与方向测量

同时测量涡轮内二维流动的总压、静压与方向,可采用三孔压力探针,其结构形式主要有圆柱形三孔针、三管形和楔形三孔针。圆柱形三孔针一般用于亚声速二维流场的测量,三管形和楔形三孔针可用于更高速二维流场的测量。

图 6.18 为圆柱形三孔针。两侧小孔中各焊一根小针管,以引出压力 p_1 和 p_3。而第二孔压力的传递,可利用管间的空腔。孔 2 的直径与孔 1、3 所用针管的内径相同,一般为 0.5 mm。

用圆柱形三孔针测量气流的总压、静压和方向的方法有两种。

(1)转动法:就是转动三孔针以对准气流的方向。测量时将三孔针垂直插入气流所在坐标平面内,此时其角向位置是任意的,因而 1、3 两孔对于气流方向不一定处于对称位置。

图 6.18　圆柱形三孔针

若不对称,p_1 不等于 p_3。将三孔针绕自己的轴线转动,使 $p_1 = p_3$,即 1、3 两孔对称于气流方向,从而保证 2 孔对准气流方向,于是 $p_2 = p^*$。气流方向角度也就可以从转动机构上直接读出(当然事先应定好三孔针的起始角度基准)。

(2) 不转动法:转动三孔针以对准气流方向费时较长。为了缩短试验时间,可采用不转动法。

用不转动法时,先将三孔针按定位基准装在涡轮试验段上,确定好角度的初始位置(0 点)。当然,事先应初步估计气流方向的大致范围,使安装三孔针时能基本上对准气流方向,不致偏离太大。

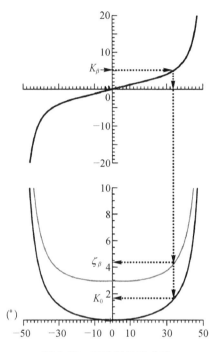

图 6.19   三孔针校准曲线

在试验中,三孔针固定不动。由于安装时不保证对准气流方向,所以,一般情况下 p_1 不等于 p_2,p_2 也不等于 p^*。但 p_1、p_2、p_3 与气流的偏角、总压、静压之间仍有一定的规律性联系,三孔针不转动法的校准曲线(图 6.19)就表示出了它们之间的关系。

在图 6.19 中,K_β 为角度系数;K_0 为总压系数。

$$K_\beta = \frac{p_3 - p_1}{(p_2 - p_1) + (p_2 - p_3)} \tag{6.1}$$

$$K_0 = \frac{p^* - p_2}{(p_2 - p_1) + (p_2 - p_3)} \tag{6.2}$$

在图 6.19 中,ζ_β 为速度系数。当 $\lambda \leqslant 0.3$ 时,可以忽略气流的压缩性。

$$\zeta_\beta = \frac{p^* - p}{(p_2 - p_1) + (p_2 - p_3)} \tag{6.3}$$

当 $\lambda \leqslant 0.6$ 时:

$$\zeta_\beta = \frac{\dfrac{k}{k-1} p^* \lambda^2 \varepsilon(\lambda)}{(p_2 - p_1) + (p_2 - p_3)} \tag{6.4}$$

三孔针必须在校准风洞中进行校准,得出上述关系曲线后,才能用不转动法测量。校准的方法是：将三孔针按定位基准固定在校准风洞(风洞的总压、静压和方向都是已知的)的支架上。校准吹风试验时，先转动坐标架，使三孔针处于不同的 β 角。对于每一个不同的 β 值都可以测出一组 p_1、p_2、p_3 值，结合已知的气流总压 p^*、静压 p 就可以按式(6.1)~式(6.4)算出相应的 K_β、K_0、ζ_β，从而画出 $K_\beta(\beta)$、$K_0(\beta)$、$\zeta_\beta(\beta)$ 这些关系曲线。

　　三孔针用不转动法测量，只需记录 p_1、p_2 和 p_3 值。根据这些数据，按式(6.1)算出 K_β。然后按 K_β 值从图 6.19 中的 K_β 曲线查出与其对应的 β 角，即获得了气流的方向。再按此 β 值，从图 6.19 的 K_0 曲线查出与它对应的 K_0 值。然后根据 K_0、p_1、p_2、p_3 按式(6.2)就可算出 p^*。利用 β 值还可从图 6.19 查出与它对应的 ζ_β 值，再根据 ζ_β、p_1、p_2、p_3 及 p^*，就可按式(6.3)或式(6.4)算出 p。这样就获得了气流的方向、总压和静压。

　　当 $\lambda>0.6$ 时，圆柱形三孔针的圆柱表面容易产生局部超声速区，故不适用。这时常采用三管形三孔针和楔形三孔针，如图 6.20 和图 6.21 所示。

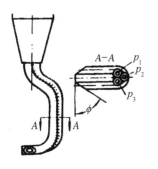
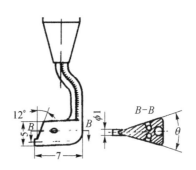

图 6.20　三管形三孔针　　　　　图 6.21　楔形三孔针(单位: mm)

　　三管形三孔针的斜角 $\phi = 45°$ 时，可用到 $\lambda \leqslant 0.75$；$\phi = 60°$ 时，可用到 $\lambda \leqslant 0.8$；$\phi = 75°$ 时，可用到 $\lambda \leqslant 0.9$。

　　三管形三孔针的迎风面积比圆柱形三孔针小，故对气流通道的堵塞比较小。

　　对于高亚声速气流的测量，则需采用楔形三孔针。楔角 $\theta < 30°$，一般取 8°、18°、23°、24.5°等，流速越高，楔角取值应越小。

　　楔形三孔针的迎风面积最小，对气流通道的堵塞最小，具有较大的偏流敏感性，对俯仰角的不敏感性比较大，在俯仰角不大于±15°的范围之内，适用于测量气流的静压。

　　2. 三维流的总压、静压与方向测量

　　同时测量涡轮内三维流动的总压、静压与方向，可采用五孔压力探针。常用的五孔压力探针结构形式有球形五孔针、半球形五孔针、锥形五孔针和塔形五孔针四种。图 6.22 所示为锥形五孔针及五孔定义。

图6.22 球形五孔针及五孔定义

五孔针测量原理和三孔针类似,它相当于两只三孔针组合在两个互相垂直的平面内。五孔针的使用方法有三种:第一种是靠位移机构转动使中间孔完全对准气流方向;第二种是利用位移机构把探针固定在试验器上不能转动,根据五个孔测出的压力,从校准曲线求出气流各参数;第三种是前两种方法的折中。使用时,先将感头绕支杆轴转动,使两个旁侧孔的压力相等,即 $p_2 = p_3$,按位移机构的指示可读出 β 角。这样,气流速度矢就位于1、4、5三个孔所在的平面内。

五针孔用转动法必须带坐标架,不但结构复杂而且要占用较大的安装位置,这对于测量区的空间位置有限的情况就难以应用。另外,转动五孔针对准气流方向费时较长,为了缩短试验时间也往往采用不转动法。

五孔针非对向法校准工作量大,校准内容包含对向法校准内容,以测量流场所用的锥校准系数定义:

偏转角系数 $C_{py} = (P_2 - P_3)/D$;

俯仰角系数 $C_{pp} = (P_4 - P_5)/D$;

总压系数 $C_{pt} = (P_1 - P_t)/D$;

静压系数 $C_{ps} = (P_s - P)/D$。

其中,P_1、P_2、P_3、P_4、P_5 为不同气流偏转角 α、俯仰角 β 下五个压力感受孔的校准

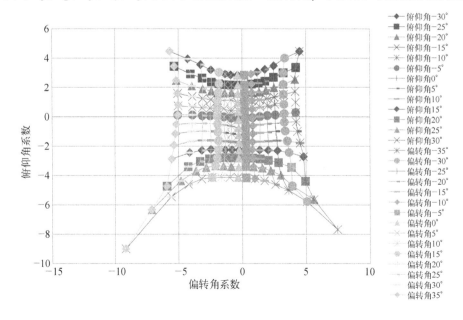

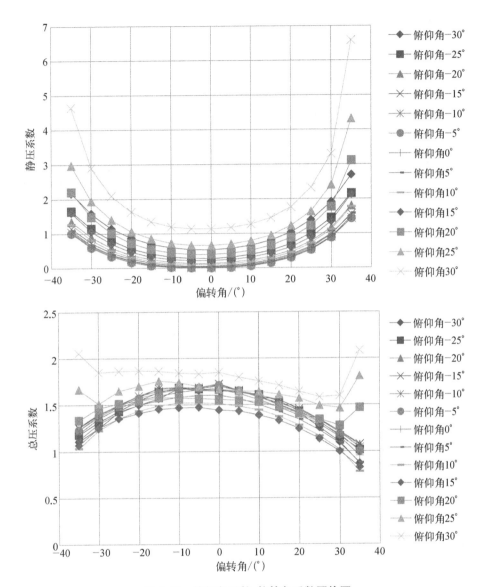

图 6.23 俯仰角系数-偏转角系数网格图

数据,$P=(P_2+P_3+P_4+P_5)/4$,$D=P_1-P$。

校准的方法是:将五孔针按定位基准固定在校准风洞坐标架上。校准吹风试验时,风洞来流的总压、静压、气流偏转角、俯仰角都是已知的,在不同马赫数、不同气流俯仰角、不同偏转角下,分别测得五孔针各压力感受孔的压力,利用上述定义的校准系数可得到五孔针的总压、静压、偏转角、俯仰角等特性曲线图。在涡轮试验测量中,由五孔针各压力感受孔测得的数据计算 C_{py}'、C_{pp}',利用校准实验获得的校准网格 $C_{pp}-C_{py}$ 查出 α、β,然后在总、静压系数校准曲线上插值求出 C_{pt}'、C_{ps}',再由上面的公式反算出总压 P_t、静压 P_s。图 6.23 为某五孔针校准实验获得的某风速时俯仰角系数-偏转角系数、静压系数、总压系数。

球形五孔探针适用于低速三维流场测量,锥形及塔形五孔针可用于高速三维流场测量。

6.1.4   气流总温测量

在涡轮试验中,需要测量涡轮进、出口气流总温。气流总温是指气流绝能滞止下来的温度。如果测量总温的感受器感受到的温度不是气流完全滞止下来的温度,就会有速度误差;如果测量气流总温的过程中存在沿支杆的热传导、气流向测量受感器或由受感器向气流的热辐射、受感器和周围气流存在对流换热,那就分别会有热传导误差、热辐射误差和对流换热误差。这些都会影响总温测量受感器测量总温的精度。

为了评价在高速气流中测量温度的感受器的品质,定义温度恢复系数 γ:

$$\gamma = \frac{T_p - T_s}{T_0 - T_s} \tag{6.5}$$

其中,T_0 为总温;T_p 为总温感受器测得的温度;T_s 为自由流的静温。它表示感受器对气流动能转变为热能的接受程度。利用恢复系数的表示式,可得到热感受器温度的表示式:

$$T_p = T_s + \gamma \frac{c^2}{2c_p} \tag{6.6}$$

$$T_p = T_s \left(1 + \gamma \frac{k-1}{2} Ma^2 \right) = T_0 \frac{1 + \dfrac{k-1}{2}\gamma Ma^2}{1 + \dfrac{k-1}{2} Ma^2} \tag{6.7}$$

恢复系数 γ 是一个较复杂的参数,它与温度感受器的型式、相似准则数(λ 数或 Ma、Re、Pr、绝热指数 k)以及气流的状态——温度和压力等因素有关。通常,恢复系数 γ 由试验决定。对于一定的气体,普朗特数 Pr 和绝热指数 k 变化不大,可以认为是常数,因此恢复系数 γ 主要是 Ma 和 Re 的函数,即 $\gamma = f(Ma, Re)$。

目前涡轮试验中主要采用热电偶总温探针测量气流的总温,即在热电偶的结构上采用一定措施,把热电偶的速度误差和传热误差减小到允许的误差范围之内,使测温时能直接读取气流总温,这样的热电偶感受器又称为总温热电偶。

根据测温目的和准确度要求的不同,热电偶的结构形式也各不相同。常见的热电偶结构形式有下列一些类型。

（1）屏罩式热电偶：为了减小辐射误差,测量气流温度的热电偶通常装有屏罩。为了使热电偶能更真实反映被测气流的总温,屏罩要开有出气孔。若出气孔比进气孔小得多,则屏罩内的气流速度较小,故热电偶的复温系数较大,速度误差较小,这种屏罩主要起滞止气流速度的作用,故一般称为滞止罩。若出气孔也比较大,屏罩内气流速度降低不多,故速度误差减小不多,但辐射误差就大大减小,这种屏罩主要起热辐射的屏蔽作用,故称为屏蔽罩。图6.24所示热电偶是一种屏罩式热电偶,其复温系数随 Ma 及热电偶的几何尺寸改变而变化。

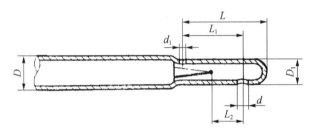

图6.24　屏罩式热电偶

（2）多点热电偶：在涡轮试验中,有时需要同时测量几个点的温度,例如,测量气流温度沿径向或周向的分布,可采用多点热电偶。根据多点热电偶形状的不同,可分为耙状和梳状等。

图6.25为五点棒状热电偶,可用来测量出口气流温度沿径向的分布。图6.26(a)为铠装热电偶组装成的多点热电偶,其特点是结构紧凑,制作方便。图6.26(b)为组装在涡轮进口冷却叶片头部的多点热电偶。

实际上,涡轮不同工况及环境条件下,热电偶测量总温的各种误差的大小及其在总误差中所占的比例是各不相同的。例如,在空气涡轮试验中,气流速度较高($Ma=0.3\sim0.8$),而温度较低,这时,速度误差占支配地位。为此,应采用滞止罩来降低内流速度。然而,在整机环境下涡轮试验中,温度较高(600~1 700℃),而且温度梯度较大。这时,辐射误差较大,故应采用屏蔽罩,并且内流速度要大。这两者虽然都是对测量端加屏罩,但对罩内气流速度的要求截然相反。因此,我们无法设计一种能够适用于一切气流工况及环境条件的总温热电偶,而只能根据给定的具体工况和条件来设计或选择一种特定结构的总温热电偶,使它在给定的气流工况条件下,能以允许的准确度直接测出气流总温。

热电偶的屏罩都必须有排气孔,使气流以一定的内流速度通过测量端。如果没有排气孔,则内流速度为零,测量端周围的气体就无法不断地更替。这时,测量端温度就会等于屏罩的温度,结果使测量误差反而比不加屏罩的裸丝热电偶还大。为此,屏罩必须开排气孔。所以,总温热电偶设计的核心问题,就是设计一种合适的屏罩,使通过测量端的内流速度为最佳值,从而使热电偶的总误差减小到允许的范围之内。

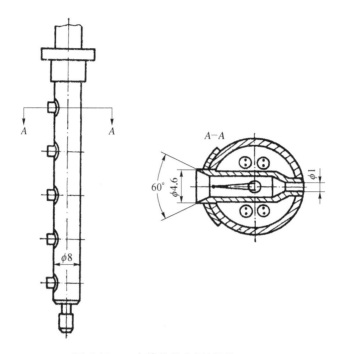

图 6.25 五点棒状热电偶(单位: mm)

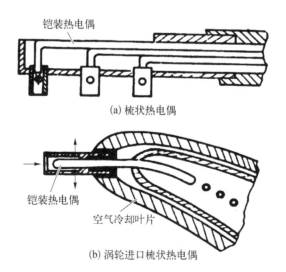

(a) 梳状热电偶

(b) 涡轮进口梳状热电偶

图 6.26 铠装热电偶组装的多点热电偶

在设计屏罩时,为了增大热电偶对气流方向的不敏感角,屏罩入口应加工倒角。为了使气流能较好地冲刷裸丝,以减小导热误差,排气孔应紧靠裸丝根部,适当加长裸丝浸入长度,并应尽量与热电极处于同一侧。

应该指出,由于气流在屏罩内流动、传热现象很复杂,提高总温测量精度还需进一步研究进而做出针对性设计。

6.1.5　流量测量

在涡轮试验中,常采用节流式流量计测量气体流量。常用的节流式流量计有孔板、喷嘴和文丘里管流量计,如图 6.27 所示。节流式流量计是根据节流现象、利用节流元件前后产生的静压差与流量之间的对应关系实现流量测量的。以孔板为例,充满管道的流体流过管道中的节流元件时,由于节流元件的截面积比管道的截面积小,流束形成局部收缩,从而使速度提高、静压降低。在流过节流孔之后,由于流通面积变大,流束扩大,导致流速降低、静压提高。在节流元件前后形成静压差,且流量越大,压差越大,因此可以通过测量节流元件前后的压差来测流体流量的大小。这种利用压差的原理来测量流量的方法称为节流差压法,将改变流束截面的节流元件、取压装置和前后一定距离内的管道总称为测量流量的节流装置。

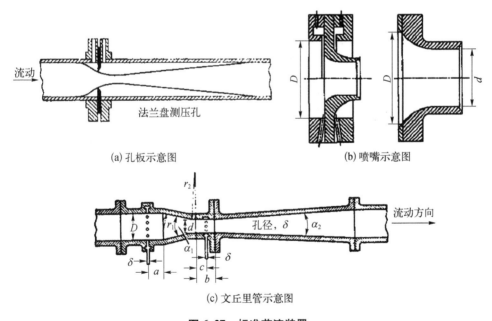

(a) 孔板示意图　　　　　　　　　(b) 喷嘴示意图

(c) 文丘里管示意图

图 6.27　标准节流装置

用节流式流量计测量涡轮气体流量时,一般将节流装置布置在涡轮进口上游的较长匀直进口管道中,当流量测量的节流装置为角接取压、法兰取压的标准孔板和角接取压的标准喷嘴时,按 GB/T 2624—2006《用安装在圆形截面管道中的差压装置测量满管流体测量》进行设计和使用。

安装标准节流装置时需选取上下游直管段长度 l_1、l_2，其数值取决于上游第一个阻力件形式和孔板直径比 β，其中 β 定义为孔板直径 d 与流量管直径 D 之比。例如，孔板直径比 $\beta = 0.40$、孔板上游同一平面上存在两个 90° 弯头情况下，零附加不确定度下的最短直管段长度为 $10D$。关于孔板、喷嘴以及文丘里管在不同阻力件形式和直径比下安装在其上下游的各种管件的最短直管段长度可分别参见 GB/T 2624—2006 的第二、三、四部分。

测量质量流量时需要测量流体温度，最好在一次装置下游测量。温度计套管或插套所占空间尽可能小。当插套位于下游，与一次装置之间的距离至少为管道直径的 5 倍。此外，还需测量流体静压，一般采用一个单独的管壁取压口或多个相互连接的此类取压口进行测量。对于孔板来说，至少应在某一个标准位置上安装一个上游取压口和一个下游取压口，即 D 和 $D/2$ 取压口、法兰取压口或角接取压口。单块孔板可与适合于不同形式标准孔板仪表的几套取压口配合使用，但为了避免相互干扰，在孔板同一侧的几套取压口应至少偏移 30°。

D 和 $D/2$ 取压口或法兰取压口孔板的取压口间距如图 6.28 所示。图中 D 表示流量管直径，d 表示孔板直径，则直径比为 $\beta = d/D$。1 侧为 D 和 $D/2$ 取压口，2 侧为法兰取压口，l_1、l_2、l_3、l_4 表示取压口中心线与孔板的某一规定端面之间的距离，其选取规则与孔板直径比有关，如下所示：

$$l_1 = D \pm 0.1D$$

$$l_2 = \begin{cases} 0.5D \pm 0.02D (\text{对于} \beta \leqslant 0.6) \\ 0.5D \pm 0.01D (\text{对于} \beta > 0.6) \end{cases}$$

$$l_3 = l_4 = \begin{cases} (25.4 \pm 0.5) \text{mm} (\text{对于} \beta > 0.6 \text{ 和 } D < 150 \text{ mm}) \\ (25.4 \pm 1) \text{mm} (\text{对于} \beta \leqslant 0.6) \\ (25.4 \pm 1) \text{mm} (\text{对于} \beta > 0.6 \text{ 和 } 150 \text{ mm} \leqslant D \leqslant 1\,000 \text{ mm}) \end{cases}$$

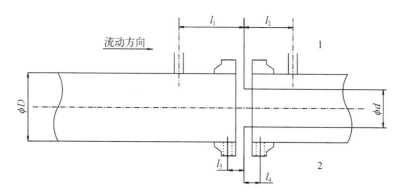

图 6.28　D 和 $D/2$ 取压口或法兰取压口孔板的取压口间距

对于角接取压口孔板来说，取压口轴线与孔板各相应端面之间的间距等于取压口本身直径的二分之一或取压口本身宽度的二分之一。取压口可以是单独钻孔取压口或者是环隙。如图 6.29 所示，这两种形式的取压口可位于管道、管道法兰或夹持环上，取压口轴线应尽可能以 90° 角度与管道轴线相交。取压口的最小直径不受限制，但上下游取压口直径应相同。从管道内壁量起，在至少 2.5 倍于取压口直径的长度内，取压口应为圆形和圆筒形。若在同一上游或下游平面上有几个单独钻孔取压口，它们的轴线应彼此互成等角。

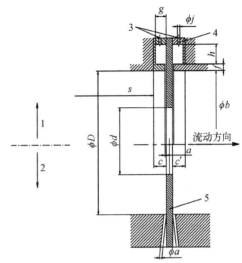

图 6.29　角接取压口

图 6.29 上半部分，即 1 表示的带环隙的加持环结构，图 6.29 下半部分，即 2 表示的单独钻孔取压口结构，3 表示取压口，4 表示夹持环，5 表示孔板，f 表示环隙厚度，c 表示上游夹持环长度，c' 表示下游夹持环长度，a 表示环隙宽度或单个取压口的直径，b 表示夹持环直径，s 表示上游台阶到夹持环的距离，g、h 表示环室的尺寸，ϕj 表示环室取压口直径。

对于标准喷嘴来说，喷嘴上游应采用角接取压口，可以是单个取压口或者是环隙；各个上游取压口的轴线与上游端面的间距等于取压口本身直径的二分之一或宽度的二分之一；环隙通常在整个周长上穿通管道，连续而不中断；夹持环的内径必须大于或等于管道内径，环隙厚度应大于或等于环隙宽度的两倍，环室的横截面积应大于或等于环室连通管道内的开孔总面积的二分之一。喷嘴下游取压口轴线与喷嘴上游端面之间的距离应 $\leq 0.15D$（对于 $\beta \leq 0.67$）；$\leq 0.20D$（对于 $\beta > 0.67$）。

对于文丘里喷嘴，上游取压口应是角接取压口，取压口可位于管道、管道法兰或夹持环上。喉部取压口应至少有 4 个单个取压口，连通到环室、均压环或者"三重 T 型结构上"（即在一个平面内相邻取压口轴线之间的角度成 90°）；不得采用环隙或间断隙；取压口的轴线应与文丘里喷嘴的轴线相交并应彼此成等角。

经典文丘里管的上游和喉部取压口应采用单个管壁取压口的形式，用环室或均压环相连；或者如有 4 个取压口，则用"三重 T 型"结构相连。如果 $d \geq 33.3$ mm，这些取压口的直径应在 $4 \sim 10$ mm 之间，此外上游取压口的直径绝不应大于 $0.1D$，喉部取压口的直径绝不能大于 $0.13d$；如果 $d < 33.3$ mm，这些取压口的直径应在 $0.1d \sim 0.13d$ 之间，上游取压口的直径应在 $0.1d \sim 0.1D$ 之间。应至少有 4 个取压

口供上游和喉部压力测量,取压口的轴线应与经典文丘里管的轴线相交,应相互形成相等的角度,并包含在垂直于经典文丘里管轴线的平面中。

在实际的涡轮流量测量中,可具体参照 GB/T 2624—2006 进行节流装置的选取、安装和使用。

6.2   动 态 测 试

6.2.1   动态压力测量

1. 壁面动态压力测量

测量涡轮壁面动态压力,一般需要在壁面上开静压测量孔,并在尽可能靠近壁面静压孔的地方安装动态压力传感器。压力传感器是感受压力并将其转换为与压力成一定关系的电信号输出的器件。作为测量动态压力的压力传感器,除了应具备一般压力传感器的特性外,还具有较高的固有频率,因此,用于测量动态压力的压力传感器又称为高频压力传感器,应具有较高的灵敏度和小的尺寸。

目前广泛使用于动态压力测量的传感器有电阻应变式压力传感器、压阻式压力传感器、压电式压力传感器和电容式压力传感器等,需根据量程、环境、精度、尺寸、工作温度范围以及频响等选用。

电阻应变式压力传感器是一种通过测量各种弹性元件的应变来间接测量压力的传感器。

压阻式压力传感器是基于半导体材料(单晶硅)的压阻效应原理制成的传感器,就是利用集成电路工艺直接在硅平膜片上按一定晶向制成扩散压敏电阻,当硅膜片受压时,膜片的变形将使扩散电阻的阻值发生变化。硅平膜片上的扩散电阻通常构成桥式测量电路,相对的桥臂电阻是对称布置的,电阻变化时,电桥输出电压与膜片所受压力成对应关系。

压电式压力传感器是利用压电材料的压电效应将被测压力转换为电信号的。

电容式压力传感器采用变电容测量原理,将由被测压力引起的弹性元件的位移变形转变为电容的变化,用测量电容的方法测出电容量,便可知道被测压力的大小。

电阻应变式压力传感器安装尺寸相对较大,但工作稳定,动态性能好。电容式和压电式压力传感器均有较高的灵敏度和精度。电容式传感器结构坚实,过载能力大,并有较好的热稳定性和热辐射性。压电式压力传感器体积较小,结构简单,工作可靠,测量范围宽,有很好的阶跃响应,频率响应高,但由于压电元件存在电荷泄漏,故不适宜测量缓慢变化的压力和静态压力。压阻式压力传感器具有很高的压阻灵敏度,频率响应高,易于微小型化,测量范围宽,除温度特性外均优于其他类型压力传感器。

测量涡轮动态流动压力,传感器固有振动频率要比被测压力的最高脉动频率高出许多;传感器的灵敏度要高,动态误差和由于温度、振动等引起的误差要小;传感器的特性要相当稳定,不随时间而变化;为了避免对流场的扰动,插入流场中的传感器的尺寸要小。

压力传感器输出的电信号比较微弱,通常通过直流电子放大器或宽频带交流放大器,把电信号放大到足够大,然后送到显示和记录仪器。

动态压力测量系统一般由压力传感器、信号调理器和计算机数据采集及显示仪器组成。图6.30所示是动态压力测量系统方框图。

图6.30　动态压力测量系统方框图

常用的记录及显示仪器有数字式电压表、示波器、计算机数据采集处理及显示系统等。目前数字式电压表、示波器多用来监测,采用计算机数据采集处理及显示系统进行实际测量。

用动态压力传感器进行压力测量有以下优点:① 适合远距离进行测量;② 频率响应高;③ 减小受感部容腔效应,适合用来研究压力的过渡状态变化和瞬时变化过程,便于与巡回检测装置、计算机连接进行稳态和动态数据的自动检测和实时处理。

2. 气流动态压力测量

由于涡轮内流动的高温、高压、高速及动静叶片排的相间排列,测量涡轮内气流的动态压力等气动参数非常困难。测量涡轮进出口、级间动态压力等动态流动参数,一般在常温的空气涡轮模型试验中采用动态压力探针进行。

动态压力探针就是对来流压力具有快速响应的探针,在探头表面设计测压位置,并在附近安装动态压力传感器,从而实现气流动态压力的测量。根据动态压力探针压力感受孔的数量可分为单孔、双孔、三孔、四孔、五孔动态压力探针。

根据动态压力探针的测量对象可分总压动态探针、静压动态探针、二维动态压力探针、三维动态压力探针,二维动态压力探针能同时测得气流的总压、静压、偏转角随时间的变化,三维动态压力探针能同时测得气流的总压、静压、偏转角、俯仰角随时间的变化。

为了减小对流道的干扰和堵塞,要求动态压力探针在保证强度的前提下尺寸尽可能小。为了提高压力探针的动态响应能力,要求动态压力探针尽量减小传压管道长度,但可能受到压力传感器尺寸和环境要求的限制。

动态压力探针在使用前均需对压力传感器静态及动态特性、探针气动特性进行校准,获得校准数据或曲线,用于实际测量时的数据处理以计算出被测流场的各项参数。

以编者研制的圆锥四孔高频压力探针为例,介绍涡轮转子出口动态流场的测量方法。

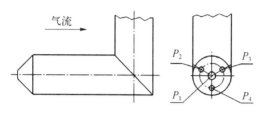

图 6.31　圆锥四孔动态压力探针示意图

图 6.31 为测量某型涡轮转子出口三维动态流动的圆锥四孔动态压力探针,探头为圆台形,圆台顶面开有 1 个压力感受孔,圆台锥面上均布 3 个独立的压力感受孔,分别与探头内封装的动态压力传感器连通,圆台底面直径 6 mm。

试验件为单级高压涡轮,测量截面距转子尾缘距离约 1.3 倍弦长。叶根到叶尖共分 20 站测量,为防止来流角度超出探针测量范围,探针安装位置与涡轮轴线有 15.7°偏转角。

动态测试系统的组成如图 6.32 所示,探针的移动和定位采用两坐标位移机构实现。涡轮转子每转一圈,光电式转速传感器发出一个脉冲信号,与探针测量的压力信号一并接入高速数采系统,用于等相位平均。数采系统带通频率设为 125 kHz,采样率设为 500 kHz,保证每个通道采 50 点以上。采用等相位平均技术,取三个叶片槽道的测量数据,平均次数 64。通过插值算法对探针压力数据进行处理,得到转子出口偏转角、俯仰角、总压、静压、马赫数等流场参数。

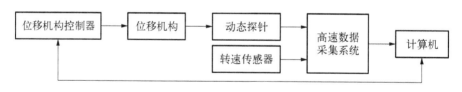

图 6.32　动态测试系统组成

图 6.33~图 6.37 为涡轮换算转速 0.7 的试验状态下测得的转子出口三个叶片通道出口气流偏转角、俯仰角、总压、静压和马赫数分布,可以比较清楚地看到转子出口流场结构。叶尖通道内较小偏转角区域为叶尖泄漏造成的,叶片根部角区和通道内靠近轮毂位置的偏转角较大。转子叶片通道尖部由于叶尖泄漏造成较大的气流俯仰角,转

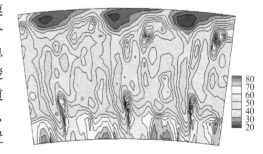

图 6.33　涡轮转子出口气流偏转角分布[单位:(°)]

子叶片尾流由于离心力的作用俯仰角也较大。主流通道内总压较高、静压较低,因而马赫数较高;转子叶片尾迹区总压较低、静压较高,因而马赫数较低;叶尖泄漏涡区、叶根角区流动结构复杂,造成总压、静压及马赫数分布较复杂。动态压力探针可获得转子出口三维动态流场数据,能为涡轮改进设计提供数据支持。

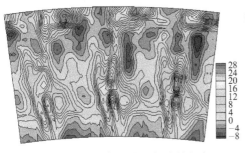

图 6.34　涡轮转子出口气流俯仰角分布[单位:(°)]

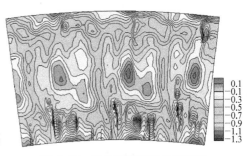

图 6.35　涡轮转子出口总压系数分布[单位:(°)]

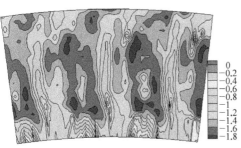

图 6.36　涡轮转子出口静压系数分布[单位:(°)]

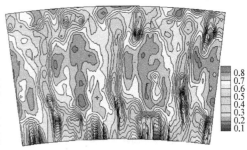

图 6.37　涡轮转子出口马赫数分布[单位:(°)]

由于涡轮试验件结构复杂,涡轮内流动跨声速,尤其是涡轮内气流温度高,限制了动态压力探针的应用,现有的动态压力探针技术还很难满足涡轮内流动态流场测量试验的要求。

6.2.2　间隙测量

涡轮叶尖径向间隙是指涡轮各级转子叶片叶尖与涡轮机匣之间的距离。叶尖间隙的大小对涡轮的效率有很大的影响:叶尖间隙过大会降低涡轮的性能,然而间隙过小,叶尖容易与机匣碰磨,影响发动机的安全。追求最佳的径向叶尖间隙是提高涡轮效率的重要途径。而合理地设计间隙,或进行主动间隙控制,关键在于搞清间隙的实际变化情况,掌握它的变化规律。因此,对间隙进行准确的测量,给出间隙随不同转速及状态的变化规律,验证理论计算的合理性,在涡轮研制过程中对优化设计、保证试车试验安全,具有实际的工程应用价值。

叶尖间隙测量技术主要有放电探针测量法、电容法、光纤法、X 射线法、超声波

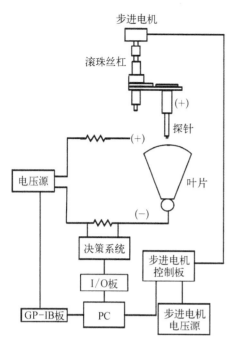

步进电机

滚珠丝杠

(+)

探针

(+)

电压源

叶片

(−)

决策系统

步进电机
控制板

I/O板

GP-IB板　PC

步进电机
电压源

图 6.38　放电探针测量间隙示意图

法、微波法等。目前涡轮试验常用径向间隙探针测量法和电容法测量叶尖间隙。

1. 放电探针测量法

放电探针测量法采用的是叶尖放电方式,即外加直流的探针依靠电机沿径向移动,当探针移至发生放电为止,探针的行程与初始安装间隙(初始时探针到机匣内表面的距离)之差即叶尖间隙。如图 6.38 所示,测量系统主要由探针、传动装置、控制器以及计算机组成。测试探头通过机匣上开的测试孔伸入机匣内,经过转接座安装在机匣外表面上,测量系统在探针上施加高压,在执行机构的驱动下,通过连续步进使其逐渐伸向被测物体。当探针至被测物体距离只有微米量级时,发生电弧放电。控制器感受到放电后,在探针与叶尖物理接触之前,停止探针步进,并将其缩回到安全位置,同时显示叶尖间隙测量结果。

探针测量法具有原理简单、不需事先校准、实用性强等优点,只要叶片是导电材料,无论叶片端面形状如何都可进行准确的间隙测量。测量温度(1 200℃)和测量精度(0.05 mm)可以基本满足涡轮叶尖间隙测量需要。在高温高压环境下测量稳定、可靠,目前主要用于涡轮试验件的测量及对其他间隙测量技术的校准。缺点为只能测转子叶尖最小间隙,而不能测每个叶片的间隙,响应慢、传感器体积大,探针进出的误动作还会给叶片带来安全隐患。此外,外加电压波动,工作流体的温度和压力变化,探针和叶尖端面的污损,都会改变放电的起始距离,因而产生测量误差。探针进退的机械执行机构比较复杂,装置的操纵也必须熟练。探针法不适于作为固定设备装在定型的发动机上,难以胜任航空发动机整机高风险环境下涡轮叶尖间隙的长期测量,适用于试验研究,可以测量各稳态状态下最长叶片与机匣的间隙值。

2. 电容测量法

电容测量法是一项实用的叶尖间隙测量技术,其基本原理是通过测量涡轮外环和叶片叶尖之间的电容变化实现对叶尖间隙的检测。电容法叶尖间隙测量系统工作过程中,发动机叶片叶尖构成电容的一个极,固定在机匣中的测量探头构成电容的另一个极,两者之间的电容与电极几何形状、电极距离及两极间介质有关。通过预先校准可建立电容与间隙之间的关系。

电容传感器通常齐涡轮内壁面安装,如图6.39所示。

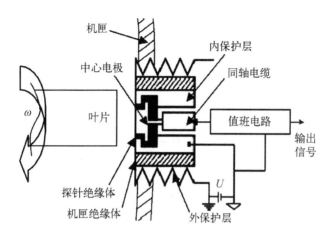

图6.39 高精度脉冲叶尖间隙测量电容传感器

图6.40是编者采用电容法测得的某双级涡轮第一级带冠转子叶顶的径向间隙随转速的动态变化,发现其中一个叶片叶顶间隙突变,且转速增加,48个叶片的叶顶间隙都减小,但减小幅值各自不同。

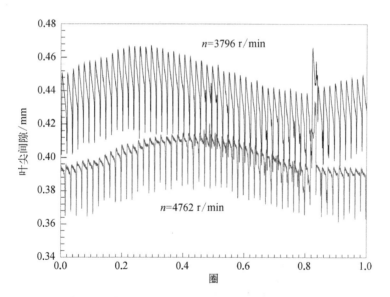

图6.40 某双级涡轮第一级转子叶顶间隙随转速变化

电容法间隙测量技术的优势在于灵敏度高、固有频率高、频带宽、动态响应性能好、能在数兆赫的频率下正常工作、探头耐高温、体积小、功率小以及阻抗高等。因此在国内外均被广泛用于叶尖间隙的测量研究和工程试验中。但该方法需要事先校准。另外,它的精度受测量时介质的介电常数的变化、环境干扰、探头及机匣受热变形、校准误差、材料的绝缘性等多方面因素的影响。绝缘是电容测量法的特殊问题,由于电容本身的内阻很高,因而对绝缘提出了更高的要求。另外,当材料性能不好时,其绝缘电阻将随温度、湿度和燃气成分变化,从而引起传感器输出产生缓慢的零位漂移。

6.2.3　位移测试

探针测量的空间位置,或测点的位移,可以通过位移机构实现测量和改变。位移可分为线位移和角位移,位移机构可分为线位移机构、角位移机构和组合位移机构。位移机构根据能实现的位移维数可分为二坐标、三坐标、四坐标、五坐标、六坐标位移机构。

位移机构系统包括位移机构本体、位移机构控制器以及位移机构控制软件三部分。为了提高工作效率和操作的准确性,实现自动移位和数据的采集,位移机构系统必须具有远程控制功能,可以通过通用串行接口远程控制、访问,实现计算机自动控制和测试。

图 6.41~图 6.43 分别是一套两坐标位移系统的位移机构本体、位移机构控制器以及位移机构控制软件界面,探针可以安装在该位移机构本体上,实现探针绕自身支杆轴线旋转和径向位移的功能。测量涡轮转子出口整个叶高的流场参数,经常需要这种位移机构,以它为例介绍位移机构的基本组成、校准和使用要求。

图 6.41　两坐标位移机构本体

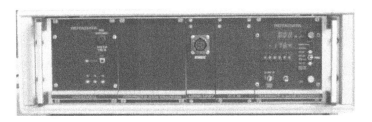

图 6.42　位移机构控制器

两轴位移机构控制面板程序

主控制设置

机构运动位移显示(mm)

控制轴
平移+旋转

运动类型
点位运动

Rad Display   0

0   50   100   150   200

板卡数
1

轴 数
-1

运动速度设置
初始速度
50

位移参数设置(单位mm,°)
GotoRad: 0

Yaw Display   0

最大速度
100

GotoYaw: 0

加速度
100

Step Rad: 10

Step Yaw: 10

启 动   停 止   回原点   up   work   down   退出程序

图 6.43   位移机构控制软件界面

位移机构本体基本组成如图 6.44 所示。径向线位移执行模块由径向步进电机、底块、球形丝锥、导轨、滑块、顶块、径向编码器、限位开关和限位棒构成,径向步进电机带动球形丝锥旋转,驱动滑块径向线位移,周向步进电机、周向编码器和探针夹持装置安装在滑块上,周向步进电机旋转,改变探针的角位移。利用径向编码器和周向编码器检测步进电机实现的线位移、角位移,并给出位置信息反馈。在顶块和底块上各安装有一个限位开关,限位开关接近最大行程位置,更换不同尺寸的限位棒可以减小执行机构的行程。

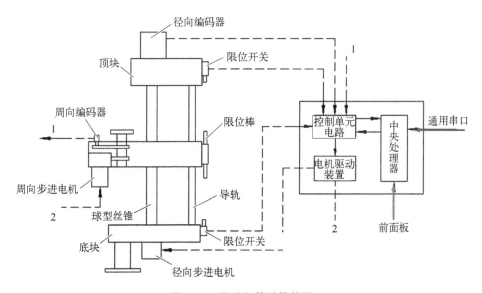

图 6.44   位移机构结构简图

位移机构控制器包含 3 个模块。中央处理器(central processing unit, CPU)执行来自前面板或的命令;控制和接口板(control and interface board, CIB)使用对周向编码器、径向编码器、限位开关的信号进行解码;电机驱动装置(motor drive unit, MDU)电路应用步进电机集成电路产生周向和径向电机的驱动信号。

控制器接收到来自前面板或的命令,发出步进电机脉冲信号,驱动步进电机动作。当到达要求的位置时,控制器继续监视编码器的输出,进行调整,最终精确到达指定的径向和周向位置。

位移机构校准包括两部分,一部分是控制软件校准,检查位移机构是否受控;另一部分是调整、校准位移机构上、下限位。

位移机构的软件校准用于检查、校核位移机构的控制精度,一般需要反复运行几个最大位移行程,检查探针移动是否灵活,位移控制是否准确。

试验用探针在试验过程中,径向位移需严格按照预定位置控制,为防止位移机构故障导致探针位移不受控,必须设置位移机构的上、下限位,保证即使位移机构不受控,探针也不会与试验件发生碰撞。

探针与位移机构等设备连接时,机械零点定位是非常重要的,它直接关系着整个系统角位移和线位移的误差。由于机械零位是探针与位移机构相对位置的体现,一般来说,都以位移机构为基准来调整探针。

最为常用的是划线对准法,需要在位移机构上标示一条标准零位线,然后在探针上标示一条基准线,安装时,用视觉误差保证两线的对准程度。这种方法误差较大,可以达到±1°。

建议机械零位调整采用水平仪对正法,该方法需要在位移机构上留有一个标准水平面,探针上固定一个标准水平块,定位时,以位移机构水平面为基准,测量探针本体上的水平块的水平度来调整机械零点。位移机构定位面见图 6.41,探针水平块结构见图 6.45。

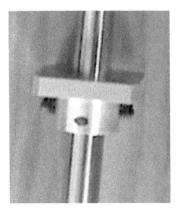

图 6.45　探针水平块实物

图 6.46　叶栅试验位移机构

　　由于位移机构用于精确定位探针的位置,因而需要有良好的精度和重复性。线位移精度不低于 0.05 mm,角位移精度不低于 0.1°。

　　叶栅试验位移机构参见图 6.46。

　　图 6.47 是安装在涡轮试验器上的三维位移机构,可带动探针实现径向位移、绕探针支杆轴线自转,还可带动探针沿机匣圆周的切线方向位移。

图 6.47　安装在涡轮试验器上的三维位移机构

6.3　计 量 校 准

　　在涡轮试验中,涡轮进出口总静压及总温的测量准确性直接关系到落压比、效率等涡轮综合性能参数的评价,而气流流速的获取也取决于气流的总压和静压测量准确性,此外,涡轮壁面动态压力的准确测量能够更好地获取涡轮压力的过渡态及瞬态变化过程,从而更好地监测涡轮的工作状态。本节主要对涡轮试验中常用的气流温度校准、压力探针校准以及动态压力校准的校准方法进行介绍,具体内容可参见校准规范 JJF 73—2014《气流温度传感器稳态校准规范》、JJF 1049—1995《温度传感器动态特性校准规范》、JJF 19—2012《亚音速气动探针校准规范》以及 JJG 624—2005《动态压力传感器校准规范》。

　　对于涡轮试验中其他参数的校准,比如对测量滑油流量和燃油流量的孔板、文丘里管以及喷嘴流量计的校准,可参考下述系列检定规程:JJG 640—2016《差压式流量计检定规程》、GB/T 2624.1—2006《用安装在圆形截面管道中的差压装置测量满管流体流量 第1部分：一般原理和要求》、GB/T 2624.2—2006《用安装在圆形截面管道中的差压装置测量满管流体流量 第2部分：孔板》、GB/T 2624.3—2006《用安装在圆形截面管道中的差压装置测量满管流体流量 第3部分：喷嘴和文丘里喷嘴》、GB/T 2624.4—2006《用安装在圆形截面管道中的差压装置测量满管流体流量 第4部分：文丘里管》。其他参数的校准由于不仅仅是涡轮试验中常用，此处不再赘述。

6.3.1 气流温度校准方法

主要介绍涡轮试验中用到的动态特性校准和测温偏差校准。

1. 温度传感器动态特性校准

1）基本概念

a）动态误差

动态温度即在一定的时间内变化的温度，如突然升高或降低的气流温度等，动态温度是区别于稳态温度而言的。由于温度传感器有一定的质量，导致其具有一定的热惯性，因此当温度传感器测量动态气流温度时，不能立刻反映气流温度的变化。温度传感器指示温度 T_j 只是其自身的温度，而不是气流温度 T_g，两者之间存在的偏差称为动态误差，写为

$$\sigma_d = T_g - T_j \tag{6.8}$$

b）时间常数和热响应时间

忽略温度传感器导热和辐射换热的影响，只考虑对流换热 Q_c 和传感器的储热率 Q_τ 时，热平衡方程为

$$Q_\tau = Q_c \tag{6.9}$$

即

$$\frac{m C_p \mathrm{d} T_j}{\mathrm{d} t} = h F (T_g - T_j) \tag{6.10}$$

式中，m 为传感器测量端质量，单位为 kg；F 为传感器表面积，单位为 m^2；t 为时间，单位为 s。

式（6.10）可以整理为

$$T_g - T_j = \frac{\tau \mathrm{d} T_j}{\mathrm{d} t} \tag{6.11}$$

式中，τ 为时间常数，单位为 s。

$$\tau = \frac{mC_p}{hF} \tag{6.12}$$

对式(6.11)积分求解,并令 $t=0$ 时,$T_j = T_{j0}$,可得出:

$$T_g - T_j = (T_g - T_{j0}) e^{-\frac{t}{\tau}} \tag{6.13}$$

式(6.13)可以整理为

$$T_j - T_{j0} = (T_g - T_{j0})(1 - e^{-\frac{t}{\tau}}) \tag{6.14}$$

实际上,温度传感器真正为一阶系统的很少,有些接近于一阶系统。在工程应用中,常常采用时间常数的概念,有时也采用热响应时间的概念。热响应时间是指温度传感器在其周围温度产生阶跃变化时,它的指示温度 T_j 相对值变化到环境温度阶跃量的 10%、50% 和 90% 所需要的时间,分别记为 $\tau_{0.1}$、$\tau_{0.5}$、$\tau_{0.9}$。

2)校准设备

(1)校准风洞,在热校准风洞上校准时,一般采用保温试验段;

(2)温度阶跃系统,使被校温度传感器的环境温度产生阶跃变化;热校准风洞采用包罩弹射机构和冷气流,产生正阶跃温度;常温校准风洞可采用弹射机构与热气流,或采用激光器,产生负阶跃温度;

(3)参考温度传感器;

(4)数字存储示波器或其他高速数据采集设备,响应时间应小于被校传感器的 10%;

(5)信号放大器,响应时间不超过被校传感器的 1%;

(6)数字电压表,最大允许误差 $\pm 4\ \mu V$;

(7)压力传感器,最大相对允许误差 $\pm 0.1\%$;

(8)无汞气压计,最大允许误差 $\pm 40\ Pa$;

(9)数据采集处理系统一套。

3)校准方法

温度传感器在热校准风洞中的动态校准框图如图 6.48 所示。

(1)将被校准温度传感器固定在试验段中,温度阶跃系统放置在试验段的相应位置上;

(2)调节试验段气流马赫数 Ma 和温度达到要求值;

(3)调节温度阶跃系统,改变被校传感器指示温度,达到规定的温度阶跃量,记录初状态的参数;控制温度阶跃系统,使被校传感器的环境产生温度阶跃,用数字示波器或高速采样万用表记录被校传感器对阶跃温度的响应曲线;待稳定后,记录末状态参数;初、末状态参数包括气流马赫数、气流静温、气流总温和被校传感器

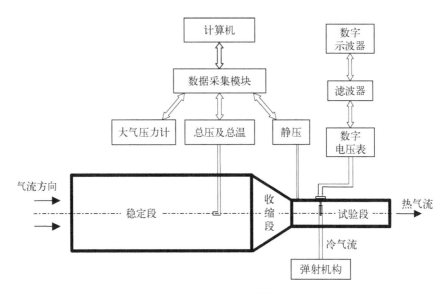

图 6.48　热校准风洞中动态校准框图

指示温度；末状态还要计算质量流速 G：

$$G = Map\sqrt{\frac{\kappa}{RT}} \tag{6.15}$$

静温公式为

$$T = \frac{T_0}{1 + \dfrac{\kappa - 1}{2}Ma^2} \tag{6.16}$$

（4）由被校传感器的响应曲线或拟合公式计算时间常数或热响应时间；对于达到温度阶跃量的 10%、50% 和 90% 所需要的热响应时间分别记为 $\tau_{0.1}$、$\tau_{0.5}$、$\tau_{0.9}$。对于按一阶系统处理的温度传感器，达到阶跃温度量的 63.2% 所需要的时间称为时间常数 τ；

（5）做出双对数坐标系下时间常数与质量流速的关系曲线，在该图上，时间常数应随着质量流速的增大而减小。

2. 温度传感器测温偏差校准

1）基本概念

a）测温偏差

气流真实总温和被校准温度传感器指示温度的差值，一般用 Δt 或 ΔT 来表示。严格地说，气流真实总温是无法测得的，通常用参考温度传感器所测的有效温度来计算气流真实总温，即气流真实总温为

$$T_0 = \frac{T_{g0}}{R} \tag{6.17}$$

式中，T_{g0} 为参考温度传感器的有效温度，单位为 K；R 为参考温度传感器的恢复率。

b）参考温度

参考温度传感器的指示温度，称为参考温度。

2）校准设备

（1）热校准风洞，温度传感器测温偏差校准一般在热校准风洞中进行；试验段管壁可以通过气冷或水冷方法冷却，使内壁面温度低于燃气流温度，试验段上方与下方各有一个安装孔；

（2）位移机构两套；

（3）标准器，热电偶式参考温度传感器，最大相对允许误差±0.5%；

（4）数字电压表，最大允许误差±4 μV；

（5）压力传感器，最大相对允许误差±0.1%；

（6）无汞气压计，最大允许误差±40 Pa；

（7）数据采集处理系统一套。

3）校准方法

温度传感器测温偏差 Δt 的计算公式为

$$\Delta t = t_0 - t_j \tag{6.18}$$

温度传感器测温偏差的校准框图见图 6.49。

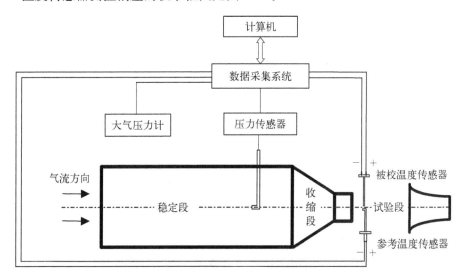

图 6.49　温度传感器测温偏差校准框图

（1）测温偏差校准之前，在常温校准风洞上对参考温度传感器进行恢复特性校准，如参考温度传感器的敏感元件为 B 型热电偶，需将 B 型热电偶换成同样尺寸规格的 K 型热电偶后进行恢复特性校准；

（2）将被校气流温度传感器固定在试验段中，其感温部应位于试验段核心区；

（3）将参考温度传感器（标准器）固定在试验段中；

（4）总压受感部置于稳定段内，测量气流总压；在试验段内壁面有静压孔，测量气流静压，对于开口试验段，静压可用大气压代替；

（5）开启风洞，利用控制系统使试验段达到要求的气流马赫数和气流温度；

（6）依次将被校温度传感器与参考温度传感器移至试验段核心，试验工况稳定后，采集记录参考温度（参考温度传感器的指示温度）、被校温度（被校温度传感器的指示温度）、总压、静压、大气压、马赫数、壁温等参数，每个状态下至少记录三次；

（7）将测量数据代入式（6.17）和式（6.18），计算 Δt。

6.3.2　压力探针校准方法

1. 计量特性

外观：

（1）压力探针的外表面应该光滑，不应有扭曲变形等现象。测压孔周围不能有毛刺、缺口、裂痕以及凹凸不平等问题；

（2）压力探针的标识应清晰，标识应该包括型号、出厂编号、出厂日期等信息，并明确表明各个压力接头与测压孔之间的对应关系；

（3）对于提供了定位面的压力探针，定位面应光滑平整，不应有任何影响准确定位的缺陷。

工作正常性： 压力探针的各个测压孔与压力接头之间均应通畅，应保证良好的气密性。

总压系数：

对于总压探针，总压系数 K_0 按照式（6.19）计算：

$$K_0 = \frac{p_0 - p_0'}{p_0} \tag{6.19}$$

对于三孔方向探针，总压系数 K_0 按照式（6.20）计算：

$$K_0 = \frac{p_0 - p_2}{2p_2 - p_1 - p_3} \tag{6.20}$$

测压孔编号如图 6.50 所示。以下所有涉及三孔方向探针的公式均依照此处的规定。

对于五孔方向探针,总压系数 K_0 按照式(6.21)计算:

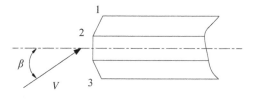

图 6.50　三孔方向探针编号及角度定义图

$$K_0 = \frac{p_0 - p_2}{\frac{1}{4}(p_1 + p_3 + p_4 + p_5) - p_2}$$

$$(6.21)$$

测压孔编号如图 6.51 所示。以下所有涉及五孔方向探针的公式均依照此处的规定。

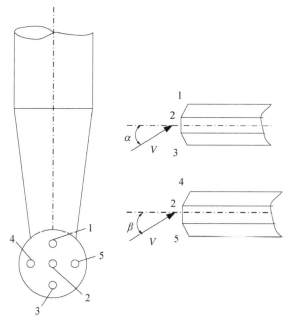

图 6.51　五孔方向探针编号及角度定义图

静压系数:

标准静压系数 K_π 按照式(6.22)计算:

$$K_\pi = \frac{p_s}{p_0} \tag{6.22}$$

探针静压系数 K'_π 按照式(6.23)计算:

$$K'_\pi = \frac{p'_s}{p_0} \tag{6.23}$$

角度系数:

对于三孔方向探针,角度系数 K_β 按照式(6.24)计算:

$$K_\beta = \frac{p_3 - p_1}{2p_2 - p_1 - p_3} \tag{6.24}$$

对于五孔方向探针，角度系数 K_α 和 K_β 分别按照式(6.25)和式(6.26)计算：

$$K_\alpha = \frac{p_3 - p_1}{2p_2 - p_1 - p_3} \tag{6.25}$$

$$K_\beta = \frac{p_5 - p_4}{2p_2 - p_4 - p_5} \tag{6.26}$$

速度系数：

对于三孔方向探针，速度系数 K_v 按照式(6.27)计算：

$$K_v = \frac{p_0 - p_s}{2p_2 - p_1 - p_3} \tag{6.27}$$

对于五孔方向探针，速度系数 K_v 按照式(6.28)计算：

$$K_v = \frac{p_0 - p_s}{2p_2 - p_4 - p_5} \tag{6.28}$$

坐标系数：

坐标系数 K_ζ 按照式(6.29)计算：

$$K_\zeta = \frac{p_1 - p_3}{p_2 - \dfrac{1}{4}(p_1 + p_3 + p_4 + p_5)} \tag{6.29}$$

气动零位：

对于三孔方向探针，当 p_1 等于 p_3 时，相对于探针机械零位的位置为气动零位。而对于五孔探针，其气动零位应该满足 p_1 等于 p_3，同时 p_4 等于 p_5。

2. 校准方法

将压力探针在常温校准风洞上按照如下方法进行校准：

(1) 对校准实验中用到的压力传感器及压力扫描阀进行现场检查；

(2) 将被校探针固定在位移机构上，将测量孔对准风洞试验段出口中心，测量孔到风洞试验段出口的安装距离为 35 mm；

(3) 连接各个压力接头至相应的压力扫描阀，确保沿程无漏气；

(4) 按照校准系统原理图连接校准试验系统，原理图见图 6.52；

(5) 运行风洞，调整马赫数到 0.2；

(6) 待探针压力数据稳定后，开始数据采集，记录此时的总温、风洞总压、风洞

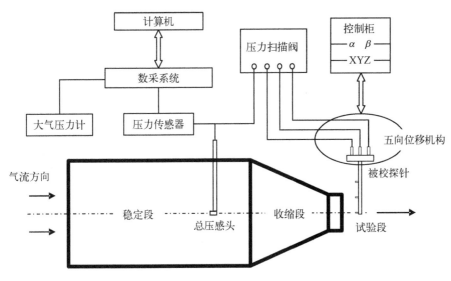

图 6.52　总压特性校准系统原理图

静压、大气压、被校探针总压于原始记录表格中,每个状态点的数据记录 5 组;

(7) 重复程序(5)和(6),进行 $Ma=0.3,Ma=0.4$ 的校准。

6.3.3　动态压力校准方法

主要介绍用正弦压力标准装置和用激波管标准装置检定的方法。

1. 正弦压力校准方法

正弦压力标准采用正弦压力发生器作为激励源,用正弦压力对压力传感器进行检定。正弦压力发生器的种类繁多,依工作原理分类有谐振式、调制式、汽缸-活塞式等。其工作介质有气体和液体两种,工作频率范围各不相同,目前各种正弦压力发生器的总体工作频率范围可覆盖 $0\sim20$ kHz。正弦压力标准一般采用比较法原理,即采用标准压力传感器测量激励信号,与压力传感器的响应进行比较的方法进行检定。图 6.53 是一种采用正弦压力标准检定压力传感器的原理图。

1) 一般要求

(1) 使用标准压力传感器时,被检压力传感器和标准压力传感器应对称安装,使两只压力传感器感受相同的压力变化。不能采用对称安装方式的,如仅进行幅频特性检定,其感压面中心距要小于压力波波长的 1/10;如进行相频特性检定,其感压面中心距要小于压力波波长的 1/100。检定标准级压力传感器时,应将标准压力传感器和压力传感器对换安装位置分两次进行检定,以两次检定数据的平均值作为最终检定结果;检定普通级压力传感器时不作此要求。

(2) 检定标准级压力传感器时,对每个频率点的测量次数不少于 12 次(即首次安装后测量不少于 6 次,对换安装位置后再测量不少于 6 次);检定普通级压力

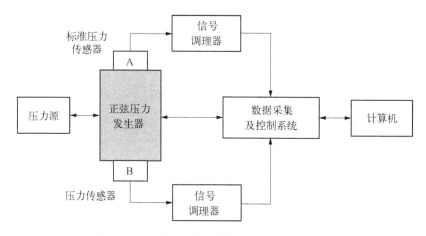

图 6.53　正弦压力标准检定压力传感器原理图

传感器时,对每个频率点的测量次数不少于 6 次。

(3) 有冷却装置的压力传感器,检定时冷却装置应处于工作状态。压力传感器在使用中需考虑腔室或管路响应时,应连同腔室或管路一起检定。

(4) 检定时的工作介质为气体或液体。

(5) 检定前,压力传感器、测试仪器至少通电预热 30 min。

2) 检定步骤

(1) 安装压力传感器。接通压力源,检查系统密封状况。调整压力值,使得检定压力的最大值小于压力传感器的量程上限值。

(2) 调整信号调理器及数据采集系统,使其处于最佳工作状态。

(3) 调整正弦压力标准产生频率为 f_i 的正弦压力。

(4) 采集标准压力传感器和压力传感器的响应,按 1) 一般要求的要求重复测量 m 次。采用离散傅里叶变换的方法计算如下参数:

(a) A_{dij}: 对应于检定频率 f_i 标准压力传感器输出的正弦压力的幅值,$i = 1$,2,$\cdots$,n;$j = 1$,2,$\cdots$,m;

(b) B_{dij}: 对应于检定频率 f_i 压力传感器输出的正弦信号的幅值,$i = 1$,2,$\cdots$,n;$j = 1$,2,$\cdots$,m;

(c) θ_{Aij}: 对应于检定频率 f_i 标准压力传感器测量的压力相位,$i = 1$,2,$\cdots$,n;$j = 1$,2,$\cdots$,m;

(d) θ_{Bij}: 对应于检定频率 f_i 压力传感器输出信号的相位,$i = 1$,2,$\cdots$,n;$j = 1$,2,$\cdots$,m;

(e) 将计算结果以数据文件形式保存在计算机中。

(5) 重复步骤 (3) ~ (4),直到完成全部选定频率点的检定。

(6) 如检定标准级压力传感器,需对换标准压力传感器和压力传感器安装位置,重复步骤(1)~(5)。

2. 激波管动态压力校准方法

激波管动态压力标准采用阶跃压力对压力传感器进行检定,它可以产生上升时间为纳秒级的阶跃压力。激波管动态压力标准主要由激波管本体、压力源(压缩气体或真空泵)及控制台、激波速度及其他气动参数测量系统、数据采集及分析控制系统等组成(图6.54)。简单型激波管为恒定截面的细长管,由膜片分成两部分,具有较高压力的称高压室,具有较低压力的称低压室。两室压差达到某一定值时,膜片爆破,高压室的气体冲向低压室形成入射激波,激波后阵面压力突变形成一个正的阶跃压力,阶跃压力保持恒定的时间称恒压时间。入射波到达低压室端面后被反射,形成反射激波和反射激波阶跃压力。

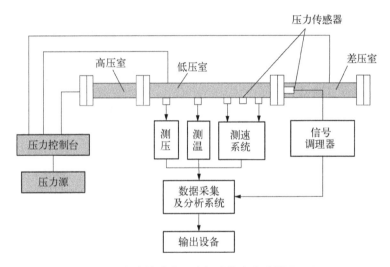

图6.54 激波管动态压力标准检定传感器原理图

1)一般要求

(1)压力传感器应齐平安装在激波管的末端法兰或侧壁上,齐平安装指压力传感器的最前端在安装后应与周围的平面齐平,没有影响压力传感器响应的沟槽、洞穴、缝隙、小腔室或管路等(图6.55)。检定时,压力传感器应按规定的安装条件和安装力矩安装,避免产生安装频率响应和安装应变响应。

(2)进行检定工作前要清理激波管内腔,保持清洁,激波管内腔应没有油气、水气、膜片碎屑和其他杂物。在两次检定之间要有5 min以上的间隔时间,以消除膜片破膜时产生温度变化的影响,使之恢复到室温状态。

(3)根据压力传感器的量程,确定检定时其所承受的最大压力p_5($p_5 = 3.75p_1$,p_1为破膜前的低压室压力)的取值范围。应考虑压力传感器在阶跃压力作用下可能产生过冲,应使p_5与过冲量的和小于压力传感器的量程上限值。

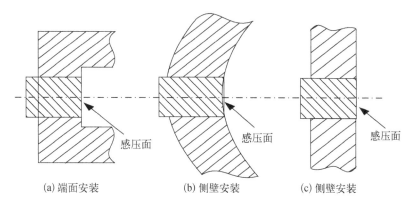

(a) 端面安装　　　　　(b) 侧壁安装　　　　　(c) 侧壁安装

图 6.55　压力传感器齐平安装示意图

（4）根据 p_5 的取值范围,选择 p_1、p_4,控制激波马赫数 Ma_s 使激波管产生较好的阶跃压力波形,各参数的关系按 $p_4/p_1 = (1/6)(7Ma_s^2 - 1)\left[1 - \dfrac{1}{6}\left(Ma_s - \dfrac{1}{Ma_s}\right)\right]^{-7}$ 计算。

（5）在检定时,采用端面安装,反射激波阶跃压力 Δp_5 按 $\Delta p_5 = (7/3)(Ma_s^2 - 1)[(4Ma_s^2 + 2)/(Ma_s^2 + 5)]p_1$ 计算;采用侧壁安装,入射激波阶跃压力 Δp_2 按 $\Delta p_2 = (7/6)(Ma_s^2 - 1)p_1$ 计算。

（6）在检定时应考虑与阶跃压力同时产生的阶跃温升以及破膜和激波带来的冲击加速度对压力传感器的影响。

（7）有冷却装置的压力传感器,检定时冷却装置应处于工作状态。压力传感器在使用中需考虑腔室或管路响应时,应连同腔室或管路一起检定。

（8）如因故无法齐平安装,压力传感器的感压面有小腔室或管路出现,则需考虑管路容腔效应的影响,管路最低谐振频率应十倍于压力传感器的谐振频率。在直管时,管路谐振频率可按公式(6.30)估算:

$$f = \frac{a}{4L} \tag{6.30}$$

式中,a 为管路内流体的声速,单位为 m/s;L 为管路长度,单位为 m。

如果压力传感器的感压面前端带有腔室,且通过小孔径管路与被测点相连,当腔室的容积大于小孔径管路的容积时,可按公式(6.31)估算管腔的谐振频率:

$$f = \frac{ad}{7.09\sqrt{(L + 0.85d)V}} \tag{6.31}$$

式中,d 为小孔径管路内径,单位为 m;V 为腔室容积,单位为 m³。

（9）进行幅频特性检定时,采样频率应为压力传感器谐振频率(或振铃频率)

的 10 倍以上;进行相频特性检定时,采样频率应为压力传感器谐振频率(或振铃频率)的 50 倍以上。在进行数据处理时,所用数据应不少于 20 个自振波的数据量。

（10）压力传感器、测试仪器应至少预热 30 min。

2）检定步骤

（1）安装压力传感器;

（2）安装激波管膜片;

（3）向激波管加压,采用人工或自然破膜方式产生激波;

（4）将试验原始数据以数据文件的方式保存在计算机中。

第 7 章
试验安全控制

表 7.1　本章符号说明

符 号	说 明
λ	物体固有频率
K	物体刚度系数
m	物体质量
$\overline{n}_g$	高压涡轮折合转速
$\overline{n}_p$	低压涡轮折合转速
π_t	涡轮总膨胀比
A	截面积
$\sigma_{0.2}$	材料屈服极限
P_y	材料屈服拉力
γ_{min}	材料最小强度储备系数
P_{max}	最大允许预紧力
P_r	松弛力
N_{min}	最小紧度储备系数
P_{min}	所需最小预紧力

　　航空发动机部件试验是发动机型号研制的基础,在发动机研制过程中占有相当重要的地位,从调试发动机所需运行时间来看,占总运行时间的 35% 左右。部件试验在航空发动机研制、改进、发展中是极其重要的,没有充分的部件试验,就不可能研制出高性能、高可靠性的发动机。

近年来随着对航空发动机认识的深入和自主设计的增强,各科研院所和高校对涡轮零部件试验越来越重视,均逐步增加了涡轮零部件试验设备种类,并扩充了试验设备的功能,相应的技术指标也得到了大幅度的提升。伴随着涡轮试验研究的不断深入,相应的试验科目不断增加和延长,试验参数不断提高,这导致试验次数、试验时长、试验器高状态运行时间大大增加,试验安全风险显著增加,在安全保护设施失效、操作不当或其他意外情况下,火灾、爆炸、高温灼烫、触电、物体打击、机械伤害等因素导致的人员伤亡及重大设备事故等潜在危险更加不容忽视,因此试验安全控制尤为重要。

在各种涡轮试验中,除了少部分批产的流量函数试验属于批量的验证性试验外,大部分试验都是具有一定探索性的试验,而且相应的试验件结构均为全新设计,未经过长时间的工作验证,部分试验项目为首次在试验器上开展,安全风险大;同时随着对涡轮精细化测量需求的深入,导致试验过程中需要控制的变量不断增加,相应的试验和测试设备不断增加,使得涡轮试验器的复杂程度和涡轮试验过程中的控制复杂度也不断增加,因而基于涡轮试验的探索性和未知性,试验中的不确定的因素或影响因子较多,进而增加了试验器安全事故发生的风险;同时一个涡轮试验器往往承担了多个不同项目的试验任务,不同的试验任务对试验环境和试验条件都有着不同的需求,这进一步增加了试验安全控制的复杂性;各科研院所和高校的多个涡轮试验器往往集中建设在同一片试验厂区,或者与其他发动机试验器集中布局,共用水、电、气等试验资源,且试验厂区人员集中,试验器一旦发生较大的试验安全事故,可能对邻近试验器造成影响,从而增加次生事故发生的概率。

涡轮试验安全控制是涡轮试验器建设、管理、运行过程中不可或缺的重要组成部分,它关系到科研试验任务能否顺利进行,试验人员的人身安全能否得到保障,国家财产能否免受损失。涡轮试验安全控制的最终目的是建立一个以最合理的费用支出获取最大的安全保障,并经过危险识别、控制,确定可接受的风险,将试验风险降低至可容许的程度,减少试验过程中发生安全事故的风险,确保试验人员的健康和安全。

因此,为加强涡轮试验安全风险的有效防控,预防和减少安全事故,保障人员生命和国家财产安全,促进科研生产活动的正常开展,对涡轮试验安全风险进行分析、评估、预防和控制具有十分重要的意义。

7.1　试验安全风险

涡轮试验器普遍存在高温高压的压力管道、高速旋转机械和各种油泵、阀门、电机等用电设备,试验设备众多,试验管路复杂。同时由于部分涡轮试验件设计不成熟,实际运转时存在漏油、漏气等风险。为确保试验运行安全,应辨识试验设备危险源,管控试验风险。危险源有机械能、电能、热能、化学能、放射能、生物因素和人机工程因素七种类型。危险源辨识范围为体系内的所有活动、设备设施、活动场所和人员,危险源应考虑工作区域、过程、装置、机器和设备、操作程序和工作组织设计,人的行为、能力和局限性等其他因素,可能的操作失误、操作员压力和使用者疲劳等方面。设备试验安全风险主要有火灾、爆炸、高温灼伤、触电、物体打击、机械伤害和其他伤害等。

　　以某双转子涡轮试验器为例,其常见的安全风险见表7.2。

表 7.2　某双转子涡轮试验器危险源及安全风险

| 序号 | 作业活动 | 危　险　源 | 安全风险 |
	(活动/设备设施/人员)		
1	运行/滑油、液压系统/操作人员	滑油泄漏	滑倒
2	运行/滑油、液压系统/操作人员	噪声排放	噪声伤害
3	运行/液压系统/操作人员	油管破裂	机械伤害
4	试验/电控系统/操作人员	保护装置失控	火灾
5	回收/废易燃、易爆品/操作人员	保管不当	火灾
6	试验/试验设备/参试人员	操作失误	机械伤害
7	试验/地沟盖板/参试人员	摆放不当	其他伤害
8	试验/平台表面/参试人员	黏油湿滑	其他伤害
9	清洗(煤油)/零件/操作人员	煤、汽油挥发	火灾
10	电气设备使用/电气设备/使用人员	违章作业	火灾
11	试验/试验器/参试人员	高温热辐射	辐射损害
12	试验/试验器/参试人员	高温高压气体泄漏	高温灼烫
13	试验/试验器/参试人员	高压气体管道爆裂	机械伤害
14	试验/试验器/参试人员	高温损害	高温灼烫
15	清洗(煤油)/零件/操作人员	操作不当	机械伤害
16	清洗(煤油)/零件/操作人员	产生静电	火灾
17	清洗(煤油)/零件/操作人员	煤油挥发	诱发职业病
18	运行/空压机/操作工	违章指挥	机械伤害
19	运行/空压机/操作工	违章作业	机械伤害

续　表

序号	作业活动		危　险　源	安全风险
	（活动/设备设施/人员）			
20	运行/空压机/操作工		管道爆裂	机械伤害
21	运行/空压机/操作工		安全阀失灵	容器爆炸
22	运行/空压机/操作工		设备过热	其他伤害
23	运行/空压机/操作工		噪声排放	噪声损害
24	工作/电气设备/使用人员		电气设备漏电	触电
25	工作/电气设备/使用人员		电气设备漏电、短路	火灾
26	工作/电气设备/使用人员		噪声排放	噪声损害
27	起重/吊车/操作人员		超载作业	起重伤害
28	起重/吊车/操作人员		触点粘连	起重伤害
29	起重/吊车/操作人员		限位装置失灵	起重伤害
30	起重/吊车/操作人员		工件吊挂不当	起重伤害
31	起重/吊车/操作人员		手扶起重物	起重伤害
32	起重/吊车/操作人员		行轨松动	起重伤害
33	起重/吊车/操作人员		吊车偏轨	起重伤害
34	起重/吊车/操作人员		电气设备故障	起重伤害
35	起重/吊车/操作人员		吊绳失效	起重伤害
36	起重/吊车/操作人员		吊钩出现裂纹损伤	起重伤害
37	起重/吊车/操作人员		机械故障	起重伤害
38	起重/吊车/操作人员		保险装置失灵	机械伤害
39	起重/吊车/操作人员		违章作业	起重伤害
40	起重/吊车/操作人员		卷筒损坏	起重伤害
41	起重/吊车/操作人员		指挥不当	起重伤害
42	起重/吊车/操作人员		重物坠落	起重伤害
43	试验/主体台架/参试人员		高速旋转件破裂	机械伤害
44	试验/压缩气罐/试验人员		压力表失效	其他伤害
45	试验/压缩气罐/试验人员		安全阀失灵	容器爆炸

续　表

序号	作业活动		危　险　源	安全风险
	（活动/设备设施/人员）			
46	维修/设备/维修人员		滑油泄漏	其他伤害
47	作业/工具/操作人员		工具使用不当	机械伤害
48	作业/设备/操作人员		防护用品穿戴不当	其他伤害
49	作业/设备/操作人员		违章操作	其他伤害
50	作业/所有设备/操作人员		带电作业	触电
51	作业/所有设备/操作人员		漏电	触电
52	作业/所有设备/操作人员		设备接地不良	触电
53	试验/设备/试验人员		空压机低频振动	振动损害
54	作业/设备/安装、维修人员		吊车平台楼梯滑落	意外摔伤

1. 火灾

（1）试验器含有配电柜、控制柜、阀门、泵、控制系统、不间断电源（uninterruptible power supply，UPS）、起重机等大量供用电设备，部分试验器还有电加热器、变压器、变频电机等大功率供用电设备，因电气设备元件老化、线头接触不良或松动、故障运行、使用年限过长、违规操作、漏电、短路等危险源引发的电起火的安全风险。

（2）试验件转子故障、超转导致的叶片、轮盘碎片非包容性飞出；振动超限、轴承温度超标、轴向力大、转子供油不畅，轴承干摩擦等因素，由此可能引发火灾等危险的安全风险。

（3）部分试验器的高温管道及设备，易燃物靠近高温表面存在引发火灾的安全风险。

（4）煤油汽油清洗零部件，存在引发火灾的安全风险。

2. 爆炸

试验厂房内的压力管道、压力容器未进行定期探伤检验，质量不过关、超期使用、安全附件失灵等危险源引发的压力管道、压力容器爆炸的安全风险。

3. 高温灼烫

（1）试验设备有高温管道，设备、人员靠近高温表面引发高温灼烫的安全风险。

（2）高温管道密封措施失效或人员误操作等导致的高温气体外泄引发高温灼烫的安全风险。

4. 触电

试验器大量供用电设备，因电气设备接地不良、漏电、电线裸露、带电作业、漏电保护失灵、无标识、元器件老化等危险源引发触电的安全风险。

5. 物体打击

（1）试验件转子故障、超转导致的叶片、轮盘碎片非包容性飞出由此可能引发物体打击等危险的安全风险。

（2）高处维修平台和架空管道上的设备由于维修或装拆导致的高空坠物，有物体打击的安全风险。

6. 机械伤害

高空坠物、超载作业、手扶重物、机械故障、保险装置失灵、工具使用不当、操作不当、高压容器或高压管道爆裂等原因，由此可能引发机械伤害。

7. 其他伤害

噪声损害、辐射损害、中毒窒息、振动损害等。

7.2　安全风险控制

试验安全风险控制应做好以下几个方面工作。

1. 试验器安全性设计

1）管路系统安全性设计

在试验件上游管路上设计常开应急阀，在放气旁路上设计常闭应急阀。发生突发状况，需要紧急停车时，常开应急阀迅速关闭，切断试验件进气，常闭应急阀迅速打开，使气流从排空管道排入消声塔，防止管道压力超限。

管路设计、管道施工及验收应符合《工业金属管道设计规范》（GB 50316—2000）、《工业金属管道工程施工规范》（GB 50235—2010）。

高温管路系统应设计热膨胀补偿装置，管道（含支架）应进行热应力分析计算。

焊缝应进行无损检测、安装完毕后管道系统进行密封性检查、打压试验。

管件、法兰、密封垫、波纹管、节流件、支架等零部件在设计、制造、施工中应按标准要求确保质量。

管路和电加热器外表面敷设保温绝热材料，使得外表温度不大于50℃。

2）主体台架安全性设计

一般用钢筋水泥混凝土台作为机器基础，机器基础除承受自身及机器质量等静载荷外，还承受机器运转时的动力载荷。除考虑基础的静力平衡、强度、沉降控制要求外，还需要考虑以下要求。

（1）控制机器基础的固有频率，保证机器及基础的动稳定，不使试验件与基础发生共振现象。我国现行规范规定 0.75λ 至 1.25λ 之间的频率范围为"共振区"。基础的固有频率 $\lambda = \sqrt{K/m}$。对运转速度高的设备，设计较重的基础使基础的固有频率较低,从而能很好地解决共振问题。

(2)控制地面振幅或采取隔振,保证机器的振动对人员不产生有害影响。

(3)控制基础的振幅,不使基础的振幅影响机器的正常运转。

(4)各旋转件裸露轴外设保护罩,防止人员和物体误触高速旋转部件,同时包容旋转件故障导致的叶片、轮盘碎片飞出。

(5)工作平台铺设防滑钢板,防止人员摔倒。

(6)高处的维修平台和工作平台四周设标准围栏,围栏下方焊接踢脚板,防止零件、工具等从高处坠落。

3）测功系统安全性设计

测功器滑油供油压力、温度、流量和回油温度、油箱液位、供水压力、回水温度等参数应实时监测,参数可以设置限制值,系统在数值超限时报警。

测功器振动、转速、扭矩等参数应实时监测,参数可以设置限制值,系统在数值超限时报警。转速、扭矩超限时能实现自动或手动紧急停车。

测功器滑油油站应设计有蓄能器或其他应急供油装置在意外停电时可以给测功器保持2分钟或更长时间供油。

高速水力测功器进排水阀门在意外停电时应锁定在当前位置,防止水力测功器空载飞转。

测功器操纵系统设有UPS应急电源,意外停电时可通过UPS应急电源继续给测功器操纵系统供电。

4）滑油系统安全性设计

滑油系统对试验件供油、润滑和冷却轴承。供油压力、油滤压差、温度、流量、油箱液位和回油温度应实时监测,并可以设置限制值,在数值超限时报警。

滑油系统设置锁定程序,只能先启动回油泵,后启动供油泵,防止误操作。

滑油系统设有蓄能器或应急供油装置,保证在突然停电等紧急情况下给试验件保持2分钟或更长时间的供油。

供油管路设置细过滤器,回油管路设置粗过滤器并设置散热器冷却滑油,油滤易拆卸,清洗,从而保证供入试验件滑油的清洁。

滑油箱应设计油雾过滤器、油雾能回收到油箱,通过过滤器排出的油气应能满足环保要求。

滑油间设有风机,用于滑油间空气流通。

5）水系统安全性设计

试验器设有2套循环水系统,第1套循环水系统用于设备冷却,主要为滑油系统、空压机、散热器提供冷却水;第2套循环水系统满足高速水力测功器用水。

高速水力测功器由试验区高位水塔供水,硬水经过软化处理,水质满足测功器要求。高位水塔能保证供水压力平稳,水压波动小,供水不受突然停电等紧急情况的影响。

供水压力、温度和回水温度应实时监测,并设置限制值,在数值超限时报警。

6)空压机系统安全性设计

空压机系统为辅助供气设备,主要为气动阀门、测功器密封、轴向力平衡腔等提供用气。

系统设计有储气罐、安全阀、除油干燥器、过滤器等零部件,一般设有专门的空压机间,空压机在空气清洁、周围较空旷的地方运行使用。

空压机外设油标、压力表等,对润滑油油位,管路各位置压力实时监测。

管路上设有过滤、除油、干燥装置。

空压机储气罐设安全阀,防止压力超限。

7)电气系统安全性设计

电气系统主要功能:为试验器各个系统及用电设备提供工作电源;对试车台工艺设备进行控制,具备自动控制功能;电气系统具有与数采系统、各主要设备进行网络通信及交互数据的功能;具有报警和紧急停车保护功能;设备突然断电后对设备紧急供电的功能。

以某试验器为例,总用电量为:第一回路 10 kV 供电,电负荷 10 000 kW,电加热器供电。第二回路 380 V 供电,电负荷 1 000 kW,电加热器供电。第三回路 380 V 供电,电负荷 700 kW,工艺设备供电。第四回路 220 V 供电,用电负荷 100 kW(包括照明、空调、风扇、抽风机等日常用电设备)。

电气控制以 PLC、触摸屏为控制核心,具有远程和本地控制功能以及网络通信功能,远程控制通过网络与主站 PLC 通信,实现在操纵台上位机的操作功能。

(1)为保证试验件和试验设备的安全,需设置报警警示灯,当试验件或试验设备发生如下异常情况时,相应的监测参数在显示屏变色显示,报警警示灯闪烁。

(a)滑油供油压力过低;

(b)滑油回油温度过高;

(c)滑油回油流量过低;

(d)电加温器超温;

(e)试验件振动超过限制值;

(f)测功器振动超过限制值;

(g)齿轮箱振动超过限制值;

(h)测功器供水压力低。

(2)当试验件或试验设备发生如下异常情况时,相应的监测参数在显示屏变色显示,相应的报警警示灯闪烁,并自动触发应急保护停车。

(a)试验件扭矩超过限制值;

(b)试验件转速超过限制值;

（c）测功系统扭矩超过限制值；

（d）测功系统转速超过限制值。

（3）应急保护措施。

发生紧急情况时，通过按下操纵台面板上急停按钮能迅速关闭主气管路快闭阀，切断对试验件供气，并同时打开放空管路上快开阀排气并切断电加温器电源。

电气系统具备防漏电、触电、静电、过流、过压、欠流、欠压、过载、短路等报警功能。

电气间和各电气控制柜均设门锁，外贴警示标志，防止非电工人员误触带电设备。

各线缆外包保护套，防止误触电。

电气系统配置 UPS 应急电源，意外停电时可通过 UPS 应急电源继续给控制电路供电。

8）测试系统安全性设计

测试系统用来测量与获取涡轮试验过程中各种状态参数，经分析来定量评定涡轮性能。测量与获取参数主要包括温度、压力、流量、转速、振动、扭矩等、测试系统可以设定、修改报警参数，在试验过程中，数据超限时应在屏显中警示并能可靠传输信号至控制系统。测试系统设计时考虑其鲁棒性，试验器在运行时由于外力作用（如停电）或出现异常而突然停止，保证数据采集系统保存数据的完整性和有效关闭数据采集系统，防止数据采集系统损坏。

测试系统设有 UPS 应急电源，意外停电时可通过 UPS 应急电源继续给测试系统系统供电。

2. 试验现场安全风险控制

（1）试验场所和设备应符合国家有关的技术标准、规范和职业安全卫生标准、规范的规定。对有毒有害的因素及作业应有相应的劳动防护设施和采取积极有效的防护措施，有危险因素的地点和设备应按 GB 2893—2008 和 GB 2894—2008 使用安全色和设计安全警示标志牌。

（2）试验现场应整洁有序，试验用设备、仪器、管线、用具等的布置和摆放应适应和满足试验要求，符合 GB 4064—1983 和 GB 5083—1999，以及 GB 12801—2008 和 GJB 900A—2012 标准，实行定置管理，做到：

（a）试验现场明显处应张贴或悬挂有关管理制度；

（b）各类强检仪表、特种设备、安全用具等必须按期校验，不准超期使用；

（c）试验设备、仪器等安全防护设施完好有效，不准带故障运行；

（d）使用的电气设备、线路、开关、插座等必须符合电气安全规范，有可靠的防触电保护；

（e）严格执行易燃易爆、腐蚀及剧毒物品使用管理制度，不随意堆放、混放和处置危险物品，严禁携带与试验无关的危险物品进入试验现场；

（f）试验现场禁止吸烟和动用明火，严禁用汽油、煤油和酒精等擦洗工作台面和地面，根据试验现场情况和试验所用设备、物品的性质，配备相应的和足够的消防器材。

（3）试验前，全体操作人员应按要求穿戴好劳动保护用品，使用规定的安全防护用具，试验过程中坚守岗位，操作间、测试间保持肃静，关闭私人无线电通信工具。

（4）试验现场安全值班员及时纠正违章和检查隐患。每项试验任务或当日试验任务完成后，组织有关人员清理现场，做好试验设备和仪器的维护保养工作。试验需倒班作业时，应按要求做好交接班工作。

（5）试验设备安全员对试验设备安全负责。

3. 试验前安全风险控制

（1）首次试验或重要试验前试验现场指挥应组织安全评审，通过后才能进行试验。

（2）参试人员应熟悉规定的指令、信号，并服从试验现场指挥人员的指挥。

（3）试验前对各系统/设备进行参数报警值设定，超过或低于报警值进行变色闪烁报警。

（4）试验前各系统设备操作人员必须按检查表对试验设备逐项进行试验前检查，并签名确认。

（5）试验现场指挥须在参试人员全部到位、检查各项设备状态正常后，通知气源站送气。

（6）试验现场指挥下令打铃，指挥试验启动。

4. 试验中安全风险控制

（1）试验技术人员与技能人员须按试验卡片规定的程序进行操作。

（2）参试人员须坚守各自岗位，严禁打闹、使用手机、大声喧哗和随意走动。

（3）参试人员须密切监视屏幕、仪表的显示，关注试验件振动值、测功器振动值、试验件滑油回油温度、试验件滑油供油压力、测功器轴承温度、测功器回水温度等参数，发现异常情况及时向试验现场指挥汇报。

（4）试验过程中任何人禁止进入试验间。

（5）试验时如发生下列任何一种情况，试验操作人员可不必请示，立即紧急停车，待停车后再查找分析原因：

（a）任何一项限制参数超过报警值；

（b）不明原因的转速突然升高或降低；

（c）不明原因试验件振动突然升高；

（d）试验件滑油压力低压报警；

（e）滑油箱液面突然升高或降低；

（f）试验件声音突变；

（g）试验件及试车间设备着火。

5. 试验后安全风险控制

（1）按程序关闭所有电源和油气控制开关；用常温气对电加温器及管路进行冷吹，待电加温器出口温度及管路内流体温度低于 70℃ 时，通知气源站停止供气。

（2）检点所用工具及器械，清理整顿作业现场。

（3）打扫清理设备和试验现场。

（4）做好当班记录，按《试验后检查表》由专人逐项进行试验后检查，签名。

（5）离开试车台时，切断总电源、关闭门窗。

7.3　安全风险处置

试验器进行试验过程中出现安全事故，按《中国航空发动机集团生产安全事故和责任追究办法》（HF0604（V01）01）的要求救护伤员、逐级报告、处理；事故需查明原因，分清责任，制定相应的整改措施，吸取事故教训，达到教育当事人和其他员工的目的。

在试验器进行试验过程中发现有违反规程的操作，管理者，技安部门（人员）、班组长应立即责令其停止违章行为，对其进行安全教育，并可提出处罚意见。

各试验台应针对自身危险源制定相应的应急处置方案，并定期演练。

7.3.1　应急组织及紧急处置程序

应急工作组织为基层单位最初应急组织，其指挥部由应急总指挥、应急总指挥助理、通信联络员、应急操作负责人、应急救援负责人、应急操作协助人员和应急救援小组成员组成，职责如下：

（1）试验现场的操作人员在事故初发时期，应迅速采取应急处置措施进行处置，并向试验台主管和应急总指挥报告事故类型、地点、人员情况等信息。试验台主管负责评价危险程度，现场指挥组织现场操作人员查找事故发生的地点、部位，采取自我防护或减缓紧急情况的行动。

（2）基层单位第一安全责任人为应急总指挥。在接到试验现场操作人员提供的信息后应迅速赶往现场，向主管所领导、保卫处、技安环保部报告事故类型、地点、人员情况及已采取的措施等信息，向指挥部其他成员通报有关情况并发出应急指令，指挥现场人员的防护行动、救援行动和减缓紧急情况行动，根据事故进展情况通知试验台周边设施所属单位采取防护行动。在上一级应急组织总指挥到达现场后,协助上一级应急组织总指挥进行协调。参与和配合上级组织的事故调查工作,总结应急处理的经验教训,制定应对措施。

（3）基层单位助理员和设备管理员为通信联络员,在接到应急总指挥的通报和指令后,与应急服务机构联系,协助总指挥调遣救援人员和设备。

（4）试验台主任工程师为应急操作负责人,在接到应急总指挥的通报和指令后应迅速赶往现场,清点现场的操作人员,向现场的操作人员发出设备操作指令,协助总指挥进行现场营救、防护、消防协调,组织维修和恢复工作。

（5）各班组长为应急救援负责人,在接到应急总指挥的通报和指令后负责召集应急救援小组成员,组织救援物资和运送受伤人员。

（6）应急总指挥助理、应急操作协助人员分别协助应急总指挥、应急操作负责人工作,落实指令。

应急实施程序见图 7.1。

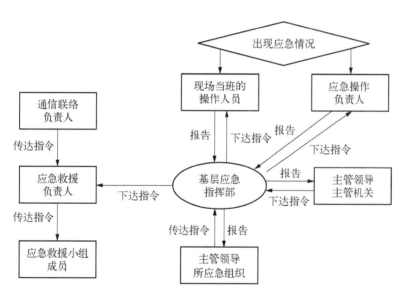

图 7.1　应急程序图

7.3.2　对于火灾的紧急处置方案

出现火情时,现场的操作人员应在确保安全的前提下迅速将设备退出运行状态,确保涡轮试验件停转,并切断电源、油源,报告试车台主管和基层部门应急总指挥,穿戴好防护用品,利用现场的消防器材进行扑救,事故得到控制时应保护好现场,当火势不受控制时,试车台主管应组织现场人员撤离现场,并立即拨打火警电话,等待消防人员到达。

1. 对于爆炸的紧急处置方案

发生爆炸事故时,现场的操作人员应在确保安全的前提下迅速将设备退出运行状态,确保涡轮试验件停转,并切断电源、油源,报告试车台主管和基层部门应急总指挥,试车台主管应组织现场人员撤离现场,等待救援人员到达。

2. 对于人员伤亡的紧急救援处置方案

出现人员伤亡时,现场的操作人员应在确保安全的前提下迅速将设备退出运行状态,确保涡轮试验件停转,并切断电源、油源,并切断电源,将伤者转移至安全地带,采取必要的救护措施,立即拨打急救电话,并报告试车台主管和基层部门应急总指挥,等待救护人员到达。

3. 对于重大设备事故的紧急处置方案

出现重大设备事故时,现场的操作人员应在确保安全的前提下迅速将设备退出运行状态,确保涡轮试验件停转,并切断电源、油源,保护好现场,报告试车台主管和基层单位应急总指挥,等待事故处理人员到达。

4. 紧急疏散方案

在火势无法控制或出现爆炸的情况下,所有人员应按紧急疏散路线立即撤离现场。在救援人员未到达前,撤离人员应在现场设置警戒线以防止其他人员进入。

7.4　安　全　监　控

7.4.1　安全监控方法

为了保证试验正常进行以及试验人员的人身安全,在试验前、试验运行中、试验后需要对试验件、试验器运行状态进行监测,了解试验件及试验器的实时情况。在重要参数异常时,进行报警提醒;在紧急情况下能迅速停止试验。安全监控方法主要包括视频监控、语音监控、参数监控、紧急情况处理几个部分。监控系统要求稳定连续地工作,并具有良好的维修性和安全性;要求图像无波纹、无雪花、图像清晰稳定。

1. 视频监控

视频监控指在试验过程利用摄像头、显示器等对关键区域进行监视和记录试验过程中设备运行状况,实时掌握试验现场信息。系统主要包括液晶显示器、高清摄像机、工业硬盘录像机、硬盘、交换机等设备。

视频监控覆盖地点应包括:试验间内容易出现安全隐患(如火灾、坍塌、爆炸等)的区域、试验件及其附近区域、易燃易爆及有毒物品储存区域(如燃油间)、试验操纵间区域等。

以某涡轮综合试验器视频监视系统为例。

视频监控系统共设置6个高清摄像机,其中1个布置在操纵间,4个布置在试验间(试验件近处位置),1个布置在滑油间。

视频监控主要设备及要求包括：

（1）硬盘录像机满足 6 路视频信号（30 帧/秒）同时存储 200 小时以上；6 路视频图像信号实时显示、实时录制、实时回放，能进行多画面分割（全屏、四分屏、六分屏、九分屏、十六分屏切换）、视频切换、硬盘录像、智能回放及资料备份等；

（2）网络高清输出，并支持三码流同时输出，终端连接 4 台液晶电视及 1 台液晶显示器，每台液晶电视均能对视频信号进行单独控制及显示；

（3）硬盘录像机采用正版中文操作系统，专业软件设计，良好人机界面，全中文图形操作及设置，具有多个不同的显示与回放格式，系统扩充性良好，软、硬件均可升级；

（4）存储易燃易爆物品区域的摄像头具有防爆功能，防爆等级 Exd Ⅱ CT6，其余摄像头防护等级不低于 IP65；

（5）全方位的云台、镜头控制功能，可以分别设定每路摄像头的参数，具有多个不同的显示及回放格式。

2. 语音监控

语音系统主要监测试验件试验时发出的不同频率的声音进行录音并存储，便于对不同频率的声音进行分析。语音系统主要包括：语音输入设备、扩音器以及功放设备等，并为视频监控系统提供拾音设备，以便于同时记录下试验的声音和图像。语音系统主要安装在试验间，使用光纤将语音信号引至操纵间。音视频控制中心可和语音对讲终端实现点对点实时语音对讲。

3. 参数监控

参数监控指对试验件、试验器上的反应试验状态的重要参数进行监控，重要参数一般包括试验件振动、试验件转速、试验件轴向力大小、滑油温度、滑油流量及压力、测功器扭矩/功率/转速、测功器进排水温度、测功器轴承温度等参数。参数监控要求各参数保持在警戒值以下，当逼近参数设定最高值时应报警，当超过参数设定最高值时应紧急停止试验以保障试验安全。

以某双转子涡轮综合试验器为例，限制值参数如下。

滑油供油压力：减速器、测扭器、试验件均为 0.3~0.5 MPa（表压）。

滑油供油温度：减速器、测扭器、试验件均为 20~40℃。

滑油回油温度：减速器、测扭器、试验件均为<90℃。

供气压力：测扭器密封最低供气压力 0.04 bar①。

测功器限制与保护参数设定值如下：

FROUDE HS125 测功器最大扭矩 895 N·m；HS150 测功器最大扭矩 1 185 N·m；

FROUDE HS125 测功器极限转速 32 000 r/min；HS150 测功器极限转速

---

① 1 bar=10^5 Pa=1 dN/mm^2。

26 500 r/min；

　　FROUDE 测功器最低供水压力 0.20 MPa，最高供水压力 0.42 MPa；

　　FROUDE 测功器最高进水温度 40℃；

　　FROUDE 测功器最高排水温度 71℃；

　　FROUDE 测功器转子轴承最高温度 95℃；

　　FROUDE 测功器最低供滑油压力 0.45 MPa；

　　FROUDE 测功器密封最低供气压力 0.07 MPa；

　　KAHN 404 - 016 测功器超扭保护扭矩 200 N·m；测功器超转保护转速 42 000 r/min；

　　KAHN 404 - 025 测功器超扭保护扭矩 600 N·m；测功器超转保护转速 30 000 r/min；

　　KAHN 测功器最低供水压力 0.28 MPa，最高供水压力 0.42 MPa；

　　KAHN 测功器最低供油流量 0.18 L/min；

　　KAHN 测功器最高供气压力（石墨密封装置）0.17 MPa；

　　KAHN 测功器最高排水温度 66℃；

　　KAHN 测功器最高前轴承温度 93℃；

　　KAHN 测功器最高后轴承温度 93℃。

　　振动测点和限制值：试验件前后机匣安装边上各测定一个垂直振动和一个水平振动（共 4 点），测扭器、减速器、水力测功器均测定垂直振动和水平振动（共 6 点）。试验件振动值稳态 ≤25.4 mm/s，过渡态 ≤38.1 mm/s。测功器振动报警值 15 mm/s。

　　试验件轴向力：应力环监测轴向力，并根据轴承座承受能力，控制轴向力。

　　超转保护：设置超转保护，当物理转速达到超转警示值时进行超转保护。

7.4.2　设备安全监控

以某试验器试验设备为例，介绍试验设备安全监控。

1. 监视系统

电视监视系统用于监视和记录试验过程中设备运行状况，实时掌握试验现场信息。工业电视监视系统原理图见图 7.2。

电视监视系统配置高清摄像头、硬盘录像机、交换机、液晶电视等。

布局位置：系统采用 6 个监控点，分别布置在试验间、滑油间和操纵间。摄像头共配置 6 个，其中试验间配置 4 个固定摄像头，滑油间 1 个固定摄像头，操纵间配置 1 个吸顶摄像头。滑油间、操纵间摄像头高度 3 m；试验间 4 个摄像头中，3 个摄像头高度 3 m，1 个高度 5 m，试验间、操纵间和滑油间监控点布置位置见图 7.3。

系统布置 4 台 75 寸液晶电视，能将监控图像及试验数据实时播放出来。

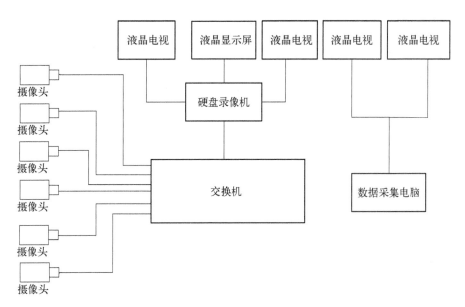

图 7.2　现场监控设施系统原理图

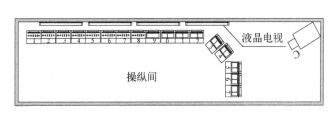

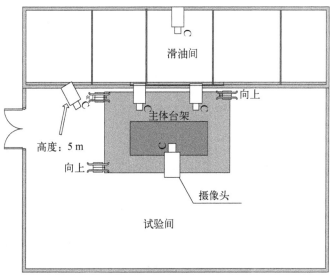

图 7.3　摄像头现场布置图

2. 主要系统安全监控

某涡轮综合试验器由进气管路系统、排气管路系统、冷气/盘腔气/封严气管路系统、主体设备、液压系统、操纵台、测试系统、电气系统、滑油系统、水系统、监视系统、消声设施、运输系统、配套设施等组成,试验器采用双层布局,进排气管路系统、冷气/盘腔气/封严气管路系统、主体部分设计在试验间内;滑油系统、空压机、配电柜等分配在第一层独立的房间内,操纵台、测试间布置在第二层。

试验器原理及厂房布置见图 7.4。来自气源站的高温压缩空气通过管网输送

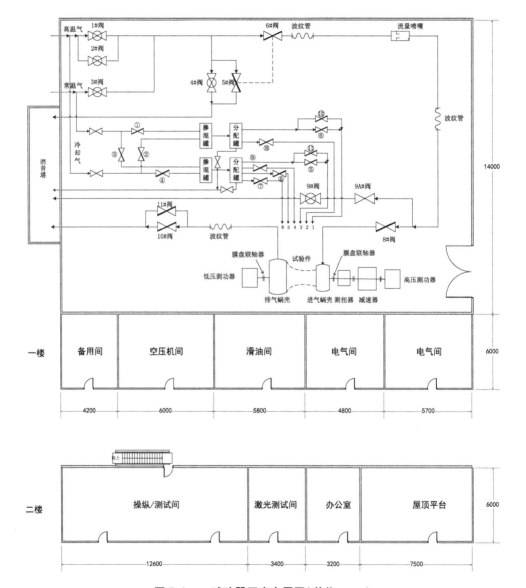

图 7.4　××试验器厂房布置图(单位:mm)

至试验设备入口,气体通过试验器管路系统调压、节流、整流后进入试验件,涡轮膨胀做功后,出口气流导入排气蜗壳、经管道节流后排入消声塔。

1)进气管路系统

进气管路系统主要将压缩空气调温、调压、节流后导入试验件以满足涡轮试验需求,其功能主要包括压力控制、温度控制、流量控制、整流、流量测量、快速切断气流。为实现上述功能涉及的主要设备包括管道、调节阀门、快速通断阀门、测量段、热补偿装置、支架等。

进气管道上安装有进气温度、进气压力监测点,进气流量测试设备。

当出现紧急情况时,按下操纵面板上的急停按钮,进气管道上的 6#气动快速关闭阀在紧急情况下切断气流,同时流量调节排放管上 5#气动快速打开阀打开,两阀门联动,保证气体不再进入试验件以保证设备安全。

2)排气管路系统

排气管路系统主要是把试验件排气引入消声塔,其功能主要包括排气出口压力控制。通过调节 10#排气阀门、11#旁路排气阀门的开度,改变试验涡轮出口压力,进而达到改变试验状态的目的。

排气管道上安装有排气温度、排气压力监测点。

3)辅助供气系统

辅助供气系统主要包括鼓风机设备和空压机设备,其主要功能是给测功器、测扭器提供封严气。储气罐设置限压安全阀和压力监测点、管路上设置多点压力监测点。

4)测功器系统

高压涡轮功率由 1 台英国 Froude 公司 HS125 水力测功器作为调节负载,测功器最大功率 1 865 kW、最大转速 30 000 r/min。

低压涡轮功率由 1 台英国 Froude 公司 HS150 水力测功器作为调节负载,测功器最大功率为 1 860 kW,最大转速 24 000 r/min。

测功器上安排有转速、振动、轴承温度、水温、供水水压、封严气供气压力、滑油供油压力、扭矩等测量设备。

试验时,若这些测量参数达到警戒值则测功器会报警,如果超过了警戒值后继续上升以至于超出了临界值,则测功器会发出信号至控制系统,自动关闭进气管道上的 6#气动快速关闭阀切断气流,同时 5#气动快速打开阀打开,两阀门联动,保证气体不再进入试验件,同时测功器本身迅速下调转速以保护设备安全。

5)滑油系统

某润滑油站共有三套,分别用于涡轮试验件转子轴承的润滑、测扭器润滑及减速器润滑。各套系统由油箱、管路、油泵、阀门、油滤、加温器、散热器及温度、压力、流量、液位测量装置等组成。

每套系统均在油箱内设加温器与远程监视液位计监控滑油液位。第一套滑油系统供油量为 200 L/min 左右,供油压为 0.3~0.5 MPa;第二套滑油系统供油量为每路 3~6 L/min,供油压为 0.4~0.6 MPa;第三套滑油系统供油量 6~10 L/min,供油压为 0.3~0.5 MPa。以上监控参数全部在数采系统上显示,在参数异常时报警。

一旦发生突然停电事故,供油管路上串装的气压应急油箱以及 UPS 应急电源,会继续保持试验件正常供油,保证减速器、试验件、测扭器等试验设备免遭损坏。

油站置于滑油间,滑油系统原理图见图 7.5。

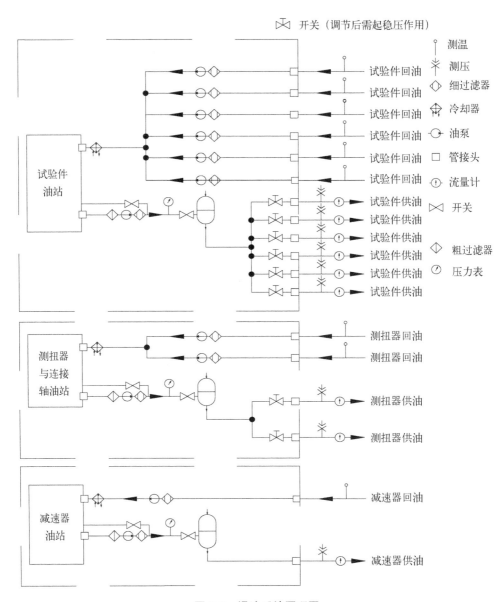

图 7.5　滑油系统原理图

6）操纵台

操纵台布置在操纵间,距离墙面 800 mm。试验器操纵台主要由以下部分组成:

(1) 水力测功器控制箱及参数/曲线显示屏;

(2) 电源开关、控制按钮、报警和状态指示灯、阀门开度指示;

(3) 冷气/平衡气阀门控制器;

(4) 工控机终端触摸屏;

(5) 工业电视监视显示屏;

(6) 测试数据显示屏。

当参数异常出现报警值时,报警指示灯亮起提示试验人员注意。当试验出现紧急情况时,拍下操纵台上的控制按钮紧急停车,能马上关闭进气管道上的 6#气动快速关闭阀切断气流,同时 5#气动快速打开阀打开,两阀门联动,保证气体不再进入试验件,以保护设备安全。

7）电气系统

(1) 便于操纵,用电设备图形化显示,虚拟按钮控制电源的通断。

(2) 实现终端远程控制,远程控制基于 PLC 实现,直接接入操纵台控制电脑。

(3) 声音报警及紧急停车保护:

(a) 电气系统与测试系统通信,从测试系统获取必要的信息,如温度、压力、振动、扭矩、转速等,可实现车台声音报警及紧急停车;

(b) 电气系统获取电加温器、电机等用电设备故障信息,如超温、短路、失压、缺相、漏电、三相负载不平衡、突然断电等,并在操纵台电脑上提示,可实现车台声音报警及紧急停车;

(c) 紧急情况下,手动控制按钮实现紧急停车。

(4) 突然断电后对用电设备控制单元、交直流控制柜、数采系统等设备紧急供电。

8）测试系统

(1) 测试软件具备自动识别设备的能力,设备故障能自动报错,除采集设备(数采和压力模块)故障外,其他测试设备出现故障,软件应能正常运行。

(2) 数采系统具备关键检测参数报警提示,关键数据超限报警功能,具有低报警、高报警和安全边界预警,数据发生突变时用醒目颜色突出显示,并可对报警设置参数实时修改,如报警参数、报警值等。

(3) 具备电气控制单元或 PLC 等外围设备的网络通信功能。

(4) 发生突然停电事故,UPS 应急电源会继续保持测试系统正常工作。

7.5 典型案例

7.5.1 某试车台双转子涡轮试验故障

1. 故障情况概述

在某车台对某发动机技术验证机双转子模型涡轮进行第三次试车,高压转子转速上推至折合转速 $\bar{n}_g$ = 1.0(约 23 840 r/min),低压转子转速上推至折合转速 $\bar{n}_p$ = 1.0(约 17 430 r/min),总膨胀比 π_t = 6.1,试验件振动情况良好,于是对各个状态进行性能录取。在高压折合转速 $\bar{n}_g$ = 0.7(约 16 681 r/min),低压折合转速 $\bar{n}_p$ = 0.9(约 16 204 r/min),调节总膨胀比至 5.5 时,发现试验件振动超过 25 mm/s,立即拍下紧急停车按钮,切断试验件进气,控制水力测功器下拉试验件转速,此时试验件振动急剧增大,振动最大值 250 mm/s,同时通过监控摄像头发现试验件冒烟,出现明火。待试验件转速为 0,扑灭明火后,盘动试验件转轴,发现高压转子、低压转子均卡滞,无法转动。

本次故障造成试验件损坏,严重影响试验进度和试验器正常使用。

2. 分解检查情况

试验件分解后,高压转子轴承严重损坏,高压转子上所有零件都受到不同程度的损坏,与转子件接触的封严环均已损坏,转子上除了前输出轴其余均有不同程度的损坏。低压转子涡轮盘与高压转子涡轮盘刮磨磨损,其余零件完好。试验件结构见图 7.6。

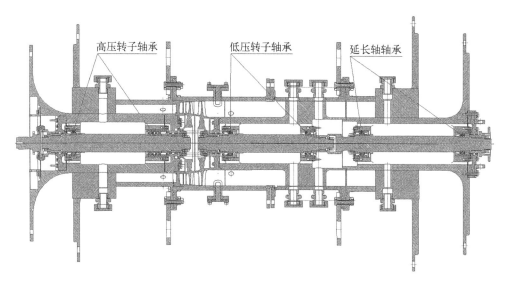

图 7.6　模型涡轮二维图

分解时发现高压涡轮盘与低压涡轮盘已碰到一起,原高低压盘间轴向间隙为3.2 mm。

试验件分解后零件损坏情况:

高压涡轮盘与低压涡轮盘已碰到一起(原高低压盘间轴向间隙为3.2 mm)。高压涡轮盘叶尖磨损量最大8 mm,叶根磨损最大7 mm。

双排球轴承(涡轮盘端)内环与轴发生粘黏,两个球轴承外环与喷油环、轴承压盖粘黏,喷油嘴被磨平,球轴承座烧黑。滚棒轴承内环与轴发生粘黏,棒轴承损伤较球轴承小,保持架和滚珠都在,滚珠有不同程度的损伤。见图7.7。

图7.7　棒轴承

甩油盘(前端)约1/2区域磨损严重,最大磨损量约2 mm。甩油盘(涡轮盘端)端面有大量烧结物,1/4区域磨损严重,最大磨损量约4 mm。

封严环(涡轮盘端)涂层全部磨损,局部基体受损,且附着大量烧结物。封严环(前端)涂层已全部磨掉,部分基体受损。

导向器部分表面附着有积碳,法兰表面已变黑。

3. 事故原因

分析试验数据,发现试验件(高压转子轴承)供油流量、供油压力从15:55开始下降,到故障发生16:34时,试验件供油流量、供油压力均为0,见图7.8。

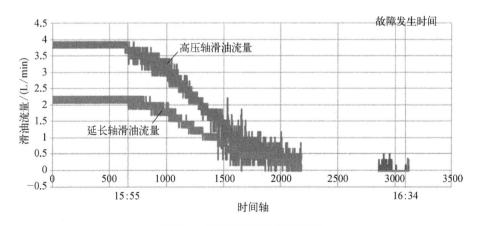

图7.8　试验过程滑油流量监测

1）试验件供回油流路

试验件共三路供油,三路回油,分别用于高压转子轴承,低压转子轴承,低压延长轴承的润滑,其中高压转子轴承、低压延长轴轴承共用一个油箱,低压转子轴承使用另一个油箱。因低压转子轴承及低压延长轴轴承分解后查看均未损坏,所以重点排查高压转子轴承供回油流路。

1 号油箱给高压轴承、延长轴轴承供油,1 台供油泵分 2 路供油,1 路(5#管)给高压轴轴承供油,1 路(6#管)给延长轴轴承供油;高压轴轴承 1 台回油泵回油,延长轴轴承 1 台回油泵回油。

2 号油箱给低压转子轴承供油:1 路供油,1 路回油。

2）试验设备供油能力检查

试验故障发生后,检查 1 号油箱液位约为 225 mm(油箱最大液位可至 480 mm)。

给 1 号油箱加油至液位达到 240 mm。打开 1 台供油泵(5#管、6#管路同时供油),在无回油的情况下(供回油不循环)让滑油供油泵工作。5#管供油流量为 1.689 L/min,压力为 0.196 MPa;6#管供油流量为 3.242 L/min,压力为 0.253 MPa。

当油箱液位 225 mm 时,两个供油管道的流量和压力开始出现下降。

当油箱液位降至 215 mm 时。5#管供油流量开始出现 0 值(数采显示值),6#管供油流量在 0.496 L/min 附近波动。

当油箱液位 210 mm 时,6#管供油流量开始出现 0 值(数采显示值)。

数采系统显示滑油流量值均为 0 时,实际供油管内仍然有滑油流出。两分钟内,流出了约 0.5 L 滑油,即数采系统显示滑油流量值均为 0 时,实际滑油流量约为 0.25 L/min。当实际供油管不再出油时,试验件油箱液位降至 209 mm。

3）事故原因

通过对试验设备供油能力检查,试验设备滑油供油泵、回油泵工作正常,由于在试验过程中试验件有漏油情况(轴上密封、腔通大气口),滑油不能完全回到滑油箱,油箱液位下降,当油箱液位低于 225 mm 液位时,供油压力和供油量会出现下降,当滑油油箱液位低于 210 mm 液位时,供油压力和供油量为 0,导致试验件轴承供油不足,轴承干磨烧毁,从而引起着火。故障发生后检查油箱液位约为 225 mm,除去供、回油管道中留存的油,故障发生时油箱液位约为 210 mm,与事后检查情况吻合。

4. 纠正措施及验证情况

（1）对滑油箱的液位进行实时监控,试验时要保持滑油箱液位在高位,油箱最低液位不能低于 240 mm。

（2）将滑油的供油压力、供油流量等参数放在显示屏上人眼能随时查看到的显著位置,并设置变色报警。

（3）布置对试验件轴承外环温度进行监测的测点；对轴承座增加应力环，对试验件的轴向力进行监测。

纠正措施完成后，进行了某燃气模型涡轮试验，试验件振动情况良好，供、回油流路正常，成功录取了相关性能数据，试验顺利完成。

5. 安全风险总结

经过分析排查，确定了某发动机双转子涡轮试验件着火的原因。当试验件出现漏油时，滑油油箱液位下降无预警，滑油供油流量下降无预警，导致试验件供油不足，轴承干磨烧毁，从而引起着火。

本次故障暴露出该试验器安全设计和试验中安全风险控制方面存在不足：试验器设计时未对油箱的液位限制值进行明确，对油箱低液位对滑油供油流量和供油压力的认识不清楚，且缺乏相应液位实时监测测点。同时在试验中，缺乏对滑油流量、压力等安全限制值的报警监控，导致数值明显偏低时没有第一时间发现并采取措施，使得故障发生。

7.5.2　某发动机燃气涡轮模型涡轮试验刮磨故障

1. 故障情况概述

某燃气涡轮模型涡轮试验件。在某车台进行了第三轮第四次试车，试验过程中，试验件在低转速时振动情况良好，振动总量稳定且幅值均在 $3.0\ \text{mm/s}$。在完成 $0.6n$、$0.7n$、$0.8n$、$0.9n$ 试验数据采集后，继续将转速推至 $0.92n(21\,586\ \text{r/min})$，完成该转速涡轮特性（膨胀比从 4.2 降至 2.7）后，在转速不变的情况下，将出口调节阀打开调整状态（膨胀比从 2.7 升高至 3.08）过程中，振动增加到 $10\sim15\ \text{mm/s}$，约 10 秒钟之后振动陡增，紧急停车。停车后对转子进行盘车，发现已经卡滞，遂下台分解检查，分解后发现转子上零件损坏严重。

本次故障造成试验件损坏，严重影响试验进度和试验器正常使用。

2. 事故原因

1）试验件结构检查

通过对试验件结构重新进行计算分析，发现一、二级涡轮盘之间盘、盘连接结构不够稳定。在工作过程中，由于离心力的作用，一、二级盘轴向会缩短，造成一、二级盘端面脱开，因而引起试验件振动，振动异常必然会对轴承有很大影响，因此，结构设计不合理是故障发生主要原因。盘盘及盘轴连接示意图见图 7.9。

2）机理分析

转子上通过花键来传扭的零件一般需在花键两端均设置配合面，而本试验件均只在花键一端有定位面。一、二级整体叶片盘轮心两侧均伸出了沿轴向跨度相对较长的轴段，在离心载荷下作用下叶片盘盘体产生比轴段大的径向位移，轮盘轴段会产生较大的轴向收缩，从而使转子发生松弛，产生较大松弛力，而实际中螺母

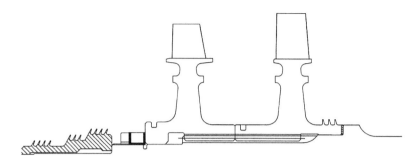

图 7.9   盘盘及盘轴连接示意图

不可能提供如此大的预紧力,工作状态下,两个盘必然会脱开,因而造成很严重的振动,最终导致刮磨,下面对其进行详细分析。盘前压紧螺母示意图见图 7.10,盘前压紧螺母预紧力计算结果见表 7.3。

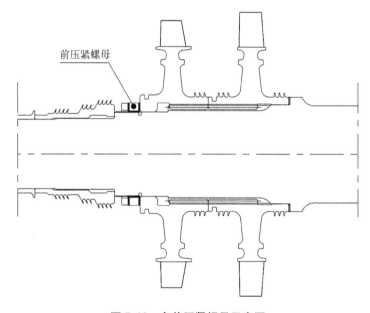

前压紧螺母

图 7.10   盘前压紧螺母示意图

表 7.3   盘前压紧螺母预紧力计算结果

位 置	盘前压紧螺母段
涡轮轴最小截面积 A/mm^2	1 075
涡轮轴屈服极限 $\sigma_{0.2}/\mathrm{MPa}$	900
涡轮轴屈服拉力 P_y/N	967 500

续　表

位　　置	盘前压紧螺母段
最小强度储备系数 γ_{min}	1. 125
最大允许预紧力 P_{max}	860 000
初始过盈量/mm	0. 166 7
初始预紧力/N	200 980
残余预紧力/N	104 960
松弛力 P_r/N	96 020
最小紧度储备系数 N_{min}	1. 25
所需最小预紧力 P_{min}/N	120 025

由表 7.3 可知,盘前压紧螺母处所需预紧力 120 025 N $\leqslant P_2 \leqslant$ 860 000 N,根据已有型号经验,在满足强度要求的前提下,各连接位置残余预紧力可适当取大些。本报告认为为了保证转子具有足够的刚性,计算出来的预紧力需要进行加大修正,从偏安全考虑,建议暂取盘前压紧螺母处预紧力为 15 t(即 147 kN)。该盘前压紧螺母处松弛力为 96 020 N,比目前所内其他型号的都要大。为分析影响该处松弛力的原因,分别计算了转子仅在温度载荷、离心载荷、气动载荷单独作用下的松弛力,计算结果如表 7.4 所示。

表 7.4　各载荷作用下盘前压紧螺母处松弛力

载　　荷	全部载荷	仅温度载荷	仅转速	仅气动载荷
松弛力/N	96 020	28 830	65 090	1 390

由表 7.4 可知,转速对盘前压紧螺母处松弛力的影响最为明显,其次是温度载荷,然后是气动载荷。另外,根据对仅转速作用时转子的综合位移及变形分布图的分析,一、二级整体叶片盘轮心两侧均伸出了沿轴向跨度相对较长的轴段,在离心载荷作用下叶片盘盘体产生比轴段大的径向位移,轮盘轴段会产生较大的轴向收缩,从而使转子发生松弛,产生较大松弛力。而轴是实心轴、叶轮盘刚性很强,拧紧螺母很难使轴变长或是压缩叶轮盘,螺母无法提供轮盘松弛所必需的预变形,故工作状态下转子结构不稳定,最终导致刮磨事件。仅转速作用下转子综合位移及变形分布见图 7.11。

由于该结构在高转速下不稳定,且振动会突然增大,会发生很严重的事故。

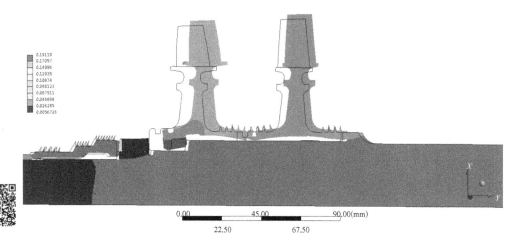

图 7.11　仅转速作用下转子综合位移及变形分布图

4. 纠正措施

针对上述分析,对盘盘连接以及盘轴连接进行了改进,转接套齿与轴之间通过花键传扭,两边设置定位面,盘与盘之间通过端齿连接并用中心拉杆拉紧。按图样加工一级导向器、一级叶轮盘、二级导向器、二级叶轮盘、一级外环、二级外环、涡轮机匣,其余零件借用某型燃气涡轮模型涡轮试验件零件,试验件装配好后在某台进行了首次试车,试验过程中试验件本体振动很小,对 $0.8n$、$0.9n$、$1.0n$、$1.05n$ 转速进行了性能数据采集,完成试验任务。试验件改进结构示意图见图 7.12。

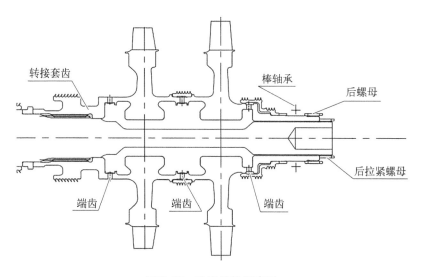

图 7.12　改进结构示意图

5. 安全风险总结

经过分析排查,确定了某发动机燃气涡轮试验件刮磨的原因是转子盘轴连接以及盘盘连接结构不稳定,故障定位准确,故障机理清楚,采取了相应的改进措施,改进试验件成功运转。

本次故障为典型的由于试验件结构设计不合理引发的试验件故障,由于试验前对试验件的结构缺乏足够了解,导致试验过程中试验件发生转静子碰磨,严重影响试验安全。需要认识到,大部分涡轮试验件均为新设计的试制产品,其结构缺乏足够的安全考核,因此在试验前应对试验件情况有足够的了解,并制定相应的安全控制措施,在试验过程中,应严格按照相应措施进行试验。

第8章
试验结果分析与评定

试验完成后需对试验结果进行数据处理、分析和评定。对试验数据进行处理前,需先对试验采集的原始数据进行预处理,然后再根据试验目的和需求按照前面章节中的相应公式对试验数据进行处理。在工程使用中,原始数据的预处理主要有平均值计算和插值计算。试验结果处理完后,还需对处理结果的误差进行分析,最后对试验结果进行评定。

8.1 数 据 预 处 理

数据预处理前,需先对所有试验采集的原始数据进行初步判断,例如压力数据、温度数据、流量数据(流量计所测)等。一般主要检查原始的测量数据是否有误,对于有误的原始数据进行删除后方可进行数据预处理。对于明显有误的数据很容易识别,有些数据则需要进行对比分析才能识别。原始数据初步判断的常用对比分析方法有:

(1)对同一测量参数的各支仪表(通常对同一测量参数会用多支仪表进行测量,以保证测量参数的准确性和代表性)的数据进行对比;

(2)判断数据的变化趋势或规律与试验状态的改变是否吻合;

(3)对比压力数据的数值与采集的大气压数值是否接近。

8.1.1 测量参数平均值计算

测量参数平均值可从算数平均值、环面积加权平均值及质量加权平均值三种方法中任选一种计算。

(1)测量参数算数平均值计算:

$$\overline{X} = \sum_{1}^{j} X_i / j \qquad (8.1)$$

（2）测量参数环面积加权平均值计算：

$$\overline{X} = \sum_{1}^{j} (X_i A_i) / \sum_{1}^{j} A_i = \sum_{1}^{j} \left[X_i (r_i^2 - r_{i-1}^2) \right] / \sum_{1}^{j} (r_i^2 - r_{i-1}^2) \tag{8.2}$$

（3）测量参数质量加权平均值计算：

$$\overline{X} = \sum_{1}^{j} \left[\frac{P_{ti} q(\lambda_i)(r_i^2 - r_{i-1}^2) X_i}{\sqrt{T_{ti}}} \right] / \sum_{1}^{j} \left[\frac{P_{ti} q(\lambda_i)(r_i^2 - r_{i-1}^2)}{\sqrt{T_{ti}}} \right] \tag{8.3}$$

8.1.2　插值计算

试验数据处理时有时需要对数据进行插值，常用的插值方法有线性插值、多项式插值、拉格朗日插值等，实际处理时根据需要选择插值方法。

1. 线性插值

线性插值是用一系列首尾相连的线段依次连接相邻各点，每条线段内的点的高度作为插值获得的高度值。

以 (x_i, y_i) 表示某条线段的前一个端点，以 $[x_{(i+1)}, y_{(i+1)}]$ 表示该线段的后一个端点，则对于在 $[x_i, x_{(i+1)}]$ 范围内的横坐标为 x 的点，其高度 y 为

$$y = y_i + \frac{x - x_i}{x_{i+1} - x_i} \cdot (y_{i+1} - y_i) \tag{8.4}$$

2. 二次插值

如果按照线性插值的形式，以每 3 个相邻点做插值，就得到了二次插值：

$$y = \frac{(x - x_{i+1}) \cdot (x - x_{i+2})}{(x_i - x_{i+1}) \cdot (x_i - x_{i+2})} \cdot y_i + \frac{(x - x_i) \cdot (x - x_{i+2})}{(x_{i+1} - x_i) \cdot (x_{i+1} - x_{i+2})} \cdot y_{i+1}$$
$$+ \frac{(x - x_i) \cdot (x - x_{i+1})}{(x_{i+2} - x_i) \cdot (x_{i+2} - x_{i+1})} \cdot y_{i+2} \tag{8.5}$$

3. 拉格朗日多项式插值

依照线性插值和二次插值的思路，可以增加基函数分子和分母的阶数，构造拉格朗日插值多项式：

$$y = \sum_{i=0}^{n} l_i(x) y_i \tag{8.6}$$

$$l_i(x) = \prod_{k=0, k \neq i}^{n} \frac{(x - x_k)}{(x_i - x_k)} \tag{8.7}$$

4. 牛顿插值

$$p(x) = f(x_0) + f[x_0, x_1](x - x_0) + f[x_0, \cdots, x_n](x - x_0) \cdots (x - x_n) \tag{8.8}$$

$$\begin{cases} f[x_i, x_j] = \dfrac{f(x_i) - f(x_j)}{x_i - x_j}, \\ f[x_0, x_1, \cdots, x_n] = \dfrac{f[x_0, x_1, \cdots, x_{n-1}] - f[x_1, x_2, \cdots, x_n]}{x_0 - x_n} \end{cases} \tag{8.9}$$

8.2　误　差　分　析

试验的结果无论是直接测量,还是间接测量,由于测量仪表、方法以及外界条件的影响等因素的限制,使得测量值与真值之间存在着一定的差值,因此需对试验结果进行误差分析。在工程中,试验结果的误差一般为相对误差,通常根据直接测量参数的相对误差(由测量设备、仪表直接给出或测量设备、仪表给的误差公式计算得到)按照误差传递计算得到。

8.2.1　平面叶栅

平面叶栅主要性能参数的误差分析计算如下。

（1）叶栅损失系数误差：

$$\delta\omega = \sqrt{\left(\frac{1}{P_{t1} - P_{s1}} - \frac{P_{t1} - P_{t2}}{(P_{t1} - P_{s1})^2}\right)^2 \delta P_{t1}^2 + \left(\frac{1}{P_{t1} - P_{s1}}\right)^2 \delta P_{t2}^2 + \left(\frac{P_{t1} - P_{t2}}{P_{t1} - P_{s1}}\right)^2 \delta P_{s1}^2}$$

$$\tag{8.10}$$

式中,δP_{t1} 表示参数 P_{t1} 的绝对误差;δP_{t2} 表示参数 P_{t2} 的绝对误差;δP_{s1} 表示参数 P_{s1} 的绝对误差。

（2）总压损失系数误差：

$$\delta\xi = \sqrt{\left(\frac{P_{t2}}{P_{t1}}\right)^2 \delta P_{t1}^2 + \left(\frac{1}{P_{t1}}\right)^2 \delta P_{t2}^2} \tag{8.11}$$

（3）出口气流角误差：

$$\delta\beta_2 = \sqrt{\delta\beta_{2k}^2 + \delta\beta_{2zh}^2} \tag{8.12}$$

式中,$\delta\beta_{2k}$ 为出口气流角随动控制误差;$\delta\beta_{2zh}$ 为出口气流角转换误差。

8.2.2　环形/扇形叶栅

环形/扇形叶栅主要性能参数的误差分析计算如下。

（1）进出口总静压比相对误差：

$$\delta \pi_{\mathrm{t}} = \sqrt{\delta P_{\mathrm{t1}}^2 + \delta P_{\mathrm{s2}}^2} \tag{8.13}$$

（2）进出口静压比相对误差：

$$\delta \pi_{\mathrm{s}} = \sqrt{\delta P_{\mathrm{s1}}^2 + \delta P_{\mathrm{s2}}^2} \tag{8.14}$$

（3）流量函数相对误差：

$$\delta F(W) = \sqrt{\delta W^2 + \delta P_{\mathrm{t1}}^2 + \frac{1}{4}\delta T_{\mathrm{t1}}^2} \tag{8.15}$$

（4）导向器进口换算流量相对误差：

$$\delta F(W_{\mathrm{cor},0}) = \sqrt{\delta W_{\mathrm{m}}^2 + \delta P_{\mathrm{t1}}^2 + \frac{1}{4}\delta T_{\mathrm{t1}}^2} \tag{8.16}$$

（5）导向器喉部换算流量相对误差：

$$\delta F(W_{\mathrm{cor},\mathrm{vt}}) = \sqrt{\delta W_{\mathrm{g},\mathrm{vt}}^2 + \delta P_{\mathrm{t1}}^2 + \frac{1}{4}\delta T_{\mathrm{t},\mathrm{vt}}^2} \tag{8.17}$$

（6）总压恢复系数相对误差：

$$\delta \sigma = \sqrt{\delta P_{\mathrm{t1}}^2 + \delta P_{\mathrm{t2}}^2} \tag{8.18}$$

8.2.3 流量函数

流量函数主要性能参数的误差分析计算如下。

（1）临界文丘里管质量流量相对误差：

$$\delta W = \sqrt{\delta A^2 + \delta C^2 + \delta P_{\mathrm{ta}}^2 + \frac{1}{4}\delta T_{\mathrm{ta}}^2} \tag{8.19}$$

式中，δA 为文丘里管喉部面积相对误差；δC 为文丘里管流出系数相对误差，没有校准时为 $\pm 0.5\%$；δP_{ta} 为文丘里管进口总压相对误差；δT_{ta} 为文丘里管进口总温相对误差。

（2）导向器前、后缘外壁静压比的相对误差：

$$\delta(P_{\mathrm{s1}}/P_{\mathrm{s2}}) = \sqrt{\delta P_{\mathrm{s1}}^2 + \delta P_{\mathrm{s2}}^2} \tag{8.20}$$

（3）流量函数的相对误差：

$$\delta(W\sqrt{T}/P) = \sqrt{\delta W^2 + \delta P_{\mathrm{t1}}^2 + \frac{1}{4}\delta T_{\mathrm{t1}}^2} \tag{8.21}$$

8.2.4　涡轮级性能

涡轮级性能主要性能参数的误差分析计算如下。

（1）涡轮膨胀比相对误差：

$$\delta \pi_{\mathrm{T}} = \Delta \pi_{\mathrm{T}} / \pi_{\mathrm{T}} = \sqrt{(\delta P_{\mathrm{t1}})^2 + (\delta P_{\mathrm{t2}})^2} \qquad (8.22)$$

（2）测功器吸收功率 P_{D} 的相对误差：

$$\delta P_{\mathrm{D}} = \Delta P_{\mathrm{D}} / P_{\mathrm{D}} = \sqrt{(\delta T_{\mathrm{t1}})^2 + (\delta n)^2} \qquad (8.23)$$

（3）有效功 L_{et} 的相对误差：

$$\delta L_{\mathrm{et}} = \Delta L_{\mathrm{et}} / L_{\mathrm{et}} = \sqrt{(\delta P_{\mathrm{D}})^2 + (\delta W_{\mathrm{t}})^2 + (\delta \eta_{\mathrm{m}})^2} \qquad (8.24)$$

（4）等熵膨胀功 $L_{\mathrm{ad \cdot T}}^{*}$ 的相对误差：

$$\delta L_{\mathrm{ad \cdot T}} = \Delta L_{\mathrm{ad \cdot T}} / L_{\mathrm{ad \cdot T}} = \sqrt{(\delta T_{\mathrm{t1}})^2 + (\delta \pi_{\mathrm{T}})^2 \left[\left(\frac{k-1}{k} \right) \bigg/ (\pi_{\mathrm{T}}^{\frac{k-1}{k}} - 1) \right]^2}$$

$$(8.25)$$

（5）换算转速 $\bar{n}_{\mathrm{t}}$ 的相对误差：

$$\delta \bar{n}_{\mathrm{t}} = \Delta \bar{n}_{\mathrm{t}} / \bar{n}_{\mathrm{t}} = \sqrt{(\delta n)^2 + \frac{1}{4}(\delta T_{\mathrm{t1}})^2} \qquad (8.26)$$

（6）换算流量 $\bar{W}_{\mathrm{t}}$ 的相对误差：

$$\delta \bar{W}_{\mathrm{t}} = \Delta \bar{W}_{\mathrm{t}} / \bar{W}_{\mathrm{t}} = \sqrt{(\delta W_{\mathrm{t}})^2 + \frac{1}{4}(\delta T_{\mathrm{t1}})^2 + \delta (P_{\mathrm{t1}})^2} \qquad (8.27)$$

（7）涡轮滞止效率 η_{T}^{*} 的相对误差：

$$\delta \eta_{\mathrm{T}} = \Delta \eta_{\mathrm{T}} / \eta_{\mathrm{T}} = \sqrt{(\delta P_{\mathrm{D}})^2 + (\delta W_{\mathrm{t}})^2 + (\delta L_{\mathrm{ad \cdot T}})^2 + (\delta \eta_{\mathrm{m}})^2} \qquad (8.28)$$

（8）雷诺数 Re 的相对误差：

$$\delta Re = \Delta Re / Re = \sqrt{(\delta W)^2 + (\delta b)^2 + (\delta A)^2 + (\delta \mu)^2} \qquad (8.29)$$

8.3　结　果　评　定

　　根据试验的性能或流场参数与试验状态控制参数的变化曲线、云图对试验结果进行评定。不同类型试验，其性能或流场曲线、云图的特征不同。以下根据试验类型给出其常规性能或流场的曲线、云图特征。

8.3.1　平面叶栅结果评定

平面叶栅的能量损失系数、出口气流角、负荷系数通常随马赫数的增大逐渐变大,总压恢复系数随马赫数的增大逐渐变小;平面叶栅的能量损失系数、出口气流角、总压恢复系数通常在设计攻角附近变化不大,在远离设计攻角处则明显变得恶劣,负荷系数则随攻角的改变一直在变;对于叶片表面及叶栅槽道的壁面静压,叶盆处大于叶背处,进口大于出口。图 8.1 ~ 图 8.12 为典型的平面叶栅试验结果曲线。

1) 平面叶栅性能参数随出口马赫数变化曲线

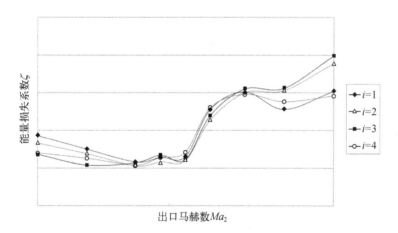

图 8.1　能量损失系数随出口马赫数变化曲线

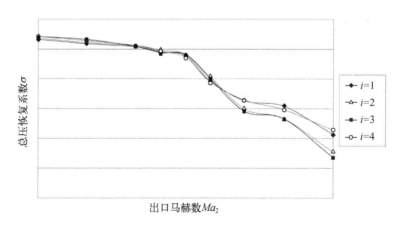

图 8.2　总压恢复系数随出口马赫数变化曲线

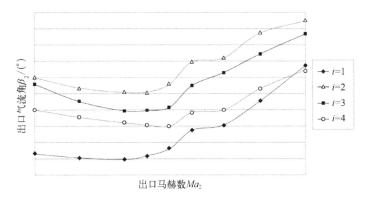

图 8.3   出口气流角随出口马赫数变化曲线

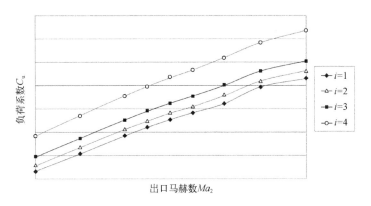

图 8.4   负荷系数随出口马赫数变化曲线

2）平面叶栅性能参数随攻角变化曲线

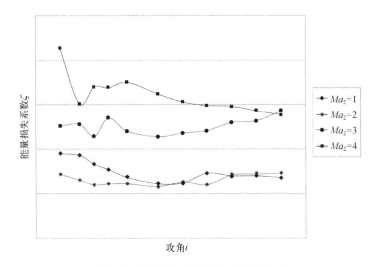

图 8.5   能量损失系数随攻角变化曲线

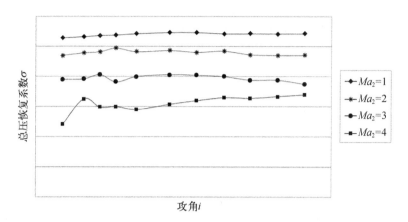

图 8.6　总压恢复系数随攻角变化曲线

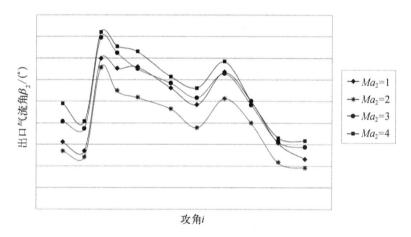

图 8.7　出口气流角随攻角变化曲线

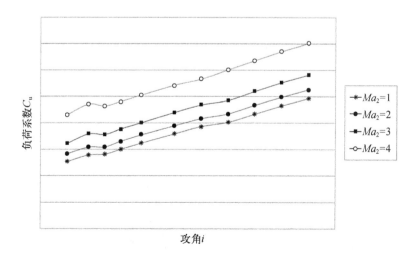

图 8.8　负荷系数随攻角变化曲线

3）平面叶栅叶片表面参数随攻角变化曲线

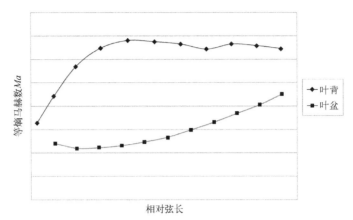

图 8.9　叶表等熵马赫数变化曲线

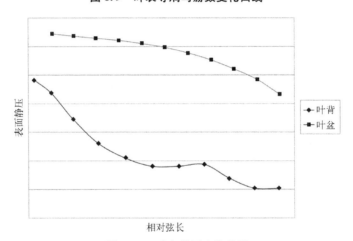

图 8.10　叶表静压变化曲线

4）平面叶栅槽道参数变化云图

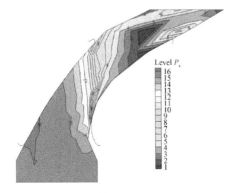
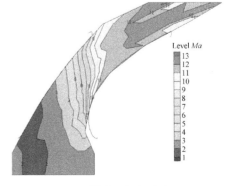

图 8.11　槽道静压分布云图　　　　　图 8.12　槽道马赫数分布云图

8.3.2　环形/扇形叶栅结果评定

环形/扇形叶栅通常需要给出叶栅性能沿叶高的变化曲线,其性能参数在叶根和叶尖变化比较明显,在主流区则比较平缓。这主要是因为环形/扇形叶栅的流动是三维流动,在叶根和叶尖处端壁二次流、端壁流等气动影响比主流区复杂,叶栅的性能在叶根和叶尖处要比主流区差。对于叶片表面的壁面静压,叶盆处大于叶背处,进口大于出口。图 8.13~图 8.21 为典型的平面叶栅试验结果曲线。

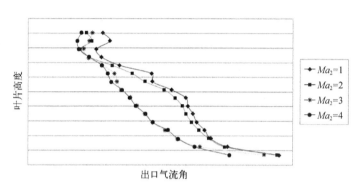

图 8.13　不同马赫数叶栅出口气流角变化曲线

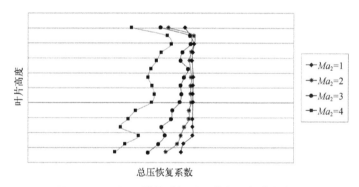

图 8.14　不同马赫数叶栅总压恢复系数变化曲线

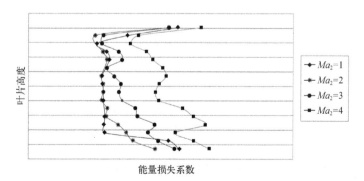

图 8.15　不同马赫数叶栅能量损失系数变化曲线

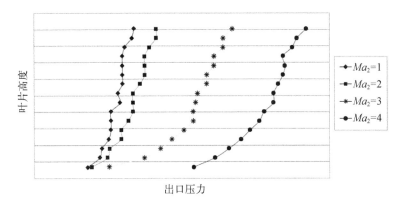

图 8.16 不同马赫数叶栅出口压力变化曲线

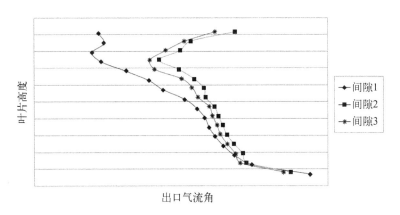

图 8.17 不同叶尖间隙叶栅出口气流角变化曲线

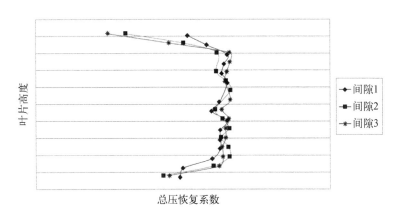

图 8.18 不同叶尖间隙叶栅总压恢复系数变化曲线

一般马赫数叶背处的比叶盆处的大,叶盆处的比叶背处的变化平缓。
一般叶片表面压力叶背处的比叶盆处的小,叶盆处的比叶背处的变化平缓。

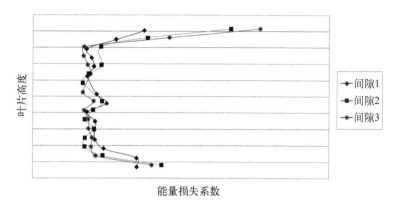

图 8.19　不同叶尖间隙叶栅能量损失系数变化曲线

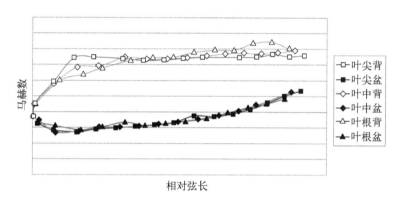

图 8.20　叶片表面马赫数变化曲线

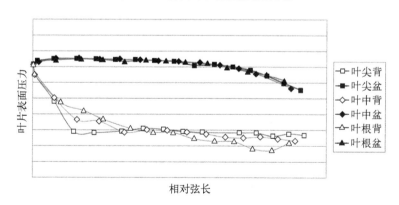

图 8.21　叶片表面压力变化曲线

8.3.3　流量函数结果评定

导向器未临界时换算流量随总静压比升高而增大,导向器临界后换算流量则不随总静压比升高变化。图 8.22~图 8.23 为典型的高压涡轮导向器流量函数结果曲线。

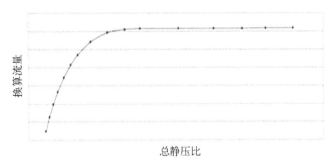

图 8.22　换算流量随总静压比变化曲线

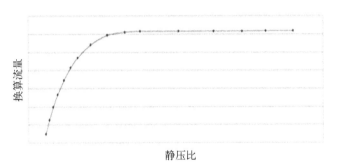

图 8.23　换算流量随静压比变化曲线

8.3.4　涡轮级性能结果评定

涡轮效率随膨胀比变化曲线通常类似抛物线,在设计点附近一般变化比较平缓;涡轮换算流量、换算功通常随膨胀比增大逐渐增大,导向器临界后换算流量则不再变化。试验件进口流场通常都比较均匀;试验件出口流场通常与试验件有关,同一参数各支仪表的变化趋势基本一致。图 8.24~图 8.32 为典型的涡轮性能结果曲线。

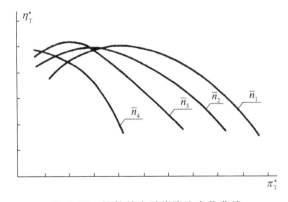

图 8.24　涡轮效率随膨胀比变化曲线

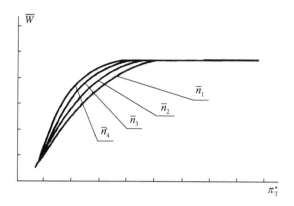

图 8.25　涡轮换算流量随膨胀比变化曲线

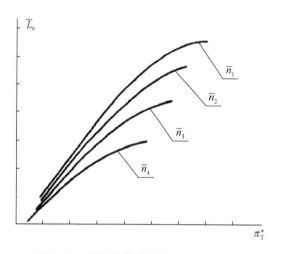

图 8.26　涡轮换算功随膨胀比变化曲线

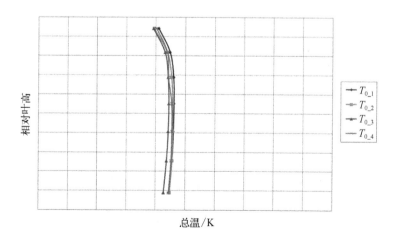

图 8.27　涡轮进口总温沿叶高变化曲线

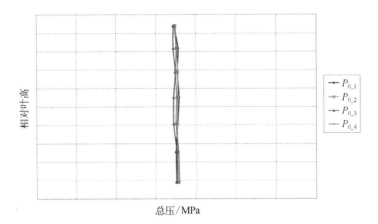

图 8.28　涡轮进口总压沿叶高变化曲线

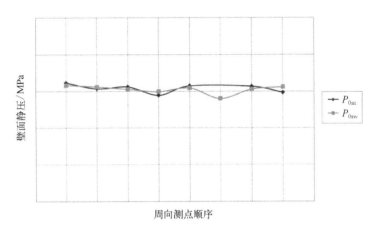

图 8.29　涡轮进口壁面静压沿周向变化曲线

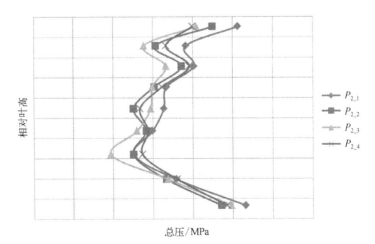

图 8.30　涡轮出口总压沿叶高变化曲线

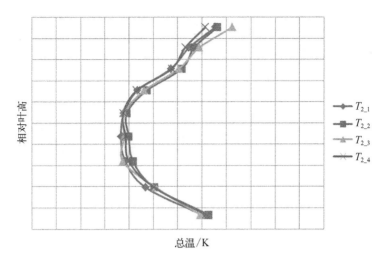

图 8.31　涡轮出口总温沿叶高变化曲线

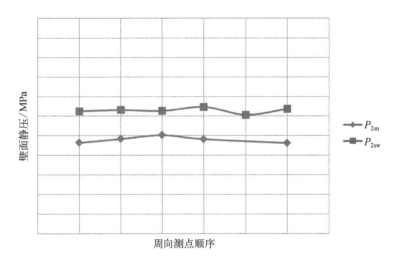

图 8.32　涡轮出口壁面静压沿周向变化曲线

第 9 章
先进试验测试技术的应用及展望

本章主要介绍涡轮气动性能试验中采用的一些先进测试技术,包括激光多普勒测速技术,PIV 测速技术,涡轮叶尖间隙测试技术,涡轮高温测量技术。其中涡轮叶尖间隙测试技术主要介绍电涡流测量法,微波测量法,光纤测量法。涡轮高温测量技术主要介绍辐射测温技术、荧光测温技术、晶体测温技术和光纤测温技术。

9.1 激光多普勒测速技术

激光多普勒测速仪(laser Doppler velocimeter, LDV),是以激光作为光源,应用多普勒效应来测量流体运动速度的一种仪器,它又称激光多普勒风速计(laser Doppler anemometer, LDA),或称为激光测速仪(laser velocimeter, LV)。激光测速仪具有其他测量方法所不具备的优点,在近二十年来随光纤传输技术、计算机数据处理技术和电子技术等方面的迅速发展,获得了飞速的发展,使得 LDV 更加实用。

9.1.1 激光多普勒测速原理

激光多普勒测速仪是利用激光多普勒效应测量流体速度的。多普勒效应是指在波动源和接收器之间存在相对运动时,接受器收到的波动频率与波动源发出的波动频率不同。

为了利用多普勒效应测量流速,将激光光源和光接受器分别安装在静止平台上,在被测流体中加入能够跟随流体一起运动的、具有微小体积的示踪粒子,示踪粒子接受到激光入射光的照射之后,会将这一入射光向四周散射,固定接收器接收到的示踪粒子的散射光的频率不同于激光光源发射出的光频率,其差值和示踪粒子的运动速度成正比关系。

如果波长为 λ 的准直光线入射到一个运动的物体表面时,得到的多普勒频率为

$$\Delta\nu = (1/\lambda)(\overline{n} - \overline{n}_s) \cdot \overline{V} \tag{9.1}$$

式中,$\overline{n}$、$\overline{n_s}$ 分别是入射光和散射光的单位向量;$\overline{V}$
是移动物体表面的运动速度向量。在差动型激光多
普勒测量中,如图 9.1 所示,两光束 W_1、W_2 入射到
运动物体的表面,在被测物体表面形成一个极小的
测量光斑。两路光束都将被散射,W_1 对光路方向的
入射光,考察 S 方向上的散射光频移,有

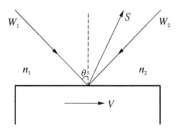

图 9.1 激光多普勒测速原理

$$\Delta \nu_1 = (1/\lambda)(\overline{n_1} - \overline{n_s}) \cdot \overline{V} \qquad (9.2)$$

同样,对 W_2 方向的入射光,考察 S 方向的散射光频移,则有

$$\Delta \nu_2 = (1/\lambda)(\overline{n_2} - \overline{n_s}) \cdot \overline{V} \qquad (9.3)$$

根据光外差原理,两束散射光在光电探测器中进行混频,得到多普勒频移:

$$\Delta \nu = \Delta \nu_1 - \Delta \nu_2 = (1/\lambda)(\overline{n} - \overline{n_s}) \cdot \overline{V} \qquad (9.4)$$

当两入射光相对被测量表面法线对称分布,于是得到:

$$\Delta \nu = \frac{2 \cdot V \cdot \sin \theta}{\lambda} \qquad (9.5)$$

则

$$V = \frac{\lambda}{2 \cdot \sin \theta} \cdot \Delta \nu \qquad (9.6)$$

多普勒频移 $\Delta \nu$ 只与两入射光的夹角、激光波长和物体运动的速度有关,而与
散射光的接收方向 S 无关,故可以通过增大探测器的孔径来提高信号的大小,对于
多普勒信号的处理是非常有利的。式中 λ 是光波的波长;θ 是入射光线与运动物
体表面法线之间的夹角。故根据测得的多普勒频移就可以求出被测表面的运动
速度。

要测量一维速度只需要两束激光即可,而要测量二维速度,需要用两色四束激
光,三维速度需要三色六束激光,如图 9.2 所示。

9.1.2 信号处理

在差动激光多普勒系统中,两束激光在光腰处相交,形成近似呈椭球体的测量
区域,如图 9.3 所示,即测量体。由于激光的相干性非常好,两列光波是从同一光
源中分离出来的,它们在叠加时就会自动地满足相干条件,产生干涉,故测量体内
分布着明暗相间的干涉条纹,条纹方向与这两束光的角平分线平行,如图 9.4
所示。

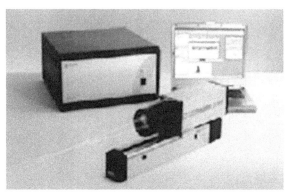

(a) 一维激光多普勒测速系统

(b) 二维激光多普勒测速系统

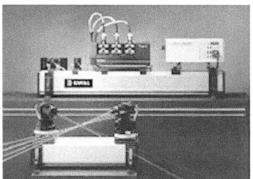

(c) 三维激光多普勒测速系统

图 9.2　激光多普勒测速系统

图 9.3　激光测量体和光强分布

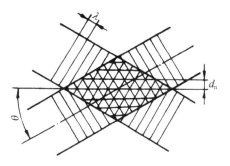

图 9.4　干涉条纹

当示踪粒子以速度 V 穿过这些干涉条纹时,在亮条纹区粒子散射的光多,在暗条纹区散射的光少,从某一方向观察时,微粒上的光强产生正弦变化,其频率与条纹的间距及垂直条纹的速度分量成正比。

设两光束夹角为 2θ,相邻干涉条纹的间距:

$$d_n = \frac{\lambda}{2\sin\theta} \qquad (9.7)$$

令粒子以速度 V_x 垂直于这组干涉面穿过时,就会产生一亮一暗的光脉冲,微粒光强变化频率:

$$f_d = \frac{V_x}{d_n} = \frac{2 \cdot V_x \cdot \sin\theta}{\lambda} \qquad (9.8)$$

由式(9.5)和式(9.8)可知,干涉条纹理论确定的散射光脉动频率等于多普勒频移。事实上,这两种物理现象是不可分割的、同时发生的。干涉条纹理论和多普勒频移理论是从不同角度描述同样的光学现象。

用干涉条纹模型理解运动微粒所产生的信号,有助于更深入地理解多普勒频移的物理含义,并可用干涉理论分析光学系统。如可以解释两束相干光不恰当相交对测量的影响等。因此,干涉条纹模型是激光多普勒测量技术的一个进展。

实际上,激光束截面的光强并非均匀分布,而是以高斯型分布,光束没有尖锐明确的边界。由于光的衍射作用,即使再完善的透镜也不可能将平行光聚集成一点,而只能聚集成有一定直径的细腰,称为光腰。两束光的光腰处相交形成干涉区,近似呈椭球体,称为探测体或测量体。测量体的几何参数决定了测速仪的灵敏度和空间分辨率。

综上所述,光探测器将波动的光强装换成电信号即多普勒脉冲。这种信号是正弦形式的,而且由于激光的光强分布,它具有高斯分布的包络线。接着,多普勒脉冲通过信号处理器进行滤波和放大,得到每一个粒子的 f_d,这个过程一般会采用快速傅里叶变换(fast Fourier transform,FFT)算法进行频域分析。干涉条纹间距 d_n 提供了有关粒子位移的数据。最后就可以通过 $V = f_d \times d_n$ 得到粒子的速度。

9.1.3　激光测速仪的光路结构和系统组成

典型的 LDV 测试系统由发射光学单元和接收光学单元组成。

发射光学单元一般包括激光器、激光束发送器(布拉格盒、分束器)、光纤和 LDV 探头。图 9.5 是 LDV 中的发射光学单元。LDV 系统的激光器是单色相干光的光源。为了满足长时间测量的要求,一般采用连续气体激光器,常用的有氩离子激光器。氩离子激光器能发出 1~5 W 的混合光激光束,使用时必须进行分光,分光后能得到波长分别为 514.5 nm、488 nm、476.5 nm 的绿光、蓝光和紫光。

为了能够分辨出被测速度的方向,绿光、蓝光和紫光各有一束光会经过频移装置进行频移,目前普遍采用的频移装置是声光器件,也称布拉格盒(Bragg Cell),可将入射光频移,频移量一般在 40 MHz 以上。预置固定的频移后,即使粒子速度为零,光检测器仍有频率为固定频移的信号输出。当粒子正向穿过测量点时,光检测

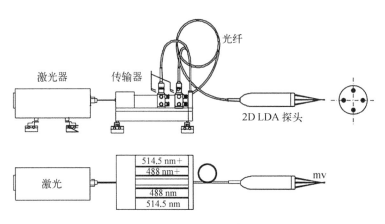

图 9.5 LDV 发射光学单元

器输出频率低于固定频移;当粒子反向穿过测量点时,光检测器输出频率将高于固定频移。这样,可以根据光检测器输出频率高于或低于固定频移来判断速度的方向。当然在计算速度大小时,要将固定频移的大小减掉。

六束入射激光分别通过六根光纤传播,这些光纤和 LDV 探头连接在一起。通常通过合理布置探头使两束绿光所在的平面与两束蓝光所在的平面垂直,通过 LDV 探头前的棱镜使四束激光都聚焦在测量体积内,可测量二维速度分量;测量三维速度分量时,要使两束紫光所在的平面与两束绿光或蓝光所在的平面平行,同样通过 LDV 探头前的各棱镜保证六束激光都聚焦在测量体积内。

LDV 接收光学单元的功能是收集示踪粒子通过测量体时向四周发出的散射光,将光信号经过光电转换得到多普勒频移的电信号。一般包括接收光学元件、光电检测器如光电倍增器或光电二极管、信号处理器以及控制测量和分析测量数据的计算机。

激光多普勒测速光路系统按接收散射光的方向可分为前向散射接收系统、后散射接收系统和前后向通用系统。根据散射光在前面方向上最强,前向散射接收系统可以比较容易地获得高信噪比的多普勒信号,这种方法常用于透明的流体速度测量。但是由于涡轮叶片、轮毂的不可透明性,光线不可能透过其表面,因而,测量涡轮内流速时只能采用后向散射接收装置。

根据接收系统光路的不同可以分为差动多普勒型、参考光束型。根据涡轮等被测对象的结构特点,一般采用双光束后散射差动式光路,如图 9.6 所示。接收两束照射光束经相交区粒子散射发出的散射光。这种模式的突出优点是光检测器得到的多普勒频移只取决于两束入射光的方向,而与散射光方向无关,光接收器可以放在任意位置,并且可以使用相对口径大的接收透镜来增加散射的光功率。入射光系统可制成集成光学单元,大大提高了光学系统的稳定性和易调准性。

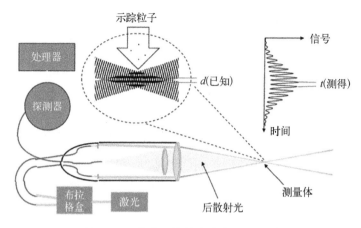

图9.6 双光束后散射差动式LDV光路

图9.6是向后散射式LDV光路,入射光和光检测器位于试验段的同一侧。可将发射单元和接收单元整合在一起,带有前棱镜的LDV探头也可以作为接受单元。散射的激光会被收集并且聚焦在光纤末端的平面上。光纤的另一端往往会整合进发送器,激光首先被分成三部分,波长分别为514.5 nm、488 nm、476.5 nm。它们紧接着会被导向各自的光电倍增器,从而完成由光信号向电信号的转换。向后散射式LDV结构紧凑,LDV探头就可以很方便地移动,而不用每次因为测量区域的改变都重新布置LDV系统。

由于示踪粒子到达测量体的时刻、位置以及粒子尺寸和浓度的随机性,光电信号的振幅也是随机变化的。此外,流速本身的脉动所产生的频率变化以及频率加宽和多粒子叠加引起的相位噪声等混杂在一起,更增加了电信号形式的复杂性,信噪比也很差。采用通用的频率分析仪难以满足数据处理的要求。现在已有多种LDV的信号处理器如频率跟踪器、计数式处理器和相关处理器等,它们分别适用于不同的场合。大多数信号处理器的任务是将多普勒频率量转换成与其成比例的模拟量或数字量,然后计算机的数字处理系统进行二次处理,得到各种流动参数。

9.1.4 散射粒子

LDV测的流速不是真正流体质点的速度,而是悬浮于流体内的发射散射光的粒子运动速度。因此,粒子选取、制造和投放技术是非常重要的。对散射粒子的主要要求是:可见度高,粒子发射出的散射光强足够检测,粒子有良好的跟随性,粒子在流体中有合适的浓度以及粒子容易制造、无毒、无腐蚀、无磨蚀、化学性质稳定、不污染环境等。

被流体挟带的与流体密度有着明显差异的粒子,一般来说不可能完全跟随流体一起流动,导致激光测速误差。LDV所能接收到信号的散射粒子,一般是微米量级大小的粒子。当粒子直径为 1 μm 时,即使采用密度是空气密度 3 500 倍的二氧化钛,粒子速度也只比流速低 0.4%。

粒子在流体中除了有跟随性的问题外,还有一个粒子脉动滞后于气流脉动的问题。在气流(空气)中采用微米级的粒子,在保证 $\eta = 0.99 \left(\eta = \dfrac{U_p}{U_t},\text{其中 } U_p \text{ 为激光测速仪测得的粒子速度}, U_t \text{ 为真实的流体速度} \right)$ 条件下,粒子能跟随的脉动频率可达 10 kHz。此频率对一般的湍流测量是足够的。一般来说,粒子的直径决定了它对流速动态变化的跟随性。要求的频响越高,允许的最大粒径就越小。但粒径不能太小,当粒径小于 0.1 μm 时,粒子就要受布朗运动的影响,也不能正确反映湍流运动。

粒子的浓度是指流场的单位体积内包含的粒子个数。当粒子浓度过大时,在测量体积内会出现多个粒子,即使粒子的运动速度相等,也难免会产生相位差,从而造成多个光信号重叠,导致速度信号失真,也容易造成测量窗口污染,使信噪比下降;浓度过小时,测量体积内出现粒子的概率小,使得信号不连续,导致信号的脱落。理想的浓度应是在测量体积内接连不断地出现一个粒子。

测量涡轮内气流流速需要投入人工粒子。产生粒子的方法有雾化、粉末流化、凝结以及燃烧等多种。雾化法是液体通过喷雾器产生细小的液化粒子,粒子平均直径可以达到约 1 μm,此方法用于冷气流;凝结方法是将空气和液体同时进入蒸发器,形成气体和蒸汽混合,然后进入凝结核容器中形成凝结中心,最后进入冷凝器形成粒子,这样形成的粒子几乎是单散射的烟雾,而且粒子大小能够严格控制,它适用于冷气流;燃烧方法可以得到散射烟即高浓度粒子,但需控制粒子尺寸和浓度。

9.1.5　典型测量结果

现代航空燃气涡轮发动机高压涡轮盘腔内通有冷却空气,用于降低涡轮盘的热负荷,阻止主流的高温燃气进入盘腔。涡轮盘的冷却效率和转子盘寿命强烈地依赖于封严效率。由于该流动问题极其复杂,表现为强三维性、非定常性和有旋性,同时存在传热、流固耦合等问题,给准确的计算分析带来很大困难。在工程计算中为便于分析,不得不采用一些简化的模型。这些模型是否适用以及计算结果是否正确,迫切需要反映涡轮盘腔内三维非定常流场的试验数据进行验证。为了通过试验研究涡轮封严内流动和主流的相互作用、相互影响,进一步认识燃气入侵等非定常现象,本节作者发展了一种用于测量涡轮轮缘封严内非定常流场的准三维 LDV 技术。

试验涡轮为 1.5 级,设计转速 9 000 r/min。图 9.7 是试验段的子午剖面。试验涡轮两排静子都有 16 个叶片,转子有 32 个叶片。第一级静子和转子与 MT1 级的叶型相对应,图 9.8 给出了叶型及一种封严的几何形状。涡轮盘前、后腔及封严型式都易于更换,便于试验测量。

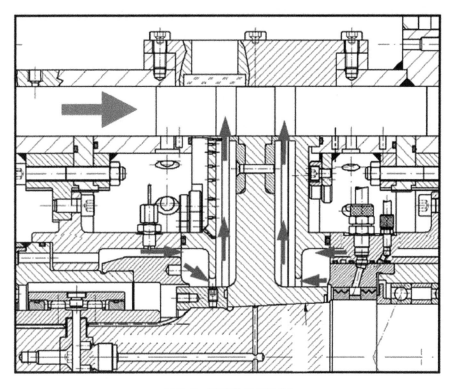

图 9.7　试验段子午剖面

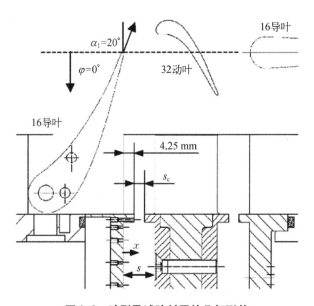

图 9.8　叶型及试验封严的几何形状

测量研究涡轮轮缘封严及盘腔内的三维非定常流场是非常困难的,主要原因之一是空间狭窄,图 9.8 所示的封严轴向间隙仅有 4 mm,接触式测量技术,如热丝、压力探针技术几乎失效,因为插入式测量不可避免地破坏原来的流场,测量结果不能反映真实情况。即使采用非接触测量技术,如 PIV、LDV 等光学手段,也存在光路安排、失踪粒子播放和测量盲区等具体问题。而转子叶片及轮盘的高速旋转更增加了测量安排的困难。采用三维 LDV 技术无法测到盘腔内较深的区域。在这种情况下,编者提出了用准三维 LDV 技术测量涡轮轮缘封严内非定常流场的试验方案,即测量分两部分完成,首先测量切向速度和径向速度,再相应地测量出轴向速度。

为完成第一部分测量任务,光路安排如图 9.9 所示。两个激光探头安装在坐标架上,而坐标架固定在机匣上,参见图 9.10。探头能沿切向、径向和轴向改变测量位置。试验台机匣开有两个激光测量窗口,涡轮机匣可部分转动,便于改变周向测量位置。封严在静子一侧的唇缘部分地用玻璃制成,以扩大测量区域。

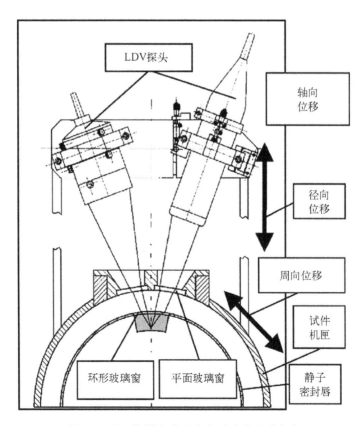

图 9.9　同时测量切向和径向速度的实验方案

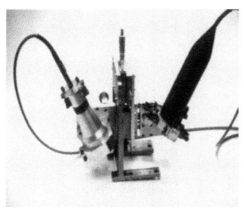 

图 9.10　固定在机匣上的位移机构及激光探头　图 9.11　安置于轮毂内的位移机构及激光探头

　　第二部分测量难度更大,因为激光探头不得不安置于轮毂和轴承室之间的拥挤空间里,如图 9.11 所示,探头安装在一个专门设计的位移机构上,通过控制步进电机改变探头的轴向或切向测点位置。由于空间限制没有设计安装径向位移电动系统,在试验测量过程中无法改变径向测量位置,只能在开车前打开机器调整径向测量站。静子轮盘上开有激光测量窗口,用光学玻璃制成。

　　为保证两次测量测点的空间位置相同,专门设计了激光焦点检测工具。在此基础上,可利用数学工具获得准三维的速度场。

　　利用雾化器对 Shell Ondina 油进行雾化,产生的烟雾作为示踪粒子,加到涡轮盘冷却气体的入口,对被测流场几乎没有影响。

　　受动静叶相互干扰的影响,涡轮轮缘封严内流场存在固有的非定常性和周期性。认清此类流动现象应采用锁相采样技术。借助轴编码器和数据采集控制系统,将转子一周的周向位置平均划分为 384 区,并根据设定的初始相对位置予以标号,采集到的非定常激光多普勒信号分别对应着相应的周向位置。在动静叶相对位置的一个周期内,平均划分了 12 个时间步,用来分析动静叶非定常干扰对燃气入侵的影响。

　　测量径向和切向速度时采用符合方式,确保测量结果的真二维性。由于原有的数据处理软件不能满足本项目研究分析的需要,在认识其原始数据结构的基础上重新编制了数据处理软件。图 9.12 是在封严唇口内 $r/R=0.985$(R 为轮缘半径)截面测得的、一定的动静叶相对位置情况下,某工况下的径向速度和径向湍流度分布(均用转子轮缘切线速度无因次量化),测量面最左侧距离静子封严唇口壁0.65 mm,距离转子封严唇口壁 0.15 mm,周向测量截面则跨越两个转子叶片栅距。

　　图 9.13 测量结果表明,封严口近静子一侧径向速度为正,说明冷却气体从盘腔中流出,近转子一侧局部径向速度为负,证实热气体从叶片通道主流入侵至盘腔内,该区域同时具有较高的径向湍流度,并随转子叶片的旋转而周期性发生变化。

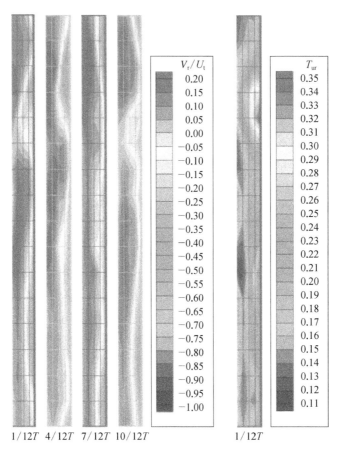

$1/12T$ $4/12T$ $7/12T$ $10/12T$ $1/12T$

图9.12 封严唇口内 $r/R = 0.985$ 截面上的径向速度和径向湍流度分布

图9.13为盘腔内 $r/R = 0.952$ 截面上不同动静叶相对位置情况下的径向速度和轴向速度分布,轴向和周向测量站安排与图9.12相同,但距离转、静子盘较远。与图9.12的测量结果表明,径向速度值明显减小,动静叶片的周期性影响仍然可见,但明显减弱。轴向速度局部出现负值和正值,并随转子叶片的旋转呈现弱的周期性变化,这与热气入侵盘腔及盘腔内存在的二次流动等现象有关。

9.1.6　LDV 优缺点

激光测速仪的主要优点有:

(1)它属于无接触测量,故对流场不产生任何干扰,这对于测量旋转流场、反向流场或其他不易接近的流场(如火焰流)来说,显得特别重要;

(2)信号响应快,因此不仅可以测量空间三个方向的平均流速,还可以测量其脉动速度;

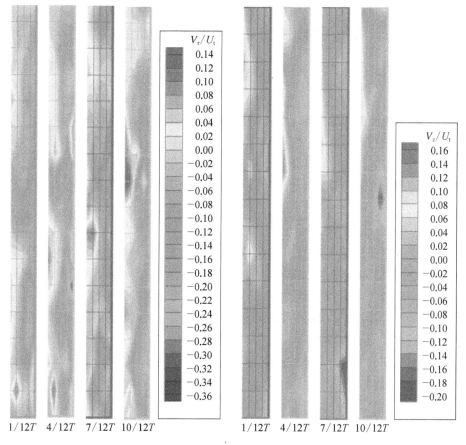

图9.13　盘腔内$r/R=0.952$截面上的径向速度和轴向速度分布

（3）空间分辨率高；

（4）测量速度范围宽（$7\times10^{-5}\sim2\,000$ m/s）；

（5）多普勒频移与流速存在线性关系，它与流体的种类、状态（温度、压力等）无关。

激光测速仪的主要缺点有：

（1）LDV只能测量透明流场；

（2）一般情况下它需要在流体中加入散射粒子，从而带来了粒子的跟随性、粒子散射光的清晰度等问题；

（3）激光测速仪的光学系统调节比较困难，易受振动等因素的影响；

（4）对信号处理器的要求高；

（5）设备价值昂贵；

（6）对测量窗口有一定要求，有时测量非常困难，如用激光测速仪测量转子内流场时，由于叶片扭曲，常常探测不到轮毂附近的某些区域；

（7）近壁测量时，壁面散射会造成很大的背景噪声，降低信噪比。

在涡轮试验技术上,近几十年来,激光多普勒测速技术(LDV)发展比较成熟,在测量高温高压环境下的涡轮内流速度上有很好的应用前景。

9.2 粒子图像测速(PIV)技术

PIV 技术突破了传统的单点测量限制,可同时无接触地测量流场中一个截面上的二维甚至三维速度分布,具有较高的测量精度。近年来,随着图像处理和数据处理等技术的飞速发展,大大促进了 PIV 技术的进步,PIV 技术也逐渐被广泛应用于叶轮机内流研究。

9.2.1 PIV 测量原理

PIV 测速原理是基于最基本的流体速度测量方法,即在已知的时间间隔 $\triangle t$ 内,测量流体质点的位移 $\triangle x$,确定该点的速度大小和方向。实际测量中,在被测流场中播撒示踪粒子,通过拍摄示踪粒子的图像记录示踪粒子的位置,并以示踪粒子的位移代替流体质点的位移,从而最后通过测量示踪粒子在 $\triangle t$ 时间间隔内的位移即可实现流体质点速度的测量。

从本质上讲,PIV 技术测出的是流场中示踪粒子的速度。为了达到较高的测量精度,要求示踪粒子能跟随流体的运动,在给定的时间间隔 $\triangle t$ 内,示踪粒子的位移 $\triangle x$ 均匀或必须足够小,使得 PIV 测得的速度,即 $\triangle x/\triangle t$,能很好地近似气流的真实速度 U,这就是说,示踪粒子的轨迹必须是接近直线并且沿着轨迹的速度应该恒定。这些条件可以由选择 $\triangle t$ 来满足。

PIV 测速的基本过程如图 9.14 所示。在流场中播撒示踪粒子,并用激光器将片光源或体光源入射到所测流场区域中,在已知的时间间隔 $\triangle t$ 内,跟随流体流动的示踪粒子群被激光照射,即通过两次曝光,粒子的瞬间轨迹以粒子图像的形式曝光记录在 CCD 相机上(某些场景也可使用 CMOS 相机)。最后采用相关分析法,逐点处理图像,即可获得流场速度分布。

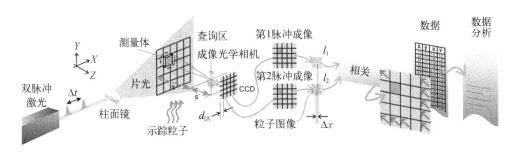

图 9.14 PIV 测量原理图

二维 PIV 测量脉冲激光片光照亮的平面上的二维速度,要求相机正对该平面,连续记录示踪粒子图像。若测量该平面上的三维速度,需要两台相机以不同的角度记录该平面的示踪粒子图像,即模仿人眼双目测距原理,根据成像原几何关系,计算粒子的空间坐标,从而测量三维速度。这种利用两台相机测量平面上三维速度的方法称为立体 PIV(Stereo-PIV,SPIV),该技术事先需要标定相机,根据已知的空间坐标和相机获得的图像坐标,确定它们之间的标定函数。试验中,根据相机获得的示踪粒子图像进行后处理,即可换算出示踪粒子的实际位移。

9.2.2　PIV 系统组成和测量方法

PIV 系统主要由照明流场的激光光源系统、粒子图像记录装置、粒子图像处理系统、粒子发生和播撒系统组成。

激光光源一般采用双脉冲激光光源,曝光的脉冲要尽可能地短,曝光时间要能够随流场的分辨率和速度的不同而可调,片光源也要尽可能地薄。PIV 系统使用较多的双脉冲光源是 Nd∶YAG 激光器,能产生高能激光脉冲对,单脉冲能量高达 200 mJ,其波长为 532 nm,一般连续脉冲发光频率 10 Hz,单脉冲宽度仅为 10 ns。使用光学元件把激光束转变为片光,并且脉动地照亮流场。两个脉冲之间的时间间隔是可变的,根据被测流场的速度而定。图 9.15 显示了片光源光路的形成。

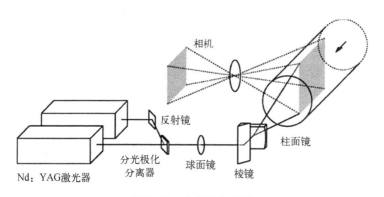

图 9.15　片光源光路图

大多数 PIV 试验多采用两台 Nd∶YAG 激光器,并用外同步装置分别控制两台激光器以产生高能激光脉冲对,再用光学系统使这两路光脉冲照射到同一位置,使得脉冲间隔的可调范围很大,可从 1 μs 到 1 s,从而实现低速到高速的测量。对于单个激光双脉冲 Nd∶YAG 激光器,在最佳脉冲间隔时,单个脉冲能量的 30% ~ 40% 是可以利用的。当脉冲间隔设置太高或过低时都会引起能量输出的衰减,影响速度的测量。对于双脉冲激光来说,典型的脉冲间隔范围是 40 ns~200μs。在有两个 Nd∶YAG 激光器的情况下,没有最小可测速度的限制,最高可测速度达到

1 000 m/s。在恒定能量输出的情况下,典型的可利用脉冲间隔值从 200 ns 到 0.5 s,脉冲持续期在 10 ns 情况下的重复率为 10 Hz。

粒子图像记录装置包括透镜和照相机。目前 PIV 系统可采用电荷耦合器件 (charge coupled device,CCD) 芯片和互补金属氧化物半导体(complementary metal-oxide-semiconductor,CMOS) 芯片相机。无论是 CCD 还是 CMOS,它们的作用都是通过光电效应将光信号转换成电信号(电压/电流),进行储存以获得图像。

一般的 PIV 系统主要采用 CCD 芯片相机。CCD 相机可将多次曝光的粒子位移场的信息瞬时记录下来,直接由 CCD 光电转换芯片将粒子图像转换成数字信息输入到计算机。典型的相机帧移动速度为 30 帧/秒,受限于每帧时间间隔只能测量低速流场。但随着快速充放电 CCD 技术的发明以及跨帧技术的应用,使得测速范围大大提升,能够应用于超跨声速流场。

对时间分辨率有较高要求的 PIV 系统中则通常采用带有 CMOS 芯片的相机。首先,CMOS 相机相比于 CCD 相机而言,每像素所需的部件更少,并且 CMOS 相机具有更高的光敏感性。此外 CMOS 相机有更多的通道数,因此读取效率会比 CCD 相机更高。另外 CMOS 相机还可以通过降低分辨率的方式提升帧率,这使得使用者可以在合理的分辨率下尽可能地发挥 PIV 系统的性能。CMOS 相机还有诸如图像质量更高等优点。

同步控制器则是通过内部时基产生周期的脉冲触发信号,经过多个延时通道同时产生多个经过延时的触发信号,其作用是用来控制激光器、数字相机和图像采集板,使它们工作在严格同步的信号基础上,保证各部分协调工作。

粒子图像处理系统用于从粒子图像中提取出速度场。首先将粒子图像分成若干查询区,同一小区内的粒子假定有相同的速度,并且做直线运动,然后利用相关法对查询区进行分析,即可得到速度场。此外,为了获取较高精度的结果,查询区域内粒子的位移一般不能超过查询区大小的 1/4,在片光厚度方向同样不应超过片光厚度的 1/4,平面位移则一般要大于两倍粒子图像直径。

直接反映流场流动的示踪粒子,除要满足一般要求(无毒无害,无腐蚀,化学性质稳定等)外,还要求满足流动跟随性和散光性等要求。

PIV 是直接测量示踪粒子的速度来间接得到流体的速度。因此必须根据粒子的流体力学性质挑选合适的示踪粒子,以避免流体和粒子运动之间产生较大的差异。

和激光多普勒测速一样,由于流体与粒子之间存在密度差异,粒子的直径必须足够小以保证粒子良好的跟随性,但是另一方面粒子直径过小就会导致粒子的光散射性能变差,较大的粒子尺寸可能会导致流场关键部位数据的缺失,例如在涡核、存在剪切流动的地方或者边界层内。表 9.1 是在气流场测量中常用的示踪粒子。

表 9.1　气流场中常用的示踪粒子

类　型	名　　称	平均直径/μm
固　体	聚苯乙烯	0.5~10
	氧化铝(Al_2O_3)	0.2~5
	二氧化钛(TiO_2)	0.1~5
	玻璃微球(实心)	0.2~3
	玻璃微球(空心)	30~100
	合成材料包被的小颗粒	10~50
	邻苯二甲酸二辛酯	1~10
	各种烟	<1
液　体	各种油类	0.5~10
	癸二酸二辛酯	0.5~1.5
	充氢气的肥皂泡	1 000~3 000

PIV 粒子散布的要求不同于流动显示技术和 LDV 示踪粒子的散布要求。在一般的流动显示中，粒子往往要求局部散布，以能显示流动结构，如为展示混合流动、旋流，往往需要把粒子散布到剪切界面区，从而能显示剪切层及其发展演化。LDV是点测量，只要求被测点具有合适浓度的示踪粒子，粒子往往要求局部散布，PIV是全场测速，要求全场均匀散布示踪粒子，只有这样才能保证全流场区的速度测量。实际上，这不是一件容易的事情，在有些地方，如旋涡中心、边界层贴近壁面的区域，因存在离心力、速度梯度、压力梯度等，粒子很难存在那些区域，粒子越大越难做到。

对 PIV 来讲，不仅要求全场散布粒子，而且对粒子浓度也有要求，浓度太高不好，对流动本身有影响，有两相流问题。浓度太低也不行，因为对每一点的测速，取决于粒子像的位移，在判读小区内要求有足够多的粒子对数才能通过判读计算求得足够信噪比的该小区内的统计位移量。原则上讲，粒子对数越多，信噪比越高。

在常温常压的低速涡轮试验中开展 PIV 试验，一般使用油类液滴作为示踪粒子，其中癸二酸二辛酯(DEHS)由于其良好的跟随性而被广泛使用。由于油类粒子粒径不好控制，在高压下易变形，温度升高时还容易蒸发，因此针对一些高温、高压、高速试验工况，则通常需要使用固体粒子，例如氧化铝和二氧化钛等。

由于固体示踪粒子很难得到均匀散布,并且常常积聚在一起,因此通常需要在靠近试验段的位置播撒粒子。此外,为使得固体粒子播撒均匀,还需要在此处气流湍流度较小处布置多个播撒粒子孔以使示踪粒子尽量分布均匀。当然,为了尽量减小粒子播撒对流场带来的干扰,在实际涡轮试验中,粒子播撒装置的大小、插入流场的深度以及距离试验段的距离还需结合试验台的参数进行合理选取。

9.2.3　典型测量结果

图 9.16 是北京航空航天大学利用 SPIV 测量涡轮平面叶栅内三维瞬态流场的方案示意图,在片光两侧对称布置 CCD 相机,片光与叶片当地中弧线垂直,上端壁采用光学玻璃制作。示踪粒子采用直径约 1 μm 的癸二酸二辛酯(DEHS),在叶栅风洞上游播撒。每个截面采集 400 组图像进行数据处理。

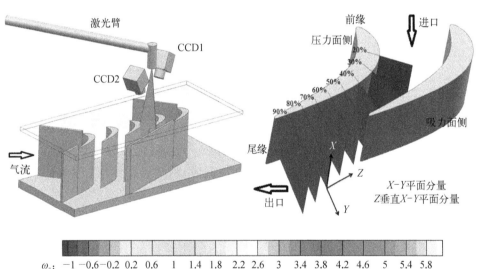

图 9.16　SPIV 测量平面叶栅内流场方案

图 9.17 显示了在 70% 弦长截面获得速度矢量、涡量和流线分布,可以很清楚地看到该截面上泄漏涡的位置和强度。图 9.18 是在不同弦长截面获得涡量和流向速度分布,可清楚看到泄漏涡沿流向的发展、变化,以及在当地造成的流动堵塞。

图 9.19 是采用 SPIV 测量低速涡轮转子内流场的方案示意图,片光通过内窥镜引入转子叶片通道内,照亮切向-轴向平面,2 个相机对称放置于机匣外的坐标架上,相机间夹角为 32°。示踪粒子采用 DEHS 气溶胶,在测量区上游的稳定段播撒。内窥镜通过位移机构可改变片光的径向位置。

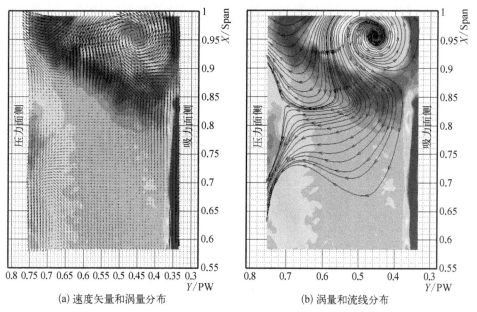

(a) 速度矢量和涡量分布　　　　　　　(b) 涡量和流线分布

图 9.17　在 70% 弦长截面获得速度矢量、涡量和流线分布

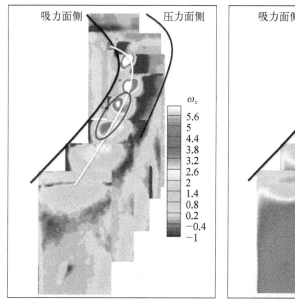

(a) 涡量分布　　　　　　　　　　(b) 流向速度分布

图 9.18　在不同弦长截面获得涡量和流向速度分布

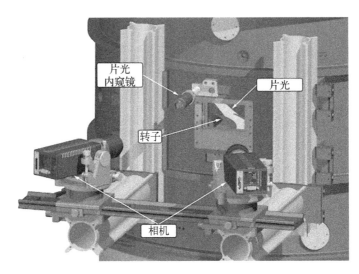

图 9.19　采用 SPIV 测量低速涡轮转子内流场的方案示意图

　　为了使叶尖泄漏流和通道流之间的相互作用流动具有较高的空间分辨率,使用了内窥式粒子图像测速装置,图 9.20 为内窥式 PIV 测量方案。片光的射入和粒子图像的记录是利用光学内窥镜进行的。片光与涡轮轴线夹角为 7°,在 40% ~ 100%弦长的这一段内,几乎垂直于转子中弧线。拍照时,相机通过连接着 85 mm 微距镜头的 90°视场的孔探仪进行记录,该机构位于转子与第 2 级静叶排之间。每个动叶通道有 16 个记录平面,完整地记录了通道流与叶尖流动之间的相互作用区域,并清晰地显示了叶尖泄漏涡的发展过程,可评估叶尖泄漏涡的大小和强度,如图 9.21 所示的在转子通道内径向测量截面上测得的速度与进口速度的比值分布,可以看出叶尖泄漏流和主流的相互作用。机匣附近的高速区是叶尖泄漏流进入叶

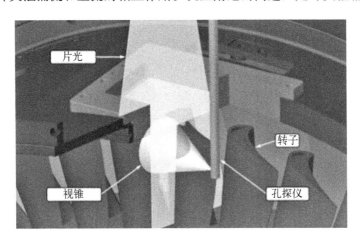

图 9.20　内窥式 PIV 测量方案

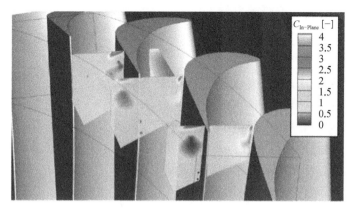

图 9.21 转子通道内径向测量截面上测得的
速度与进口速度的比值分布

片通道时造成的,叶尖泄漏涡形成于最高速区和最低速区之间。

图 9.20 的内窥式 PIV 测量方案不能提供关于垂直于光片平面的速度分量的信息。

图 9.22 为 SPIV 在叶尖区切向-轴向平面上测得的径向速度与进口速度的比值。涡旋横截面的特征是径向速度相反,中间有一条低径向运动线。

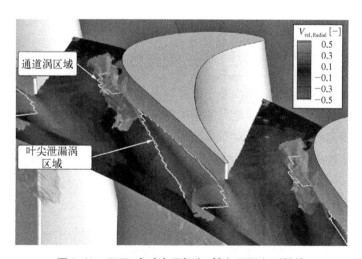

图 9.22 SPIV 在叶尖区切向-轴向平面上测得的
径向速度与进口速度的比值

9.2.4 PIV 优缺点

PIV 的主要优点是能够获得瞬时平面流场信息,其空间分辨率高、试验时间较短。

PIV 的主要缺点有:

（1）设备昂贵；

（2）需要透明的测量窗口；

（3）只能测量透明流场；

（4）需示踪粒子，存在流场播粒及粒子跟随性问题；

（5）要求被测区域流流场中粒子浓度均匀；

（6）叶片是弯扭叶片时，存在测量"盲区"；

（7）由于壁面附近存在散射光和附面层内粒子问题，导致近壁测量困难。

目前，国内外利用 PIV 技术在涡轮试验上均进行了相关研究，但仍是以低速冷态涡轮为主，对于在高温、高压、高速涡轮下开展 PIV 试验，还有待进一步发展。

9.3   涡轮叶尖间隙测量技术

涡轮叶尖间隙对涡轮的工作效率、安全性和经济性有着重要的影响，并进一步影响着发动机整机的性能和稳定性。涡轮高温、高压、高转速的特点以及流道内介质的复杂成分无一不增大了叶尖间隙测量的难度。第 6 章中对过去涡轮试验中常用的几种测量方法进行了介绍，目前正在发展、应用的叶尖间隙测量方法包括电涡流测量法、微波测量法和光纤测量法。

9.3.1   电涡流测量法

电涡流传感器是根据电涡流效应制成的，如图 9.23 所示，当涡轮叶片经过涡流线圈时，会引起电涡流的变化，基于该原理可实现叶尖间隙测量。电涡流叶尖间隙传感器在激磁电流频率确定之后振荡电路输出的振幅大小只随探头与叶尖端面之间间隙的变化而变化。经过对振幅信号的处理，可实现间隙的测量。

电涡流法具有许多优点，如结构简单、频率响应范围宽、灵敏度高、测量范围

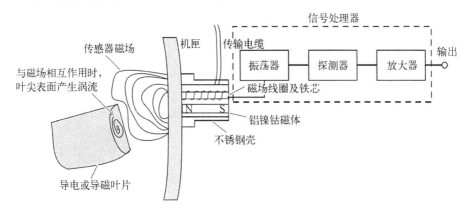

图 9.23   电涡流测量法原理图

大、抗干扰能力强等。目前,美国、英国和俄罗斯科学家都针对该方法开展了大量的研究。

　　电涡流法传感器可以安装在以下位置:① 叶片上;② 发动机壳体内的壳体壁上;③ 通过发动机壳体上的孔;④ 发动机壳体上。考虑到传感器对极端温度变化、振动的耐受能力,以及发动机壳体的完整性,优选第 4 种安装方案。但是与其他几种安装方案相比,该方案传感器安装位置离叶片最远,对叶片最不敏感。为了增加电涡流探头对发动机外壳的穿透性,通常使用永久磁铁和铁氧体磁芯来制作电涡流探头,但是它们的性能在高温下会损失或减弱。针对上述情况,Catalin Mandache 等提出了一种很好的替代方案,即基于脉冲涡流技术的电涡流叶尖间隙测量方案,其低频分量和高输入域允许在发动机外壳的另一侧产生足够强的场与另一侧的叶片发生相互作用。可以同时直接从发动机壳壁的外表面,检测所述叶片尖端间隙和叶片间的间距,而不需要使用永久磁铁。

　　王维民等将电涡流测量系统应用在了涡轮叶尖间隙主动控制系统上,在不同转速下对涡轮叶尖间隙进行了测量,测量结果见图 9.24。间隙测量是在 600 ~ 3 000 r/min 的不同转速下以 300 r/min 的步长完成的,其中考虑了转子的径向振动和轴向位移。间隙测量以 10 kHz 的采样频率完成,而电涡流传感器的校准曲线是以 100 kHz 的采样频率获得,保证了测量结果的准确度。

　　虽然电涡流法具有很多优点但传感器的测量结果受到机械结构、叶片形状、测量环境的温度、振动等参数的影响,因此校准过程复杂。随着线圈尺寸的减小,寄生电阻增加,这将导致传感器的灵敏度降低。同时,传感器最大的局限性在于其无法在温度过高的环境下稳定工作,目前用于涡轮高温部件进行叶尖间隙现场测量尚需改进。

9.3.2　微波测量法

　　微波叶尖间隙测量系统的工作原理类似于近程雷达系统,微波探头既是发射天线又是接收天线,在其工作过程中,探头向叶片发射一个连续的微波信号并接收反射信号,通过比较发射信号与接收信号的差异可以计算出叶尖间隙的数值。发射信号和接收信号的差异体现在相位和频率上,通常只需要关注其中一方面,因此微波测量法可分为两种,一种是基于相位测距的微波法,另一种是基于谐振频率的微波法,其中,基于相位测距的微波法较为成熟。

　　1996 年,美国 Richard Grzybowski 等提出了一种基于谐振频率的微波叶尖间隙测量系统,该系统通过检测叶片扫过微波探头时微波信号的谐振频率变化,计算得到叶尖和发动机壳体间的间隙值。

　　在大多数微波传感器的应用中,被测物移动的距离大于发射波长,此时发射信号的频率可由多普勒效应来描述。而当被测物移动的距离小于发射波长时,多普

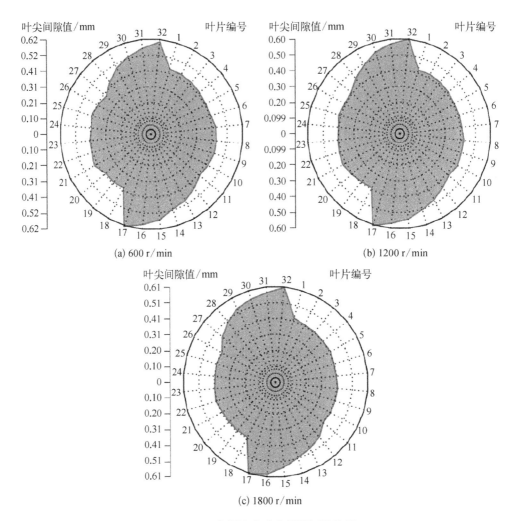

图 9.24   电涡流法叶尖间隙测量结果

勒效应就无法对其进行很好的描述。相位调制法则提供了一种更好的解决办法,此方法中反射信号被处理成一个与位移成比例的电压信号,不再依赖于微波信号的频率而是检测其相位变化,在近距测量中有着显著的优势。Jonathan L 等提出了一种基于相位调制法的微波传感器,如图 9.25 所示,该方法适用于任何微波频率,但是频率越高,相同带宽下得到的位移精度越高。该传感器的设计工作温度达 2 500 ℉,精度达到 5.08 μm,带宽为 25 MHz,并被用于主动间隙控制技术的研究中。

Radatec 公司采用两个具有 90°相移的检测器,可同时检测微波中的同相和正交分量,通过对两个输出信号的比较,避免反射信号幅值对测量结果的影响,更好地实现对叶尖间隙的测量。

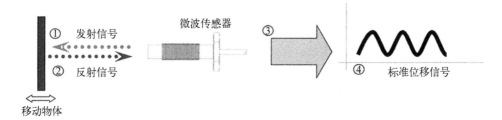

图 9.25　基于相位调制法的微波测量法

美国国家航空航天局(NASA)的 Glenn 研究中心开发了一种微波叶尖间隙传感器系统,可同时进行叶尖间隙和叶尖定时振动测量。系统的核心为高温叶尖间隙探针,如图 9.26 所示,直径约 14 mm,长约 26 mm。探针采用高温材料制成,可承受 900℃ 的高温,在空气冷却条件下可承受 1 200℃ 的高温。目前系统可测量的间隙值可达 25 mm,目标精度为 25 μm。该系统在 Glenn 研究中心的涡轮试验台上进行了叶尖间隙测量,分别安装在机匣侧面和正下方的两个微波探头测得的叶尖间隙结果见图

图 9.26　微波叶尖间隙探针

9.27。结果显示随着转速增加,间隙明显减小。当转速增加到 8 875 r/min 时,探头 1 和探头 2 分别测量得到间隙减小为 0.22 mm 和 0.06 mm。

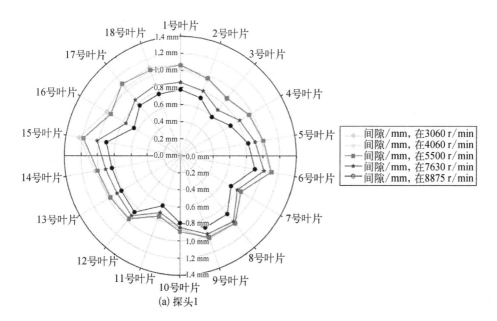

(a) 探头1

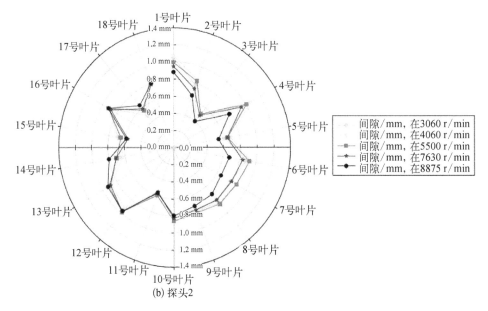

图 9.27   NASA 微波叶尖间隙测量系统测量结果

微波叶尖间隙传感器最大的优点就是耐高温和受燃油及其他发动机污染的影响很小,用于检测反射微波振幅变化或相移的微波叶尖间隙传感器对燃烧产物都不敏感,适宜用于高温高压高污染下的涡轮叶尖间隙测量。其缺点是造价昂贵,当涡轮叶片具有窄的叶尖厚度时,窄叶尖上的微波衍射效应会导致较大的测量误差,此外,入射角和叶尖表面粗糙度的变化也会影响反射微波并导致测量误差。

9.3.3   光纤测量法

近年来人们逐渐开始使用光纤传感器对叶片叶尖间隙进行非接触测量。国外很早就开始了相关的研究,近年来国内也有一些关于光纤法用于发动机叶尖间隙测量的研究。常用的光纤测量法为反射式光纤测量法和光导探针测量法。

反射式光纤测量法的原理是当光源发出的光经光纤照射到转子叶片的叶尖后通过接收光纤接收反射光,然后传输到光敏器件上转换成电信号。当叶尖端面与光纤探头之间的距离变化时则接收到的光强作相应的变化,通过检测接收到的反射光强可计算得到叶尖间隙值。

西北工业大学设计了一种用于航空发动机的主动间隙控制的光纤传感器系统,如图 9.28 所示,该系统基于强度调制型光纤的原理,系统采样率达 1 000 kHz,分辨率优于 0.01 mm。

为了减小光源强度及叶尖表面反射率变化对测量结果的影响,Carcia 等提出了一种基于反射光强调制型的光纤束叶尖间隙和叶片振动测量方案。该方案的原

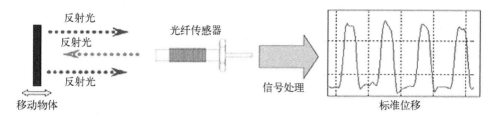

图 9.28　光纤传感器系统

理是基于两个接收光纤束的输出电压之比来达到减小误差的目的。基于同样的目的,天津大学设计了一种采用单光纤传光、多组光纤束接收反射光结构的新型光纤传感器,如图 9.29 所示。当叶片转速在 0～12 000 r/min 之间变化时,该传感器的测量范围为 0～3 mm,精度为 25 μm。

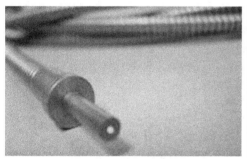

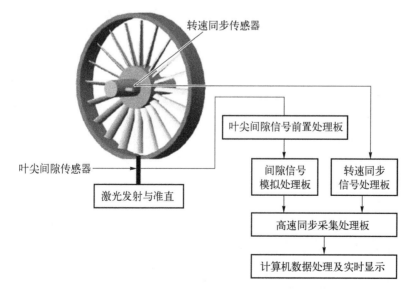

**图 9.29　单光纤传光、多组光纤束接收反射光结构的
　　　　　新型光纤传感器系统**

该方法的优点为体积小、质量小、灵敏度高、分辨率高、抗电磁干扰能力强,适用于静态和动态的实时检测,能在恶劣的环境下工作。但是该方法测量系统相对较复杂,成本较高测量精度容易受到反射体表面的反射系数、反射面与光纤轴是否垂直、光源设计等因素的影响,因此加大了系统设计的难度。

第二种常用的光纤测量方法是光导探针法,与反射式光纤法在测量原理上有所不同。光导探针测量法也称激光光学测量法,其原理是将一激光束投射到叶片尖端,反射光被光电接收器接收,当间隙发生变化时,光电接收器上接收到的反射光的光点位置发生变化,对其变化量进行计算即可实现对间隙值的测量。

美国 Dhadwal 等提出了一种采用双光纤探针进行叶尖间隙测量的方法。该方法通过两只形成一定夹角的光纤探针测量叶尖经过的时间,其时间间隔与叶片转速和叶尖间隙有关,测得叶片转速和该时间间隔,则可计算出叶尖间隙。该方法的测量精度达到±0.127 mm。

光导探针测量法不受待测体本身材料的限制,测量精度高,频响快,恶劣的环境下也可使用。但由于传感器容易受到工作环境、器件稳定性的影响,从而导致精度下降、测量寿命缩短,因此应用于高温高压和大振精度下降、测量寿命缩短,因此应用于高温高压和大振动的条件时需要对光学系统实行特殊的保护措施。

光纤传感器尺寸相对较小便于现场的安装,还可以工作在电磁干扰严重、高温潮湿条件下。此外,由于光纤测量法属于非接触测量法,具有监测范围广、不影响气流流动和叶片频率及阻尼等优点。光纤测量系统普遍相对较复杂,成本较高,且测量精度容易受到反射体表面被高温烧蚀后反射系数变化、反射面与光纤轴是否垂直以及光源设计等因素的影响,涡轮内部高污染的环境也势必会影响到光纤测量法的实际应用。

9.4 涡轮高温测量技术

温度是确定热端部件性能的最关键参数。随着发动机推重比的不断增加,涡轮进口温度已从第 3 代发动机推重比 8.0 一级的 1 750 K 发展到第 4 代发动机推重比 10.0 一级的 1 977 K,未来的第 5 代发动机推重比 15.0 一级甚至达到 2 000 ～ 2 250 K,这使得涡轮高温燃气与壁面温度测量(涡轮叶片、盘等零件表面温度测量)成为发动机温度测试中难度较大的关键技术。目前正在发展、应用的高温测量技术包括辐射测温技术、荧光测温技术、晶体测温技术和光纤测温技术。

9.4.1 辐射测温技术

辐射测温技术是通过测量被测物体表面发出的热辐射量进而获得物体表面温

度的技术。辐射测温技术的理论依据是一切具有温度的物体,都要向外辐射能量,具有最大辐射本领的理想物体,称为绝对黑体,绝对黑体的温度与向外辐射能量的关系由普朗克公式给出:

$$I_{b,\lambda} = \frac{2c^2h\lambda^{-5}}{\exp\left(\dfrac{ch}{\kappa\lambda T}\right) - 1} \tag{9.9}$$

式中,$I_{b,\lambda}$ 为黑体在波长为 λ 和 $(\lambda + d\lambda)$ 之间的辐射强度;c 为光速;h 为普朗克常数;κ 为玻尔兹曼常数;T 为温度。在波长 λ 和 $(\lambda + d\lambda)$ 之间的总辐射力为

$$E_{b,\lambda} = \frac{2\pi c^2h\lambda^{-5}}{\exp\left(\dfrac{ch}{\kappa\lambda T}\right) - 1} \tag{9.10}$$

实际上的物体,在各个波长上的辐射本领都小于绝对黑体,即

$$E_\lambda = \varepsilon_\lambda E_{b,\lambda} \tag{9.11}$$

ε_λ 称为该物体在波长 λ 上的发射率。普朗克公式还可以近似地由 Stephen – Boltzmann 公式给出:

$$E_b = \int_0^\infty E_{b,\lambda}d\lambda = \frac{2\pi^5\kappa^4T^4}{15c^2h^3} = \sigma T^4 \tag{9.12}$$

式中,σ 为 Stephen – Boltzmann 常数,其值为 $\sigma = 5.676 \times 10^{-8}$ W/($m^2 \cdot K^4$)。公式表明辐射能与温度的四次方成正比。用收集物体辐射能的办法指示物体的表面温度,就必须考虑物体的辐射特性、辐射能传输过程中的各种损耗、探测器的光谱响应和探测率、电子线路的增益等。以此研制成的高温测量仪器称辐射高温计。

由于涡轮内燃气燃烧基本完全,属于透明介质,或涡轮模型试验介质为空气,也是透明介质,辐射高温计依据被测对象的辐射能量来进行测量,因此不适于测量高温气流的温度,适用于测量高温物体表面的温度。

按仪表选定的波长,辐射高温计有红外辐射高温计和光学高温计在内的多种辐射高温计。最广泛采用的辐射高温计是红外辐射高温计。它基于黑体辐射红外测温原理,由红外光学探头、移位机构、数据采集与控制设备、微型计算机和输出显示、打印设备等组成。使用时将探针和移位机构安装在发动机机匣,可编程扫描涡轮转子叶片表面,获得叶片在不同周向与径向位置的采集数据,以此测量涡轮叶片表面温度,再通过计算机成像分析处理,得到高质量、高分辨率的叶片温度分布彩色图像输出。

　　熊兵等采用红外辐射高温计对某二级涡轮转子叶背温度场进行了测量,图 9.30 是在转速 9 100 r/min 下测得转子叶背温度场分布,64 个叶片呈现明显的具有周期性的周向温度场分布,没有出现单个局部热点区。在 2/3 叶高处出现了一片高温区域,温度在 600℃左右,尖部尾缘区温度在 550℃左右。叶根处出现明显的温度梯度,温度值在 500℃以下,原因应是叶根榫槽吹风冷却、主流区与冷却气流的掺混。

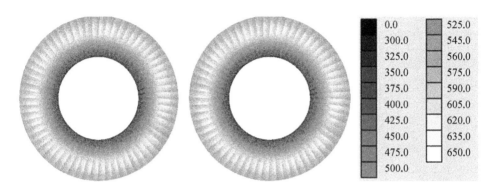

图 9.30　转速 9 100 r/min 下转子叶背温度场分布

　　图 9.31 是转速 9 100 r/min 下转子叶背某叶高温度分布,单个叶片沿弦向高温与低温偏差约 25℃,平均温度在 515℃,叶片周向不均匀性 $\Delta = 4.85\%$,说明涡轮叶片在该状态下的周向温度分布比较均匀。

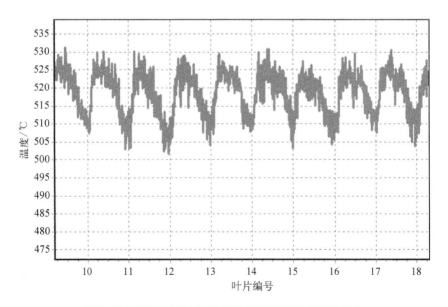

图 9.31　转速 9 100 r/min 下转子叶背某叶高温度分布

　　辐射高温计提供了一种既不干扰表面又不干扰周围介质的表面温度测量方法。其中,红外辐射高温计是非接触测温技术的典型代表,具有灵敏度高、分辨率高、可靠性强、响应时间短、不干扰热流等优点,可用于测量涡轮叶片等旋转部件的表面温度。

　　但是,辐射测温技术目前在涡轮试验中很难实现高精度测量,它容易受到较多因素的影响。针对涡轮辐射测温,影响测温精度的因素包括涡轮叶片发射率、环境温度、距离系数、辐射的传输过程中由燃气吸收所产生的衰减、测试电路等,其中距离系数 ($K = S/D$) 是测温仪到目标的距离 S 与测温目标直径 D 的比值。

　　经典的辐射测温方法有全辐射测温法、亮度温度测温法和比色温度测温法。

　　全辐射测温法通过探测全波长范围内的辐射信号,采用全光谱发射率来得到物体表面的实际温度值,受中间介质及发射率影响大,精度低,不适宜精密测量。

　　亮度测温法通过测量选定窄波段的辐射能量并选用中心波长发射率,以此推算被测物体的实际温度。同样受表面发射率的影响,不能测量低发射率物体表面的温度。

　　比色测温法通过求解物体在两个不同波长下的光谱辐射度之比与温度之间的函数关系测量温度,理论上消除了发射率和一些介质的影响。但是,其背景反射能量干扰占比很大,比色法很难消除这种影响,选择工作波长较困难,适合较低发射率物体的温度测量。

　　近些年来发展的多光谱辐射测温技术是采用多个波长或波段,在一个仪器中制成多个光谱通道,利用被测物体多个光谱的辐射亮度测量信息,适当选择发射率与温度之间的函数关系,经过数据处理得到物体的发射率及真实温度。多光谱辐射测温技术测量涡轮叶片表面温度,原理上可消除涡轮叶片发射率的影响,但在减少辐射散失、消除其他物体的反射辐射、燃气中气体吸收等测量环节还需进一步研究。

　　辐射测温技术的发展得益于光探测器件的不断改进。辐射测温计经历了隐丝式光学高温计、光电倍增管高温计和光电高温计三个阶段;随着器件的改进,从最初的单波长测温发展到了多波长测温,各项性能也有了极大的提升,为辐射测温在涡轮叶片测温上的应用打下了坚实的基础。辐射测温技术的发展趋势是进一步提高测温范围、测温精度,实现实时监测涡轮转子叶片温度,获取叶片动态温度场。

9.4.2　荧光测温技术

　　荧光测温法基于激励光照射敏感材料产生荧光物理现象,可通过测量荧光光强、荧光光强比、荧光衰减三种方法实现温度测量。其中荧光衰减法的测温效果最佳,应用最为广泛,其基本原理:敏感材料受到激励光的照射使电子跃迁到高能级,当电子从高能级回到基态时会产生荧光辐射,当达到平衡状态时荧光放射稳

定,激励光消失后的荧光辐射衰减时间与荧光寿命(激发态的寿命)有关,荧光寿命与温度的变化关系为

$$\tau(T) = \frac{1 + e^{-\Delta E/(kT)}}{R_S + R_T e^{-\Delta E/(kT)}} \tag{9.13}$$

其中,R_S、R_T、k、ΔE 为常数;T 为热力学温度。

由上式可知 τ 随 T 单值变化,根据这一原理可得到准确的温度信息。进行涡轮叶片的温度测量时,在涡轮叶片表面上涂抹荧光材料,通过非接触式传感器接收荧光信号,最后根据荧光信号衰减的时间计算出叶片表面实际温度。

光纤荧光测温系统主要由光路部分、电路部分以及数据分析部分构成,总体结构流程图如图 9.32 所示。其具体工作过程为:光纤荧光传感探头接触温度测量点,系统硬件电路中的光源驱动电路来驱动激励光源发出激励光;激励光通过滤光片进行光信号处理后,进入光纤传至包含荧光材料的传感探头处;荧光材料受到激发后发出的荧光按照原光纤路径传至滤光片,经过滤光后通过光电转换电路进行光电转换,产生的电流信号再依次通过放大电路及滤波电路处理后采样得到较平稳的电信号,此电信号即为荧光余辉曲线;余辉曲线经过寿命检测算法等数据算法处理后得到荧光寿命与温度拟合关系,从而转化得到被测温度。

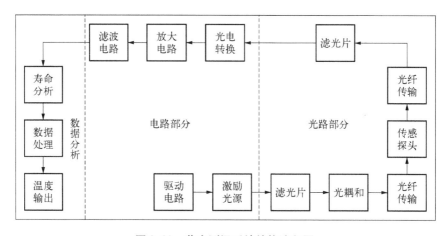

图 9.32　荧光测温系统结构流程图

英国罗·罗公司研制了一套用于精密测量涡轮叶片表面温度的测温系统,该系统采用 266 nm(UV)工作的 Nd:YAG 脉冲激光器,将它产生的激励脉冲通过光纤传送到探头,经探头投射到涂敷有荧光物的旋转涡轮叶片上。同时探头还接收荧光物受激后发出的可视荧光信号,通过光纤传到检测器、数据采集与分析设备。

可在被测部件表面用电子束方法涂覆一层荧光物质(即热象荧光粉剂,如从低限-200℃用的 La_2O_2S:EU 到高限至少 1 200℃用的 Y_2O_3:EU 粉剂及荧光物),该

涂层在受到由激光器发出的紫外线(UV)光照射后发出与温度变化成单值函数关系的荧光,称为激光激发荧光(laser induced fluorescence,LIF)。利用 LIF 荧光衰减时间特性,通过仪器检测、分析来测定表面温度。

图 9.33、图 9.34 分别是喷涂荧光涂层的涡轮叶片和通过窗口查看到的喷涂荧光涂层的涡轮叶片,已在 1 600℃实验室条件和 1 100℃燃气涡轮环境进行过荧光衰变测量,可达±1℃的测温精度。

图 9.33　喷涂荧光涂层的涡轮叶片　　图 9.34　通过窗口查看喷涂荧光涂层的涡轮叶片

荧光测温具有测温范围宽、测量精度高、重复性好、不干扰被测表面温度场的特点。虽然基于这种技术研制的精确测温系统在低温的应用已经得到验证,若要在航空燃气涡轮发动机高温环境使用荧光测温技术,必须解决荧光材料和耦合问题。荧光测温法测量涡轮动叶温度技术还有待进一步发展。

9.4.3　晶体测温技术

晶体测温是利用高温环境对晶体缺陷进行复原的性质实现的。原始晶体在辐照作用下其内部结构会产生变化,从而出现辐照缺陷。晶体在经过测温过程后,其残余缺陷浓度与所测温度之间存在线性关系,因此通过检测残余缺陷浓度就可以得到所测温度。

例如,选用 SiC 晶体材料,经高能射线辐照后产生缺陷,但在高温下可被恢复,恢复的程度依赖于温度和时间。在被测物达到测定温度时,测温晶体也达到同样温度,并在此温度下对晶格缺陷进行复原。利用 X 射线衍射检测晶格缺陷的恢复程度,对比事先标定好了的温度曲线,可知待测物体的温度。按照国外库尔恰托夫研究所和 LG Tech - Link 公司晶体测温的经验,测温范围为 150~1 450℃。

晶体测温前将晶体固定在需要测温的被测件表面,并用高温胶加固。被测表面和测温晶体同时达到相应的温度,并在此温度下修复晶体缺陷。再利用 X 射线衍射对修补后的晶体缺陷复原程度进行测量,并与事先标定好的温度曲线进行对比,从而得到被测件表面的温度。

通过使用专用设备和工具来完成对微型测温晶体在试验件上的不同安装方式,可以实现测量表面温度或气流温度,属于非干涉、非侵入测试。其中,通过嵌入式的安装可测量表面温度,通过支承式安装可测量气流温度,如图 9.35 所示。

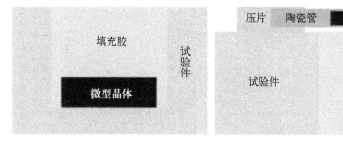

(a) 微型测温晶体测量表面温度   (b) 微型测温晶体测量气流温度

图 9.35 微型测温晶体的两种安装方式

测温晶体的安装往往需要侵入被测对象内部或黏附在被测对象表面,如图 9.36 所示,对被测对象的结构强度或表面气流具有一定影响。

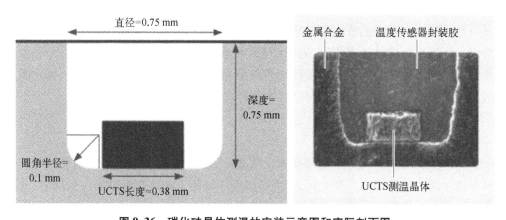

图 9.36 碳化硅晶体测温的安装示意图和实际剖面图

均匀晶体温度传感器(uniform crystal temperature sensor, UCTS)

美国和俄罗斯开发的先进微型晶体测温技术,测温范围可达到 150~1 450℃,测量精度则控制在±3.5℃,整个测量过程中无须引线和接头,且在测量试验中也不用对发动机进行改装调整,整个技术应用非常便捷。德国西门子公司将该技术应用于测量工业燃气轮机的温度分布,可深度测量涡轮高温部件,部件温度测量点数

量达到 1 940 个,依据测温数据对部件进行改进设计,确保部件的冷却气用量降低
20%左右,有效地提高了工业燃气轮机性能。

德国西门子公司在其研发的系列燃气轮机中,均大量使用了微型晶体测温技
术。在 GTX100 燃气轮机的一次测温试验中,使用约 2 000 个微型晶体传感器,其
中的 3 个叶片上每个安装有 90 个晶体传感器,图 9.37 所示,试验中微型晶体传感
器存活率达 95%。该公司还开展了微型晶体测量气流温度的应用。在 GTX100 燃
气轮机进行的试验中,第 3 级涡轮的叶片上安装了晶体传感器,测量气流温度的晶
体传感器安装在前缘尖端的小陶瓷棒尖部,如图 9.38 所示。测得的温度和实际温
度之间差异最大仅为 4℃,对转子叶片的气体测温,晶体传感器存活率低于金属测
温和叶轮测温,120 个晶体传感器成活率为 80%。

图 9.37　安装微型测温晶体的
　　　　　涡轮叶片

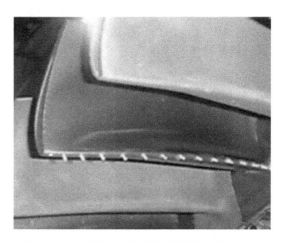

图 9.38　安装微型晶体测气流温度的涡轮叶片

晶体测温具有尺寸较小、质量较轻、无引线、可分布式测量、测温温度高、测量
精度高等特点,可应用于发动机涡轮高温的测量,测温范围 300~1 450℃,测温精度
达±5℃。

晶体测温的缺点在于只能测试变化过程中的最高温度,且不能实现在线测试。
测温晶体的安装往往需要侵入被测件内部或黏附在被测件表面,对被测件的结构
强度或表面气流具有一定影响。另外,在被测件表面开孔埋设晶体,需要评估被测
件的强度。

大量的研究成果表明,微型晶体测温技术是在高温、高速、高压气流环境下涡
轮叶片、盘、轴等旋转部件表面和气流温度测量的理想方法,能够解决涡轮叶片气
膜孔间、缘板、榫头、涡轮叶片进出口燃气、气冷叶片内部冷气、节流孔等航空发动
机典型位置的表面或气流温度测量,具有较强的工程实用性。

9.4.4　光纤测温技术

根据光纤在测温过程中的作用,光纤测温技术可分为两类:一是光纤作为传输光通量的导体,利用光纤对光信号的低损耗传输能力,将带有温度信息的光波传递到远离高温环境的地方,实现非接触式的温度测量;二是利用光纤的敏感特性,直接与被测物体相接触,获取温度信息,常见的有基于拉曼散射的光纤测温和光纤光栅测温技术。

普通光纤材料耐温有限,在高温测量中一般作导光用,不作为敏感元件使用。由蓝宝石制作的蓝宝石光纤具有热稳定性好、强度高、本质绝缘、耐腐蚀、使用温度高的特点,适用于高温测量。以空腔黑体式蓝宝石光纤温度测量技术制成的高温计,可测量高温气流的温度。

蓝宝石光纤测温技术是基于黑体辐射定律来工作的。由于一切温度高于绝对零度的物体都会以电磁波的形式向外辐射能量,不同的物质或同一物质在不同的温度下会发射出具有不同波谱的电磁波。物体的辐射能力和物体的温度密切相关,通过测量物体辐射的电磁波可以得到物体的温度。

黑体腔式蓝宝石光纤高温计集光纤技术和辐射测温技术结合起来,具有耐腐蚀、响应快、敏感度高、衰减小、质量小、体积小、易挠曲、高温耐久性好、抗电磁干扰等特点,测温范围达 $600\sim1\,900℃$。新的腔体材料被应用到蓝宝石光纤高温传感器上,可大大改善热性能和探头结构。图 9.39 所示为蓝宝石光纤测温系统示意图,包括蓝宝石光纤、镀制在蓝宝石光纤端头的陶瓷膜黑体腔、光纤耦合器、传导光纤、光探测器、数据处理、采集、控制和显示等部分组成。当传感头置于待测温场中时,由于传感头热容小,能迅速与待测温场达到热平衡,腔体辐射的能量经石英光纤传给光电检测系统,通过检测光电信号可确定温场温度。

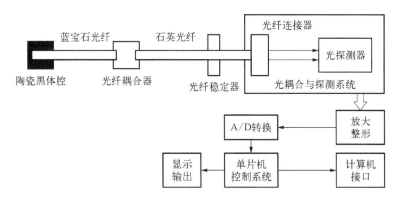

图 9.39　蓝宝石光纤测温系统示意图

美国 Allison 公司在 1988 年就开始研发蓝宝石光纤高温传感器,并用来测量航空发动机涡轮进口燃气温度,先后在 T56 型涡轮发动机和燃气涡轮发动机上试用。NASA 报告显示,美国研发了针对 F404 发动机涡轮温度测试的光纤高温传感器,测量的温度范围为 600~1 900℃,经过地面测试 50 小时、1 000 个热循环过程。在西门子、沃尔沃航空、罗·罗公司合作的历时 4 年的"HEATTOP"项目中,对蓝宝石光纤用于机匣、燃烧室、叶片的温度测量的可行性进行了研究及试验验证,如图 9.40 所示。

图 9.40　蓝宝石光纤测温实物

　　国内许多单位开展了蓝宝石光纤高温测量技术研究,主要在静态条件下使用,高温测量时间很短。蓝宝石光纤用于航空发动机涡轮部件试验,需将细小探头放置在涡轮高速高温燃气流中进行接触测量,对探头强度、稳定性和寿命提出了更高要求,特别是耐高温保护罩的材料,其工作寿命及可靠性仍然有待加强;光纤探头埋入涡轮叶片或机匣时,易对被测表面温度场产生干扰,影响测温精度;需要考虑辐射误差、导热误差和速度误差的影响。蓝宝石光纤高温测量技术用于涡轮试验仍需开展进一步研究、验证。

　　上文简介的多种高温测量技术,各有优缺点。晶体测温承受温度目前还不足够高,只能测出叶片经受的最高温度,安装晶体会对叶片造成一定的损伤,甚至破坏原有的温度场,有待进一步发展;荧光测温法原理上不受外界环境干扰,测量精度高,不干扰被测表面温度场,荧光粉材料可以掺入到热障涂层中,但对荧光粉材料有一定的要求,目前适用温度较低,还有待进一步试验和改进;蓝宝石光纤承受温度在 2 000℃以上,蓝宝石光纤测温有很大发展空间;红外光谱测温技术测量温度没有上限,装置比较复杂,需继续发展。涡轮试验急需的测温技术,将向着高精度、无干扰或微干扰、快速响应、能测量温度场等目标发展。

9.5　涡轮测试技术的发展趋势展望

　　现代航空发动机正朝着高马赫数、高推重比、高可靠性方向发展,使得发动机的服役工作环境更恶劣,给涡轮测试工作带来了新的难题和挑战,同时对测量提出了更为严格的要求,不损坏流场、同步在线监测和原位测量等技术日益成为未来航空发动机涡轮测试的迫切需求。

虽然涡轮测试的方法多种多样,但在实际测试过程中,想要得到准确可靠的结果并非易事。各种测量技术都有各自的应用范围和使用特点,仍需不断提高技术成熟度。在实际应用过程中,对航空发动机涡轮测试方法的选择,应该结合被测对象的特点,从而选择适宜的测试技术。同时,还要不断探索新的测试方法,改进现有的测试技术,才能够更好地满足未来航空发动机测量的需求。

为了适应涡轮研究与发展的需要,应继续提高现有测试技术的精度、灵敏度和寿命,缩短动态响应时间等。在改善、更新现有测试技术和方法的同时,更需要致力于新产品和新技术领域的开发与应用。现代传感器技术、激光技术、微电子技术、光电测量技术、新兴材料科学及计算技术的迅猛发展,为航空发动机涡轮测试提供了越来越先进的测试方法和手段。虚拟化、数字化试验测试技术,网络化、智能化测试和诊断技术,光学测试技术,发动机特种测试技术等日新月异,以激光、光纤、微波、声波等技术为代表的非接触测试系统是现代航空发动机涡轮测试技术的发展方向之一,必将成为未来技术发展的重点。

参考文献

北京长城航空测控技术研究所,2013.航空测试技术[M].北京：航空工业出版社.

陈卫,程礼,李全通,2011.航空发动机监控技术[M].北京：国防工业出版社.

邓庆锋,郑群,2011.1.5级亚音速试验台透平设计[J].机械工程学报,47(4)：155-163.

辐射高温计课题组,1982.涡轮叶片辐射高温计[J].科技与情报(1)：9-13.

龚建波,俞镔,朱俊强,等,2006.超音速涡轮叶栅气动性能实验及分析[J].工程热物理学报(S1)：125-128.

《航空发动机设计手册》总编委会,2001.航空发动机设计手册 第10册[M].北京：航空工业出版社.

孔祥龙,李庆利,崔晓春,等,2016.连续式风洞真空系统设计[J].真空,53(3)：52-55.

李杨,石小江,张娜,等,2019.微型晶体测温技术发展[J].航空动力(2)：35-38.

刘惠彬,1989.测试技术[M].北京：北京航空航天大学出版社.

吕崇德,1990.热工参数测量与处理[M].北京：清华大学出版社.

雒伟伟,王会社,赵晓路,2013.跨声速缩放型流道涡轮平面叶栅流场的实验研究[J].工程热物理学报,34(7)：1229-1233.

马宏伟,Bohn D,2004.涡轮级轮缘封严内非定常流场的准三维LDV测量[J].航空动力学报,19(4)：455-458.

马永峰,2021.航空燃气涡轮发动机单转子涡轮气动性能试验[S].AETT73A.北京：中国航空发动机集团有限公司.

马玉真,2006.旋转叶片叶尖间隙测量的关键技术研究[D].天津：天津大学.

彭泽琰,杜声同,郭秉衡,1989.航空燃气轮机原理(上册)[M].北京：国防工业出版社.

秦立森,赵晓路,徐建中,2002.短周期全尺寸涡轮试验台及关键技术[J].燃气涡轮试验与研究(1)：47-51.

曲波,肖圣兵,吕建平,2002.工业常用传感器选型指南[M].北京：清华大学出版社.

孙岩,2018.光纤荧光接触式测温系统研究及实现[J].电气技术,19(2):49-53.

唐国庆,黄康才,薛伟鹏,2018.超跨声涡轮扇形叶栅试验流场周期性设计[J].燃气涡轮试验与研究,31(3):27-31+13.

王洪,越泽廷,黄明德,2001.蓝宝石高温光纤传感器研究[J].华南理工大学学报(自然科学版)(6):47-50.

王俊莉,陈洪敏,石小江,2006.电容式叶尖间隙测量系统校准技术研究[C]//第八届发动机试验与测试学术讨论会.

王维民,尚文,姚剑飞,等,2014.基于电涡流技术的叶尖间隙及定时测量研究[J].北京化工大学学报(自然科学版),41(3):102-107.

王燕山,董祥明,刘伟,等,2017.航空发动机高温测试技术的研究进展[J].测控技术,36(9):1-6.

卫刚,王永明,王松涛,等,2013.高性能低压涡轮设计与试验[J].燃气涡轮试验与研究,26(2):6-11.

西北工业大学,1980.航空发动机气动参数测量[M].北京:国防工业出版社.

熊兵,侯敏杰,陈洪敏,等,2008.辐射测温技术在涡轮叶片温度场中的应用[J].燃气涡轮试验与研究(3):50-54.

熊兵,万钎君,石小江,等,2012.不同叶尖间隙下的涡轮转子出口三维流场测量[J],航空动力学报,27(5):1022-1028.

熊宇飞,2004.航空发动机转子叶尖间隙测量[J].测控技术(1):5-7.

徐灏主,2002.机械设计手册[M].北京:机械工业出版社.

许欧阳,童杏林,2020.航空发动机叶尖间隙测量技术研究进展[J].半导体光电,41(6):774-778.

杨博闻.航空发动机高温传感器的应用[J].航空动力,2020(1):20-23.

杨启超,李连生,赵远扬,等,2007.电涡流法测量涡旋压缩机轴向间隙的可行性试验研究[J].中国机械工程(17):2017-2020.

杨晓东,施文明,2013.现代测试技术与应用[M].北京:国防工业出版社.

杨永军,蔡静,赵俭,2008.航空发动机研制高温测量技术探讨[J].计测技术(S1):46-48.

姚艳玲,代军,黄春峰,2015.现代航空发动机温度测试技术发展综述[J].航空制造技术(12):103-107.

伊进宝,乔渭阳,2008.低雷诺数下涡轮叶栅流动分离实验与数值模拟[J].推进技术(2):208-213.

余祯,周山,葛宁,2007.雷诺数对低压涡轮性能的影响[C]//中国航空学会推进系统气动热力学专业学术交流会.

张宝诚,2005.航空发动机试验和测试技术[M].北京:北京航空航天大学出版社.

张宏,2011.高速平面叶栅风洞的优化设计[D].沈阳:沈阳航空航天大学.

张娜,黄春峰,2010.航空发动机叶尖间隙测量技术[J].航空制造技术(13):41-45.

张娜,郑天慧,李杨,等,2020.国外晶体测温技术研究与应用[J].燃气涡轮试验与研究,33(5):59-62.

张兴,张志学,薛秀生,等,2013.航空发动机测温晶体的退火特性研究[J].航空发动机,39(4):72-77.

中华人民共和国住房和城乡建设部,2010.工业金属管道工程施工规范[S].GB 50235—2010.北京:中国计划出版社.

中华人民共和国原化学工业部,2000.工业金属管道设计规范[S].GB 50316—2000.北京:中国计划出版社.

周禹彬,赵旺东,杨锐,2005.某型高压涡轮级性能试验研究[J].燃气涡轮试验与研究(4):24-27,33.

Alexander S, 2000. Techniques for blade tip clearance measurement with capacitive probes[J]. Measurement Science and Technology, 11: 865-869.

Barranger J P,1987.Low-cost FM oscillator for capacitance type of blade tip clearance measurement system[R]. NASA-TP-2746.

Bringhenti C, Barbosa J R, 2008. Effects of turbine tip clearance on gas turbine performance[C]//ASME Turbo Expo 2008: Power for Land, Sea, and Air.

Chana K S, Cardwell M T, Sullivan J S, 2013. The development of a hot section eddy current sensor for turbine tip clearance measurement[C]//ASME Turbo Expo 2013: Turbine Technical Conference and Exposition.

Chivers J, 1989. A technique for the measurement of blade tip clearance in a gas turbine[C]//25th Joint Propulsion Conference.

Lawson C P, Ivey P C, 2005. Tubomachinery blade vibration amplitude measurement through tip timing with capacitance probes[J]. Sensors and Actuators A: Physical, 118 (1): 14-24.

Davidson D P, DeRose R D, Wennerstrom A J, 1983. The measurement of turbomachinery stator-to-drum running clearances[R]. ASME 83-GT-240.

Dhadwal H S, Kurkow A P,1999.Dual-laser probe measurement of blade-tip clearance[J].Journal of Turbomachinery, 121(7): 481-485.

Fabian T, Kang S, Prinz F, 2009. Capacitive blade tip clearance measurements for a micro gas turbine[C]// 19th IEEE Instrumentation and Measurement Technology Conference.

Feist J P, Sollazzo P Y, Berthier S, et al., 2013. Application of an industrial sensor coating system on a Rolls-Royce jet engine for temperature detection [J]. Mechanical Engineering, 135(1): 012101.

Garcia I, Beloki J, Zubia J, et al., 2013. An optical fiber bundle sensor for tip clearance and tip timing measurements in a turbine rig[J]. Sensors, 13(6): 7385 - 7398.

Geisheimer J, Greneker G, Billington S, 2002. Phase-based sensing system [P]. US6489917.

Geisheimer J L, Billington S A, Burgess D W, 2004. A microwave blade tip clearance sensor for active clearance control applications[C]//40th AIAA/ASME/ASEE Joint Propulsion Conference and Exhibit.

Grazybowski R, Knoell H, Foyt G, et al., 1996. Microwave blade tip clearance measurement system[R]. ASME 96 - GT - 2.

Han Y, Zhong C, Zhu X, et al., 2018. Online monitoring of dynamic tip clearance of turbine blades in high temperature environments[J]. Measurement Science and Technology, 29(4): 045102.

Jia B H, Zhang X D, 2001. An optical fiber blade tip clearance sensor for active clearance control applications[J]. Procedia Engineering, 15: 984 - 988.

Kam C, Donald L, 2009. Turbo-machinery tip-timing comes of age[J]. Maintenance and Asset Management, 24(1): 34 - 40.

Kegalj M, Schmid G, Wartzek F, et al., 2012. Experimental and numerical investigation of tip leakage flow in a 1 1/2 stage turbine rig comparing flat and cavity-squealer tip geometries[C]//Turbo Expo: Power for Land, Sea, and Air. American Society of Mechanical Engineers.

Lavagnoli S, De Maesschalck C, Andreoli V, 2017. Design considerations for tip clearance control and measurement on a turbine rainbow rotor with multiple blade tip geometries[J]. Journal of Engineering for Gas Turbines and Power, 139(4): 042603.

Liu Z, Zhao Z, Lyu Y, et al., 2019. Experimental investigation of inductive sensor characteristic for blade tip clearance measurement at high temperature [J]. Sensors, 19(17): 3694.

Ma H W, Bohn D E, Kreitmeier F, et al., 2004. Measurements of a 2-stage axial turbine with shrouded rotor cavities[J]. Journal of Thermal Science, 13(4): 310 - 314.

Malak M, Liu J, Mollahosseini K, 2015. Further investigation into hot gas ingestion into turbine shroud cavity using uniform crystal temperature sensors measurement for baseline configuration[R]. ISABE2015 - 20142.

Mandache C, Mcelhinney T, Mrad N, 2012. Aircraft engine blade tip monitoring using pulsed eddy current technology[C]//4th International Symposium on NDT in Aerospace.

Muller D, Sheard A G, Mozumdar S, et al.,1997. Capacitive measurement of compressor and turbine blade tip to casing running clearance[J]. Journal of Engineering for Gas Turbines and Power, 119(4): 877 - 884.

Roeseler C, Flotow A V, Tappert P, 2003. Monitoring blade passage in turbomachinery through the engine case (no holes)[C]//IEEE Aerospace Conference.

Sheard A G, Killeen B, 1995. A blade by blade tip clearance measurement system for gas turbine applications[J]. Journal of Engineering for Gas Turbines and Power, 117(2): 326 - 331.

Sheard A G, Turner S R, 1992. Electromechanical measurement of turbomachinery blade tip-to-casting clearance[R]. ASME 92 - GT - 50.

Shukin S, Annerfeldt M, Bjorkman M, 2008. Siemens SGT - 800 industrial gas turbine enhanced to 47MW: Design modifications and operation experience [C]//Asme Turbo Expo: Power for Land, Sea, and Air.

Tian Y, Ma H, Ma R, 2017. Stereoscopic PIV measurements of the flow field in a turbine cascade[J]. Journal of Thermal Science, 26(1): 89 - 95.

Wang W M, Shao H J, Shao X, et al., 2017. Investigation on the turbine blade tip clearance measurement and active clearance control based on eddy current pulse-trigger method[C]//ASME Turbo Expo 2017: Turbomachinery Technical Conference and Exposition.

Watanabe T, 1997. Study on tip clearance measurement system: 2nd report, characteristics of the system and measurement[J]. Transactions of the Japan Society of Mechanical Engineers, 63(609): 1510 - 1515.

Woike M R, Roeder J W, Hughes C E, et al., 2009. Testing of a microwave blade tip clearance sensor at the NASA Glenn research center[C]//47 AIAA Aerospace Sciences Meeting.

Yu B, Ke H, Shen E, et al., 2020. A review of blade tip clearance-measuring technologies for gas turbine engines[J]. Measurement and Control, 53(3 - 4): 339 - 357.

附件 A
国外典型设备简介

1. 美国空军研究实验室涡轮研究试验器

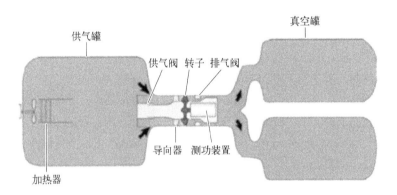

试验器原理图

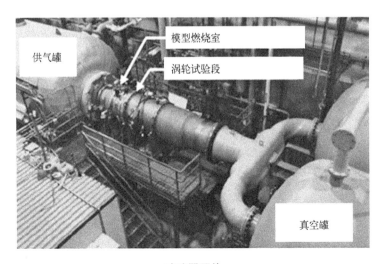

试验器照片

名称：涡轮研究试验器（turbine research facility，TRF）。

所属：美国俄亥俄州 Wright-Patterson 空军基地。

功能：该试验器为暂冲式短周期全尺寸涡轮试验器，可在均匀低湍流度进口边界和非均匀高湍流度进口边界条件下进行涡轮气动和传热性能试验研究。

技术指标：

工作介质	N_2/CO_2 混合气体
涡轮进口总温/K	478
涡轮进口总压/kPa	550
试验普朗特数	0.68
试验周期/s	1~5

参考文献：Haldeman Jr C W, Dunn M G, MacArthur C D, et al. The USAF advanced turbine aerothermal research rig（ATARR）[R]. AGARD CP－319，1993.

2. 美国麻省理工学院涡轮试验器

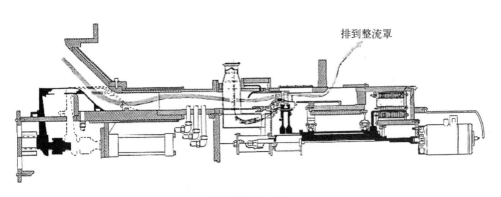

排到整流罩

试验器结构示意图

名称：麻省理工学院涡轮试验器（MIT turbine test facility）。

所属：美国麻省理工学院。

功能：该试验器为短周期全尺寸涡轮试验器，主要用于高负荷气冷涡轮的气动和传热性能试验研究。

技术指标：

工作介质	Ar－Fr12
工作介质比热比	1.28
涡轮进口总温/K	478

涡轮进口总压/atm[1]	4.3
转速/(r/min)	6 190
主气流量/(kg/s)	16.6
涡轮功率/kW	1 078
试验雷诺数	2.7×10^6
试验普朗特数	0.755
试验周期/s	0.3

参考文献：Epstein A H, Guenette G R, Norton R. The MIT blowdown turbine facility[C]//ASME 1984 International Gas Turbine Conference and Exhibit. American Society of Mechanical Engineers, 1984.

3. 美国冯·卡门流体动力学研究所 压缩管涡轮试验器

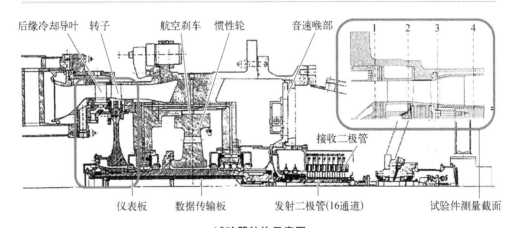

后缘冷却导叶　转子　　　航空刹车　惯性轮　　　音速喉部

接收二极管

仪表板　　数据传输板　　发射二极管(16通道)　　试验件测量截面

试验器结构示意图

名称：压缩管涡轮试验器(compression tube turbine test facility)。

所属：美国冯·卡门流体动力学研究所。

功能：该试验器为轻活塞压缩管型短周期涡轮试验器,可在不同雷诺数、马赫数、主流与壁面温度比、冷气与壁面温度比下进行涡轮气动和传热性能试验研究。

技术指标：

| 涡轮进口总温/K | 480 |
| 涡轮进口总压/bar[2] | 2.23 |

---

① 1 atm = 1.013 25 × 10^5 Pa。

② 1 bar = 10^5 Pa。

转速/(r/min)	6 500
涡轮膨胀比	2.63
导向器出口等熵马赫数	1.06
导向器出口雷诺数	$1.2×10^6$

参考文献：Sieverding C H, Arts T. The VKI compression tube annular cascade facility CT3[C]//ASME 1992 International Gas Turbine and Aeroengine Congress and Exposition. American Society of Mechanical Engineers, 1992.

4. 英国牛津大学涡轮试验器

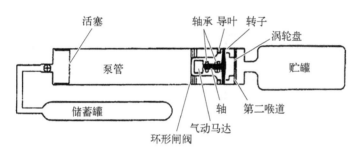

试验器原理图

名称：等熵轻活塞压缩管试验器（isentropic light piston compression tunnel，ILPT）。

所属：英国牛津大学。

功能：该试验器为等熵轻活塞压缩管型短周期涡轮试验器，主要用于进行涡轮气动和传热性能试验研究。

技术指标：

涡轮进口总温/K	374.4
涡轮进口总压/bar	8.04
转速/(r/min)	8 343
折合流量/(ms/K$^{1/2}$)	$7.04×10^{-4}$
导向器出口等熵马赫数	0.946
转子出口相对等熵马赫数	0.959
导向器出口雷诺数	$2.7×10^6$

参考文献：Ainsworth R W, Schultz D L, Davies M, et al. A transient flow facility for the study of the thermofluid-dynamics of a full stage turbine under engine representative conditions[C]//ASME International Gas Turbine & Aeroengine Congress, 1988.

5. 美国联合技术研究中心大尺寸旋转试验器

名称：大尺寸旋转试验器（large scale rotating rig，LSRR）。

所属：美国联合技术研究中心。

功能：该试验器为首批低速大尺寸涡轮试验器之一，在低转速环境下进行了大量的轴流涡轮气动和传热性能试验。

技术指标：不详。

参考文献：Dring R P，Joslyn H D. Measurements of rotor blade flows[J]. Journal of Engineering for Gas Turbines and Power，1981，103(2)：400-405.

试验段照片

6. 美国得克萨斯 A&M 大学低速大尺寸涡轮试验器

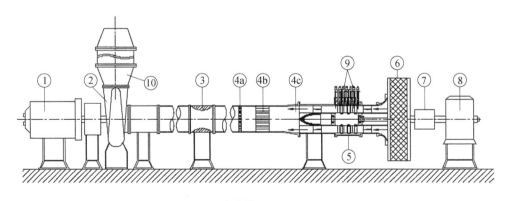

试验器原理图

① 电机	④a 蜂窝板	⑤ 涡轮试验段	⑧ 测力计
② 压气机	④b 整流段	⑥ 带加热器的涡轮进口	⑨ 位移系统
③ 文丘里流量计	④c 出口扩张段	⑦ 测扭器	⑩ 消音室

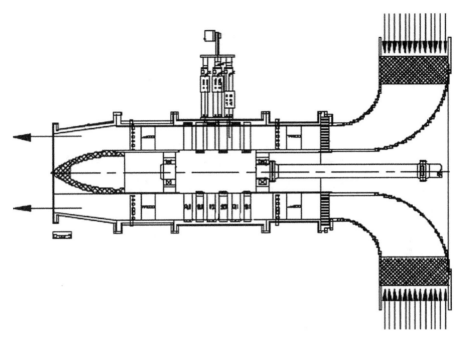

试验器结构示意图

名称：低速大尺寸涡轮试验器。

所属：美国得克萨斯 A&M 大学。

功能：该试验器为低速大尺寸三级涡轮试验器，使用 300 kW 电机带动三级离心压缩机组供气，主要用于对高压涡轮、中压涡轮和低压涡轮部件的气动特性、效率、性能和传热等进行试验研究。

技术指标：

供气机组压升/kPa	55
供气体积流量/(m³/s)	4
涡轮进口总压/kPa	101.356
涡轮出口总压/kPa	71.708
主气流量/(kg/s)	3.728
转速/(r/min)	1 800~2 800
功率/kW	80.0~110.0

参考文献：Schobeiri M T, Gilarranz J L, Johansen E S. Aerodynamic and performance studies of a three-stage high pressure research turbine with 3-D-blades, design point and off-design experimental investigations[C]//ASME Turbo Expo：Power for Land, Sea, & Air, 2000.

7. 美国宾夕法尼亚州立大学 轴流涡轮研究试验器

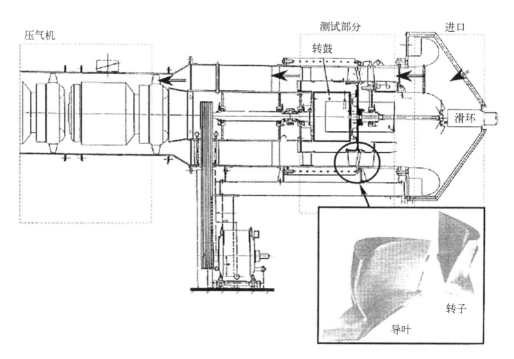

试验器结构示意图

名称：轴流涡轮研究试验器(axial flow turbine research facility, AFTRF)。

所属：美国宾夕法尼亚州立大学。

功能：该试验器为低速大尺寸冷态涡轮试验器,使用四级风扇供气,主要用于对具有现代先进特征的高压涡轮部件的气动特性、效率、性能和传热等进行试验研究。

技术指标：

涡轮进口总温/K	289
涡轮进口总压/kPa	101.36
主气流量/(kg/s)	11.05
转速/(r/min)	1 300
功率/kW	60.6
进口雷诺数	$(2.5\sim4.5)\times10^{6}$
出口雷诺数	$(5\sim7)\times10^{6}$

参考文献: Lakshminarayana B, Camci C, Hallie I, et al. Design, development, and performance of a turbine research facility to study rotor stator interaction effects[J]. International Journal of Turbo and Jet-Engines, 1996, 13(3): 155－172.

8. 美国 GE 公司大尺寸涡轮研究试验器

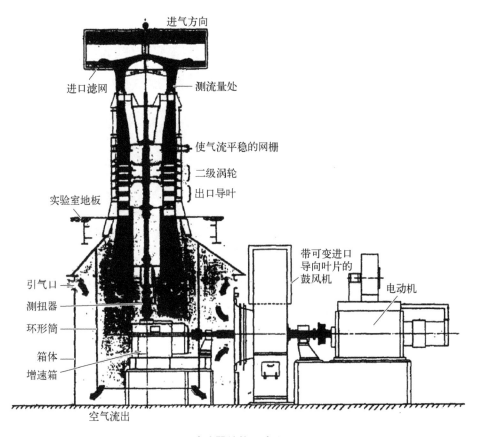

试验器结构示意图

名称: 大尺寸涡轮研究试验器。

所属: 美国 GE 公司。

功能: 该试验器为低速大尺寸涡轮试验器,使用 1 230.41 kW 的变频电机带动鼓风机供气,主要用于对大尺寸涡轮部件进行气动性能试验研究。

技术指标:

供气机组压升/kPa	24
供气体积流量/(m³/s)	94.5

转速/(r/min)　　　　　　　　616

参考文献：陈光.GE 公司的低转速研究用压气机与涡轮试验器[J].燃气涡轮试验与研究,1995(4)：3.

9. 俄罗斯中央航空发动机研究院 TC - 2 涡轮试验器

俄罗斯中央航空发动机研究院 TC - 2 涡轮试验器照片

名称：TC - 2 涡轮试验器。

所属：俄罗斯中央航空发动机研究院。

功能：该试验器于 1974 年建成并投入使用,主要用于航空发动机涡轮的科学研究和调试试验。

技术指标：

最大主空气流量/(kg/s)	60
试验器进口空气最大压力/MPa	2.2
试验器进口空气最高温度/K	900
涡轮后燃气最大压力/MPa	0.7
涡轮后燃气最高温度/K	1 300
冷气最大流量/(kg/s)	5
最高转速/(r/min)	16 000
最大功率/MW	18

压力测量精度	0.5%
温度测量精度	1%
空气流量测量精度	0.5%
燃油流量测量精度	0.5%
扭矩测量精度	0.3%

参考文献：刘永泉.国外航空发动机试验设备概览[M].北京：航空工业出版社,2017.

10. 俄罗斯彼尔姆航空发动机科研生产联合体涡轮试验设备

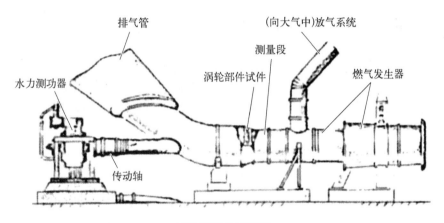

试验器结构示意图

名称：涡轮试验器.

所属：俄罗斯彼尔姆航空发动机科研生产联合体。

功能：获得各级涡轮的气动特性。

技术指标：

燃气最大流量/(kg/s)	39
燃气最大压力/MPa	0.3
燃气最高温度/K	1 100
最高转速/(r/min)	10 650
最大功率/MW	4.03

参考文献：国外航空发动机试验设备图册。

11. 英国 RR 公司涡轮试验设备

考文垂涡轮试验器照片

名称：涡轮试验器。

所属：英国 RR 公司达比、布里斯托尔和考文垂各 1 台。

功能：获得各级涡轮的气动特性。

技术指标：

达比设备最大转速/(r/min)	12 000
达比设备最大功率/kW	2 238/4 476
布列斯托尔设备最大转速/(r/min)	12 000
布列斯托尔设备最大功率/kW	5 222
考文垂设备最大转速/(r/min)	16 000
考文垂设备最大功率/kW	4 476

参考文献：国外航空发动机试验设备图册。

12. 德国斯图加特大学先进涡轮研究和验证试验器

试验器照片

名称：先进涡轮研究和验证试验器（advanced turbine research and demonstration rig，ATRD‑Rig）。

所属：德国斯图加特大学。

功能：获取涡轮的气动性能，为 MTU 公司和 PW 公司研制的多型涡轮进行了试验。

技术指标：

主气流量/(kg/s)	140
进口温度/℃	−60~170
进口压力/bar	0.05~2.5
最大功率/kW	10 000

13. 美国 Allison 公司小型涡轮试验器

试验器照片

名称：小型涡轮试验器。

所属：美国 Allison 公司。

功能：进行涡轮部件的气动、传热、气动弹性试验研究。

技术指标：

试验件外径/mm	381
最大供气压力/kPa	689.5
最大供气流量/(kg/s)	4.54
排气流量/(m³/s)	1.9(排气压力 40.5 kPa)
	3.8(排气压力 60.7 kPa)
最大转速/(r/min)	60 000/24 000
最大功率/kW	477/1 788

参考文献：国外航空发动机试验设备图册。

14. 美国 NASA 小型涡轮试验器

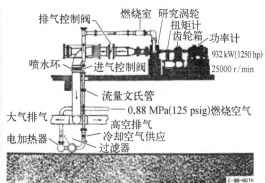

试验器照片及原理图

名称：小型涡轮试验器。

所属：美国 NASA 刘易斯研究中心。

功能：在类似发动机实际工作状态下试验发动机的涡轮部件。

技术指标：

最大进气压力/kPa	900
最大进气温度	常温~700 K
排气压力/kPa	14~大气压
转速/(r/min)	4 000~60 000
最大功率/kW	933

参考文献：国外航空发动机试验设备图册。

15. 德国多功能涡轮试验器

进气蜗壳

排气段

测功器

测扭器

试验涡轮

名称：多功能涡轮试验器。

所属：德国。

功能：单双可对转转子，流动、冷却、传热、匹配等研究，具备涡轮转子流动、传热冷却耦合试验能力。

技术指标：

涡轮进口压力/kPa	200
最高温度/K	700
最大流量/(kg/s)	9
最小内径/mm	360
高压涡轮最大外径/mm	700
低压涡轮最大外径/mm	900
高压涡轮最高转速/(r/min)	13 000
高压涡轮最大功率/kW	1 500
低压涡轮最高转速/(r/min)	13 000

| 低压涡轮最大功率/kW | 1 000 |
| 试验雷诺数 | $10^5 \sim 10^6$ |

16. 德国 FACTOR 环形燃烧室与涡轮耦合试验台

名称：FACTOR 环形燃烧室与涡轮耦合试验台。

所属：德国。

功能：燃烧室与涡轮气动、燃烧、传热、冷却耦合试验能力。

技术指标：

| 燃烧室头部数量 | 20 |
| 试验平台最高转速/(r/min) | 8 500 |

17. 法国双转子试验器

名称：涡轮试验器。

所属：法国。

功能：在中温中压条件下开展全尺寸涡轮导向器、单轴涡轮、双轴涡轮的气动性能试验研究。

技术指标：

主气流量/（kg/s）	2~11
主气压力/kPa	50~400
主气温度/K	293~450
高压涡轮最高转速/（r/min）	12 500
最大功率/kW	约 4 100
低压涡轮最高转速/（r/min）	9 000
最大功率/kW	约 1 500
排气压力/kPa	25~120
排气温度/K	223~323

附件 B
涡轮性能试验标准

本节为涡轮气动性能试验标准,包括航标、中航工业集团标准以及中航工业及中国航发各单位规范。

表 1　航空行业标准

序号	标准号	标准名称	标准状态	发布日期	主要起草人	起草单位	适用范围
1	HB 20145 - 2014	超跨声速平面叶栅试验方法	有效	2014/11/17	姜正礼、凌代军等	中国航空工业燃气涡轮研究院、中国航空综合技术研究院、西北工业大学、北京航空航天大学	本标准适用于以空气为介质,超、跨声速压气机/涡轮平面叶栅气动性能模型试验,也适用于以空气为介质,用反向加热法(主流为常温,冷气加热)进行涡轮叶片表面换热特性的试验研究。吸气式叶栅风洞、回流叶栅风洞试验可参照使用
2	HB 20249 - 2016	航空发动机部件试验安全要求 跨、超声速平面叶栅风洞试验器试验	有效	2016/01/19	刘岩、张林等	中国航空综合技术研究所、中国燃气涡轮研究所	本标准适用于航空发动机跨、超声速平面叶栅风洞试验器试验
3	HB 20266 - 2016	航空燃气涡轮发动机涡轮过渡段吹风试验方法	有效	2016/01/19	武卉、唐伟等	中国航空工业集团公司沈阳发动机设计研究所、中国航空综合技术研究所	本标准适用于航空燃气涡轮发动机涡轮过渡段的吹风试验
4	HB 20314 - 2016	航空燃气涡轮发动机涡轮导向器扇形叶栅气动性能试验方法	有效	2016/01/19	王晖、朱瑾等	中国燃气涡轮研究院、中国航空综合技术研究所	本标准适用于以空气为介质,高、低压航空燃气涡轮发动机涡轮导向器扇形叶栅(带冷气和不带冷气状态)气动性能试验

序号	标准号	标准名称	标准状态	发布日期	主要起草人	起草单位	适 用 范 围
5	HB 20354 – 2016	航空燃气涡轮发动机涡轮导向器流量函数试验方法	有效	2016/12/14	姜大鹏、郝晟淳、马磊、谷雪花、安兆强等	中国航空工业集团公司沈阳发动机设计研究所、中国航空综合技术研究所、中国燃气涡轮研究院	本标准适用于航空燃气涡轮发动机涡轮导向器通冷气和不通冷气的流量函数试验
6	HB 20355 – 2016	航空燃气涡轮发动机涡轮导向器气动性能试验方法	有效	2016/12/14	张晓东、朱瑾、赵旺东、魏崇等	中国燃气涡轮研究院、中国航空综合技术研究所	本标准适用于以空气或燃气为试验工质的轴流式涡轮导向器流量函数试验
7	HB 7081 – 2012	航空燃气涡轮发动机轴流涡轮气动性能试验方法	有效	2013/01/04	周禹彬、赵旺东等	中国燃气涡轮研究院、中国航空综合技术研究所	本标准适用于以空气或燃气为试验工质的轴流式带冷气/不带冷气单级、多级涡轮和单转子、双转子涡轮及导向器气动性能试验
8	HB 20265 – 2016	航空燃气涡轮发动机涡轮低雷诺数效应试验方法	有效	2016/01/19	陶建军、唐伟等	中国航空动力研究所、中国航空综合技术研究所	本标准适用于航空燃气涡轮发动机在低雷诺数下的涡轮气动性能试验
9	HB 20120 – 2012	涡轮综合试验器试验安全技术要求	有效	2013/01/04	朱榕川、赵旺东等	中国燃气涡轮研究院、中国航空综合技术研究所	本标准适用于航空发动机涡轮部件试验器

表 2 集 团 标 准

序号	标准号	标准名称	标准状态	发布日期	主要起草人	起草单位	适 用 范 围
1	Q/AVIC 20046 – 2015	航空燃气涡轮发动机涡轮导向器扇形叶栅气动性能试验方法	已发布	2015/06/30	马永峰	606 所	本标准适用于航空燃气涡轮发动机导向器扇形叶栅气动性能试验
2	Q/AVIC 20043 – 2015	航空燃气涡轮发动机轴流涡轮性能试验方法单轴涡轮级气动性能模拟试验	已发布	2015/06/30	赵旺东等	624 所	本标准适用于以空气或燃气为试验工质的轴流式单轴涡轮级气动模拟试验以及带冷气的单轴涡轮级气动模拟试验

续　表

序号	标准号	标准名称	标准状态	发布日期	主要起草人	起草单位	适用范围
3	AETT14A	涡轮导向器气动性能试验	已发布	2021/05/01	方华等	608 所	本文件适用于试验工质为空气或燃气的轴流式涡轮导向器气动性能试验
4	AETT70A	涡轮平面叶栅试验	已发布	2021/12/31	唐凯等	624 所	本文件适用于连续或暂冲式涡轮平面叶栅气动性能试验,吸气式和回流式涡轮平面叶栅气动性能试验也可参考
5	AETT71A	涡轮扇形叶栅气动性能试验	已发布	2021/12/31	马磊等	606 所	本文件适用于以空气或燃气为介质的航空发动机涡轮扇形叶栅气动性能试验
6	AETT72A	涡轮导向器流量函数试验	已发布	2021/12/31	徐思文等	606 所	本文件适用于以空气或燃气为介质的航空燃气涡轮发动机涡轮导向器流量函数试验
7	AETT73A	航空燃气涡轮发动机单转子涡轮气动性能试验	已发布	2021/12/31	马永峰等	606 所	本文件适用于航空燃气涡轮发动机单转子涡轮部件的气动性能模拟试验,航改燃机涡轮部件气动性能模拟试验可参照执行
8	AETT74A	涡轮过渡段吹风性能试验编制说明	已发布	2021/12/31	姜大鹏等	606 所	本文件适用于航空燃气涡轮发动机涡轮过渡段的吹风试验

表 3　单位规范

序号	规范名称	规范状态	发布日期	主要起草人	起草单位	适用范围
1	航空涡喷、涡扇发动机扇形叶栅气动性能试验规范	已发布	2012/04/11	马永峰	606 所十一室	本规范适用于航空涡喷、涡扇发动机涡轮扇形叶栅及环形叶栅气动性能试验
2	航空涡喷、涡扇发动机涡轮导向器流量函数试验规范	已发布	2012/04/11	郝晟淳	606 所十一室	本规范适用于航空涡喷、涡扇发动机涡轮导向器不通冷气流量函数试验

续　表

序号	规 范 名 称	规范状态	发布日期	主要起草人	起草单位	适 用 范 围
3	航空燃气涡轮发动机涡轮平面叶栅试验规范	已发布	2017/12/25	李昊	606所十一室	本规范适用于涡轮平面叶栅气动性能试验工作
4	航空涡喷、涡扇发动机涡轮气动性能试验规范	已发布	2018/11/30	郝晟淳	606所十一室	本规范适用于航空涡喷、涡扇发动机高压涡轮和低压涡轮部件模型的气动性能模拟试验
5	航空燃气涡轮发动机涡轮模拟态气动性能试验规范	已发布	2019/05/29	马永峰	606所十一室	本规范适用于航空燃气涡轮发动机涡轮模拟态气动性能试验